面心立方结构高熵合金

乔珺威　著

北　京

冶金工业出版社

2021

内 容 提 要

本书内容主要包括面心立方结构高熵合金的强化途径和机理、结构模拟、腐蚀和磨损、功能特性，以及表面处理、共晶成分设计、纳米高熵合金等，客观地介绍了面心立方结构高熵合金的基础理论知识、发展状况及潜在应用价值。

本书可作为材料科学与工程领域的专业教材，主要对象是高等院校材料科学与工程相关专业的高年级本科生和研究生，也可供其他专业，如机械工程、冶金工程、工程力学、金属物理等专业的学生以及科研和工程技术人员参考。

图书在版编目（CIP）数据

面心立方结构高熵合金/乔珺威著 . —北京：冶金工业出版社，2021.6
ISBN 978-7-5024-8819-2

Ⅰ.①面…　Ⅱ.①乔…　Ⅲ.①合金—研究　Ⅳ.①TG13

中国版本图书馆 CIP 数据核字（2021）第 094787 号

出 版 人　苏长永
地　　　址　北京市东城区嵩祝院北巷 39 号　邮编　100009　电话　（010）64027926
网　　　址　www.cnmip.com.cn　电子信箱　yjcbs@cnmip.com.cn
责任编辑　夏小雪　美术编辑　彭子赫　版式设计　禹　蕊
责任校对　葛新霞　责任印制　李玉山
ISBN 978-7-5024-8819-2
冶金工业出版社出版发行；各地新华书店经销；三河市双峰印刷装订有限公司印刷
2021 年 6 月第 1 版，2021 年 6 月第 1 次印刷
169mm×239mm；14 印张；272 千字；213 页
85.00 元
冶金工业出版社　投稿电话　（010）64027932　投稿信箱　tougao@cnmip.com.cn
冶金工业出版社营销中心　电话　（010）64044283　传真　（010）64027893
冶金工业出版社天猫旗舰店　yjgycbs.tmall.com
（本书如有印装质量问题，本社营销中心负责退换）

前　言

　　高熵合金是金属材料领域发展最为迅速的新材料之一。高熵合金的出现打破了传统合金的设计理念，对于高主元合金相图中成分的开发，从过去的端际固溶体合金向相图中心的区域延伸。相比传统的稀释固溶体合金，高熵合金具有更多的亚稳状态，因而具有更广的物态参量和性能的调控范围，可能突破传统金属材料的性能极限，发挥其在极端条件下服役的优势。

　　研究发现，在性能上，高熵合金表现出了优异的特性，例如在液氮温度下极高的断裂韧性、离子辐照下表现出良好的抗肿胀特性等。其中，面心立方结构高熵合金由于其制备简单、成型性好、性能优异而备受关注，极具工程应用潜力，极有可能率先取得重要应用。

　　目前，国内已经有数本有关高熵合金的专著书籍，从不同角度对高熵合金微观结构、缺陷、力学和物理性能及机制等方面作了简介，但聚焦某一类高熵合金的系统性书籍还比较缺乏。本书正是聚焦了极具工程应用价值的面心立方结构高熵合金，围绕面心立方结构高熵合金，从合金设计、相形成规律、强韧化途径及机理、表面处理、化学和功能特性等方面作了阐述。

　　本书作者从 2005 年攻读研究生起接触高熵合金，2009 年起关注高熵合金并开展高熵合金低温和动态加载的相关研究，再到 2011 年起独立带领课题组开展高熵合金的成分设计、组织调控以及力学性能的相关研究。作者在其所教授本科生高年级选修课程、研究生学术前沿课程以及在国内外学术会议上所作报告内容的基础上，摘选了有关面心立方结构高熵合金的前沿研究成果，同时结合最新的文献资料，汇集成书，为读者呈现这一大类高熵合金的完整性内容。

本书由太原理工大学高熵合金研究团队的教师和研究生共同完成。其中，第5章主要由晋玺完成，第6章主要由杨慧君完成，其余章节主要由乔珺威完成，全书由乔珺威组织并统稿。本书在编写过程中，兰利伟、黄文军、侯晋雄、张硕、张倩、袁家乐、鲍美林等研究生在排版和校对方面作了细致的工作，作者对此表示衷心的感谢和崇高的敬意。

本书可作为高等学校材料科学与工程相关专业高年级本科生和研究生的教材，也可供非材料专业研究生以及科研和工程技术人员参考。

由于作者的水平和学识有限，所著内容难免有不妥之处，敬请广大读者批评指正。

作　者
2021 年 4 月

目　录

1 高熵合金的定义、性质及制备方法

1.1 高熵合金的定义及分类

追溯历史，人类最早的文明开始于可以制造和使用工具，因此人类文明的进步史也可以看成是工具的发展史，如图 1-1 所示[1]。距今约一万年前，人类开始使用磨制的石器捕猎、缝制兽皮和装饰，开启了石器时代。随着时间的推进，人类开始用青铜材料制造农具、礼器、工具和武器，我国的青铜器之冠——司母戊.大方鼎，就是青铜时代的产物。青铜的冶炼方式简单，只是在纯铜中混入锡或铅形成合金，但这却是一个划时代的标志。随后人类在陨石中发现了铁元素，且在冶炼青铜的基础上逐渐掌握了冶炼铁的技术，自此开启了铁器时代。与此同时，

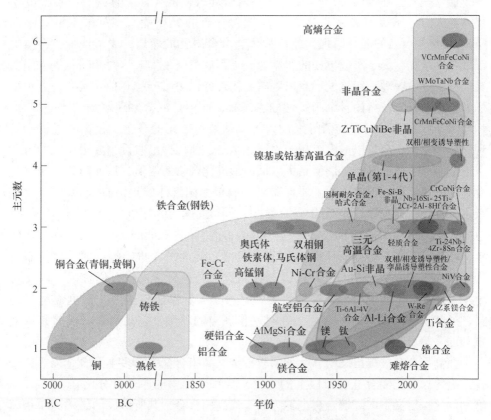

图 1-1　合金主要元素含量随历史时间增长的示意图[1]

大量的金属元素被开发和认识，形成多种合金类型。这些合金都遵循以一种元素为主要元素，通过微量添加其他元素作为合金化元素的模式提高合金性能。在这一模式下，金属材料的发展突飞猛进，随着微量添加的元素种类增多，所开发出来的合金体系也越来越复杂，但微量添加的元素原子百分比基本控制在5%以内。

社会发展日新月异，材料的性能逐渐成为各行业发展的基石，因此材料的开发变得至关重要。到目前为止，广泛应用于生产实际的合金有铝合金、镍合金、铜合金、钛合金等30多种合金体系。但随着社会发展加速，很多领域急需高性能的材料。例如，用于航天推进器的耐高温合金、潜水舰艇的耐腐蚀且抗压的合金、坦克外体的高强合金、电子行业的柔性磁电材料等。在传统合金设计理念的指导下，合金的开发基本已达到极限，合金所展现的性能受到局限，很难取得突破性的进展。

"惟进取也，故日新"，正是由于社会生产实践中对新兴材料的迫切需求，高熵合金应运而生。高熵合金的发现过程是漫长的，最早关于高熵合金的实验可追溯到18世纪后期，德国科学家Achard制备了一系列包含5~7种主要元素的合金，但这一实验在当时的时代背景下并未引起人们的关注。直到20世纪90年代，在人们寻求具有超高玻璃化形成能力合金的大环境下，英国剑桥大学的Greer提出了著名的混乱原理，他认为随着合金组元的增多，熵值增加，合金的混乱程度增加，易于形成单相的非晶合金。其后英国牛津大学的Cantor等人用实验证伪了这一原理，实验发现当以等质量比合金化16种或20种元素时，通过熔炼和铸造的方法获得的合金为脆性的晶态相，而不是混合原理预测的非晶合金。1995年，中国台湾的叶均蔚等人设计了一系列多主元的合金，在实验过程中发现部分多主元合金可以形成单相的固溶体结构，他们提出假设当多个主元的合金以近似等原子比混合时，熵值足可以抵消形成化合物的焓值，从而阻止金属间化合物的形成。但关于多主元金属元素可形成单相固溶体的报道直到2004年才在杂志上发表，并提出了高熵合金的概念[2]。与此同时，印度学者Ranganathan[3]也发表了关于高熵合金的文章——《Alloyed pleasures-multimetallic cocktails》。同年，Cantor等人[4]提出CoCrFeMnNi五元合金以等原子比进行混合时，在铸态下为单一的面心立方（FCC）结构固溶体，这一合金后来也被人们称为Cantor合金。自此拉开了高熵合金研究的帷幕，材料学者们迅速被这类"高度混乱"却又"井然有序"的合金所吸引，在材料发展史的卷轴上，高熵合金必将是浓墨重彩的一笔。

在高熵合金被提出之初，叶均蔚教授定义高熵合金为：多主元合金以等原子比或近等原子比混合五种及以上的元素，且每个元素的原子百分比在5%~35%之间。这一定义下的高熵合金也称为第一代高熵合金，其所形成的结构为单相固溶体结构。随着近十几年对高熵合金的研究，发现部分高熵合金由四个主元甚至三个主元构成，且部分高熵合金并不能形成单相固溶体结构，而是形成了多相结构、共晶结构等。这就是人们在追求高熵合金高性能的进程中衍生出的第二代高熵合金，即出现了高熵合金的第二种定义，以合金主元在随机互溶状态下的熵值大小将合金划分为三类：高熵合金（$\Delta S_{conf} > 1.5R$）、中熵合金（$1R \leqslant \Delta S_{conf} \leqslant 1.5R$）和低熵合金（$\Delta S_{conf} < 1R$），如图 1-2 所示[5]。

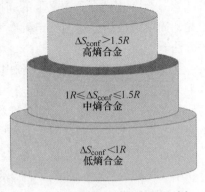

图 1-2　以构型熵划分合金类型[5]

熵，1865 年由德国的物理学家克劳修斯提出，是一个描述系统状态的函数。在热力学中，熵是用来表征体系中杂乱程度的状态参量，是系统中热稳定性的指标，熵值越高，系统的混乱度越大。根据 Boltzmann 假设，熵和体系杂乱程度的关系可以用公式（1-1）表示：

$$\Delta S_{mix} = k \ln W \tag{1-1}$$

式中　k——玻耳兹曼常数（$= 1.38 \times 10^{-23}$ J/K）；

　　　W——宏观系统中的微观状态总数。

在固溶体中，混合熵又可由下面的公式表示：

$$\Delta S_{mix} = \Delta S_{conf} + \Delta S_{elec} + \Delta S_{mag} + \Delta S_{vib} \tag{1-2}$$

式中　ΔS_{conf}——构型熵；

　　　ΔS_{elec}——电子组态熵；

　　　ΔS_{mag}——磁矩组态熵；

　　　ΔS_{vib}——振动熵。

相较于构型熵来说，其他三项熵值对混合熵的贡献很小，因此为了方便计算，用构型熵来代替混合熵，构型熵可用下面的公式表示：

$$\Delta S_{mix} \approx \Delta S_{conf} = -R(c_1 \ln c_1 + c_2 \ln c_2 + \cdots + c_n \ln c_n) = -R \sum_{i=1}^{n} c_i \ln c_i \tag{1-3}$$

式中　R——气体摩尔常数［$= 8.314$ J/（K·mol）］；

　　　c_i——第 i 个元素的原子百分比；

　　　n——组成的元素总数。

根据极限定理，当 $c_1 = c_2 = \cdots = c_n$ 时，构型熵达到最大值，即 $\Delta S_{conf} = R \ln n$。

高熵合金中的"高熵"指原子尺度上的拓扑无序或化学无序，正是由于高熵合金的高度无序，熵值较大，使得原子间的相容性增大，可抑制因相分离而生成的有序固溶体，促使合金形成无序固溶体，也就是高熵效应。虽然在后续的研究中发现，高熵合金中相结构的形成是混合焓和混合熵共同作用的结果，即"高熵低焓"合金才是真正意义上的高熵合金，但在实际计算中，焓值不容易获得，因此，简单地根据上述两种定义作为高熵合金的判定准则依旧是目前最行之有效的方法。

从 2004 年提出高熵合金，到现在已快速发展了近 20 年，高熵合金也从最初的主元数限定、原子百分比限定和单相结构的限定等，逐渐发展成一个更为宽泛的合金系统，因此可以从不同角度将高熵合金进行分类。上述高熵合金的两种定义分别就是从多主元和热力学的角度出发，对多主元合金进行划分。

从近几年的发展趋势看，高熵合金也可根据结构和性能划分为第一代高熵合金和第二代高熵合金，如图 1-3 所示[5]：（1）第一代高熵合金主要着眼于 5 种及 5 种以上的组成元素，且要求组成元素的配比为等原子比或近似等原子比，最终形成一个单相固溶体结构。强调了高的构型熵在合金中的主导地位，是熵值迫使各个元素无序地散落在各个晶格位点处，最终形成单相结构。（2）随着研究的深入，从开发更高性能高熵合金的目的出发，通过调整合金组成和配比等适应极端环境的材料要求，不再局限于上述条件的限定。新的设计理念认为 4 种主元或非等原子比混合，最终形成双相或多相固溶体结构同样是高熵合金，即为第二代高熵合金。如：2016 年 Li 等人[6]设计了 $Fe_{80-x}Mn_xCo_{10}Cr_{10}$ 相变诱导塑性的双相高熵合金（TRIP-DP-HEA），该新型合金通过调控合金成分降低了合金中相的稳定，获得了双相高熵合金，其各相成分相同且分布均匀，该合金产生了两相间的界面硬化和相变硬化两种强化方式，实现了强度和塑性的同时提升。2018 年 Yang 等人[7]以塑性无序的多组分基体面心立方型（FCC）Fe-Co-Ni 和塑性有序的多组分 A_3B 型金属间化合物纳米颗粒进行复合，实现了强度和塑性的平衡。基于这一原理，他们设计出了一系列超合金，其中（FeCoNi）$_{86}Al_7Ti_7$ 高熵合金在室温拉伸下，断裂强度超过 1500MPa，塑性高达 50%。2020 年 Bian 等人[8]设计了 $Fe_{40}Mn_{20}Cr_{20}Ni_{20}$ 合金，该合金在 77K 下屈服强度可达 1.2GPa，断裂伸长率为 22%，且 Fe、Mn、Cr 和 Ni 都是廉价金属，为实现工业化大批量生产提供了可能。

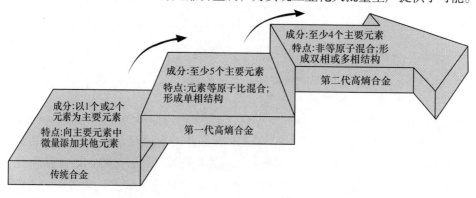

图 1-3　合金的演化[5]

此外，从传统固溶体的相结构出发，可以将高熵合金分为面心立方（FCC）、体心立方（BCC）和密排六方（HCP）结构。

（1）FCC 结构高熵合金，一般都是强度低塑性好，最具代表性的是 CoCrFeMnNi 合金（Cantor 合金），是高熵合金中的第一个 FCC 合金。随后研究者对 Cantor 合金的结构、性能和相变等多方面展开了研究[9]，发现该合金的相结构可以调控，当温度降低至 800℃时，合金由 FCC 结构转变为 BCC 结构和金属间化合物 $L1_0$-NiMn 和 B2-FeCo，转变速度随晶粒尺寸的减小而迅速增大。在 Cantor 合金的基础上，通过添加或替换不同原子半径的金属元素（如添加固溶原子 Al 和间隙原子 C 和 O 等）衍生出多种类型的高熵合金，同时也可以用不同的加工方式，使制备出来的高熵合金具有优异的室温或低温力学性能。

（2）BCC 结构高熵合金，一般为高强度低塑性，最早且最经典的等原子比单相 BCC 结构高熵合金 AlCoCrFeNi 由张勇教授提出[10]。目前关于 BCC 结构的高熵合金研究更多的集中在了难熔高熵合金上，早在 2010 年便由 Senkov 等人[11]开发制备出了 WNbMoTa 和 WNbMoTaV 高熵合金，这两个合金均为单相 BCC 结构。难熔高熵合金主要由第 V 和第 Ⅵ 副族熔点较高的元素构成，这些金属原子半径相近，相互之间的相溶性较高。为了提高合金的塑性，适当添加 HCP 结构的 Ti、Zr 和 Hf 等元素，最终也可形成 BCC 结构的固溶体。在随后的研究中发现这一系列的合金在高温下依旧保持很高的强度，因此也迅速引起了相关领域研究者关注，难熔高熵合金有望取代传统材料应用于航天推进系统的高温部件和热交换管等。

（3）HCP 结构高熵合金的研究进展相对缓慢。最初研究者仅从理论方面做出预测，2013 年 Gao 等人[12]通过从头算分子动力学模拟与已有的二元/三元相图结合，预测了 CoOsReRu 合金可以形成单相 HCP 结构的固溶体。随后，研究者发现可通过特殊的处理工艺使高熵合金发生相变形成 HCP 结构。Youssef 等人[13]制备了具有低密度和高硬度的 $Al_{20}Li_{20}Mg_{10}Sc_{20}Ti_{30}$ 高熵合金，合金在 500℃下退火 1h 后可形成单相 HCP 结构。北京科技大学的 Wu[14]和美国斯坦福大学的 Tracy[15] 2 个课题组同时发现 CoCrFeMnNi 高熵合金在高压作用下可以由 FCC 结构转变为 HCP 结构。接着展开了对 HCP 结构高熵合金力学性能的研究，太原理工大学 Zhao 等人[16]用真空电弧熔炼的方法开发并制备了单相 HCP 结构的块体 GdHoLaTbY 高熵合金，且研究了 HCP 结构稀土高熵合金的力学性能，对 GdHoLaTbY 高熵合金进行了维氏硬度和室温准静态压缩实验，发现该合金在室温压缩时几乎不存在固溶强化，硬度测试也有相似结论。Qiao 等人[17]设计开发了 DyGdHoLaTbY、ErGdHoLaTbY 和 DyErGdHoLuScTbY 三种 HCP 结构的高熵合金，其中 DyErGdHoLuScTbY 合金的主元数高达 8 个金属元素，并且研究了这 3 个合金的室温压缩性能。研究发现这 3 个合金在压缩时具有一定的强化效应，且进一步通过理论计算发现合金在压缩时固溶强化占主导地位。鲍美林等人[18]进一步研究了 ScYLaGdTbDyHoErLu 和 ScYLaNdGdTbDyHoErLu 两种高主元单相 HCP 结构的高熵合金，揭示了 HCP 结构稀土高熵合金准静态及动态拉压不对称性，推进 HCP 结构高熵合金变形机制研究。

1.2　高熵合金的相形成规律

从 2004 年高熵合金提出以来，高熵合金的成分设计成为了高熵合金发展的关键一步，而由于高熵合金种类繁多，逐个试配的方法显然满足不了高熵合金的快速发展。理论预测效率高且能在实验前对合金结构进行初步的判定，减少了大量的人力和物力，很快受到了研究者的广泛关注。目前常用的高熵合金的设计方法主要有计算机模拟法（例如机器学习方法）和经验参数计算法。

1.2.1　计算机模拟法

（1）DFT 计算：DFT 计算在高熵合金设计中应用十分广泛，DFT 计算能够处理原子和电子间的关系，且能够根据其结构特性计算出较为精确的系统能量值，由此计算出合金材料的结构、力学、电学和磁学等宏观性能。此计算方法是将多原子构成的体系理解为由电子和原子核组成的多粒子系统，体系的Schrödinger 方程以最大限度地进行"非经验性"处理求解，得出体系方程的本征值和本征函数。

（2）MD 计算：MD 计算是以经典力学、量子力学和统计力学为基础的一种分子模拟方法，用于研究分子和原子的物理运动。这种方法通过牛顿运动方程来计算分子在空间中的运动轨迹，并统计得到体系的结构特征和性质，近几年常用于预测高熵合金的热机械性能。MD 计算可以模拟原子在晶格位点处的振幅，可在分子和原子水平上求解多体，进一步预测纳米尺度上的材料动力学特征。在具体模拟过程中主要有以下四步：1）设定模拟所采用的模型；2）给定系统中粒子初始条件；3）建立模拟算法，计算粒子间的作用力及各粒子的速度和位置；4）依照相关计算公式，获取宏观物理量。

（3）CALPHAD 模拟：在合金设计过程中，常与相图相结合。CALPHAD 模拟最早由 Kaufman 提出，是在热力学理论和热力学数据库支持下的相图计算。该模拟根据已知热力学相平衡数据，确定二元或三元系中各相的热力学描述，随后逐步优化获得高组元合金相的吉布斯自由能，得到可靠的高组元相图。目前关于高熵合金的 CALPHAD 模拟，由于高组元相图数据的缺乏，常需要结合 DFT 计算得到的热力学数据进行拟合，且需要实验数据进行修正。

（4）机器学习（ML）：机器学习是人工智能的核心，它通过归纳、综合、模拟人类的学习行为的方式，获得新的知识或者技能，通过进一步的重新整合最终实现对材料的性能优化。这些特征恰好适用于高熵合金多元素复杂组合的筛选。目前已有 3 种 ML 算法，即 K 近邻（KNN）、支持向量机（SVM）和人工神经网络（ANN）应用于高熵合金的相结构预测、不同模型的交叉搭建。有监督的学习机制已实现极高的准确率。另外，也有研究将机器学习应用于高熵合金性能优化，这一方面也初见成效。未来更多高熵合金的问世，更大数据库的补充，机器学习将带来更方便快捷的指导，成本优势也会更加明显。

1.2.2 经验参数计算法

根据过去关于高熵合金相形成规律的研究基础，目前总结出了预测高熵合金相形成的热力学经验参数及其取值范围，包括混合熵、混合焓、原子半径差、价电子浓度、Ω 参数和 ϕ 参数。

（1）混合熵和混合焓。在热力学上认为高熵合金中的相形成主要由吉布斯自由能（ΔG_{mix}）决定，决定了高熵合金的稳定性，ΔG_{mix} 可用下面的公式进行表达：

$$\Delta G_{mix} = \Delta H_{mix} - T\Delta S_{mix} \tag{1-4}$$

式中，ΔH_{mix} 为混合焓；ΔS_{mix} 为混合熵；T 为材料熔点。从热力学方面考虑，合金体系的 ΔG_{mix} 值越小，越趋向于形成混乱无序的固溶体。从式中可以看出，ΔH_{mix} 和 ΔS_{mix} 为竞争关系，可用下面的公式表示：

$$\Delta S_{mix} \approx \Delta S_{conf} = - R \sum_{i=1}^{n} c_i \ln c_i \tag{1-5}$$

$$\Delta H_{mix} = 4 \sum_{i=1, \ i \neq j}^{n} \Delta H_{ij} c_i c_j \tag{1-6}$$

式中，$c_i(c_j)$ 为第 $i(j)$ 个元素的原子百分比；R 为气体摩尔常数；ΔH_{ij} 为 i 和 j 元素二元合金液态下的混合焓。若合金为等原子比混合时，式（1-5）可以写成 $\Delta S_{conf} = R\ln N$，合金的 ΔS_{mix} 值达到最大，此时 ΔG_{mix} 最小，系统趋向于形成稳定的相结构。从式（1-4）中可以看出合金的 ΔH_{mix} 也会影响合金系统的 ΔG_{mix}。在高熵合金研究之初，普遍认为熵值占主导地位，随着对高熵合金的深入探究，研究者们发现焓值更值得关注。例如以等原子比混合 n 个元素时，合金的熵值一样，但不同元素混合，有部分合金不会形成稳定的固溶体。这主要是受到了合金组成元素焓值的影响，混合焓的值接近零时，对形成固溶结构的阻力最小。若 ΔH_{mix} 为正值，且值越大，合金越容易发生偏析，相反若 ΔH_{mix} 为负值，且绝对越小，合金越容易形成金属间化合物。Manzoni 等人研究发现在 Co-Cr-Fe-Ni 中添加 Al 元素时，由于 Al-Ni 的二元混合焓为负值，且绝对值较小，合金易在 FCC 基体上形成 Al-Ni 富集相。总的来说，目前认为高混合熵和低混合焓是形成固溶体结构的有效驱动力。

（2）Ω 参数和原子半径差。Yang 等人[19]引入了 Ω 参数，将混合焓和混合熵联系起来，具体计算公式如下：

$$\Omega = \frac{T_{\mathrm{m}} \Delta S_{\mathrm{mix}}}{|\Delta H_{\mathrm{mix}}|} \tag{1-7}$$

式中，T_{m} 为合金的熔点。研究发现 $\Omega = 1$ 为形成高熵合金固溶体的临界值，即 $\Omega \geqslant 1$ 时，合金易形成无序固溶体，$\Omega < 1$ 时，混合焓占主导地位，合金易发生偏析或生成金属间化合物。

此外，高熵合金由于组成元素较多，元素随机的分布在晶格位点上，产生较大的晶格畸变，但 Ω 参数为热力学计算的结果，并未考虑晶格畸变对合金的影响。因此引入了原子半径差（δ）描述晶格畸变对合金的影响：

$$\delta = \sqrt{\sum_{i=1}^{n} c_i \left(1 - r_i/\bar{r}\right)^2} \tag{1-8}$$

式中，r_i 为第 i 个元素的原子半径；n 为合金主元素的个数；$\bar{r}$ 为原子半径的加权平均值（$\bar{r} = \sum_{i=1}^{n} c_i r_i$）。合金中晶格畸变的程度直接决定了 δ 值的大小，因此 δ 值可与相结构的稳定性密切相关。晶格畸变可分为均匀晶格畸变和局部晶格畸变两种，均匀晶格畸变可使合金以各向同性的方式进行扩散，改变合金的晶格常数；局部晶格畸变是使原子偏离理想位点。鲍美林等人[18]详细地研究了不同主元数的稀土高熵合金中的固溶强化效应，并利用修正后的 labush 方程对 DyGdHoLaTbY、ErGdHoLaTbY、DyErGdHoLaTbY、ScYLaGdTbDyHoErLu 和 ScYLaNdGdTbDyHoErLu 等合金进行了定量的计算。研究发现，随着 δ 值的增加，稀土高熵合金的固溶强化效果增强，且对比两个六元合金，ErGdHoLaTbY 合金较 DyGdHoLaTbY 合金的固溶强化值大，这主要是由于 Er 元素的原子半径相对较小，导致更大的晶格畸变。

Guo[20] 和 Zhang 等人[21] 提出当 $-15\mathrm{kJ/mol} \leqslant H_{\mathrm{mix}} \leqslant \pm 5\mathrm{kJ/mol}$、$\delta \leqslant 6.6\%$ 和 $\Omega \geqslant 1.1$ 时，合金可形成无序固溶体。Yang 等人[19] 将参数 δ 和 Ω 绘制成图 1-4，用来预测高熵合金和块体非晶的相形成。随着高熵合金的快速发展，在 2017 年时 Gao 等人[22] 总结已开发的高熵合金，重新对各参数的临界值进行限定，当 $-16.25\mathrm{kJ/mol} \leqslant \Delta H_{\mathrm{mix}} \leqslant \pm 5\mathrm{kJ/mol}$、$\delta \leqslant 6\%$ 和 $\Omega \geqslant 1$ 时，合金可形成无序固溶体。

（3）ϕ 参数。2015 年时 Ye 等人[23] 提出将混合焓和混合熵联系起来的另一参数 ϕ，可用下面的公式进行计算：

$$\phi = \frac{\Delta S_{\mathrm{mix}} - |\Delta H_{\mathrm{mix}}|/T_{\mathrm{m}}}{|S_E|} \tag{1-9}$$

式中，T_{m} 为合金的熔点；S_E 为与原子半径、堆垛密度、原子百分比有关的混合过剩熵。Ye 等人提出当 $\phi > \phi_c$ 且 $\phi_c = 20$，高熵合金趋向于形成单相结构，反之则趋向于形成多相结构。随后 Gao 等人[22] 根据已有的高熵合金规律提出 $\phi_c = 7$。

（4）价电子浓度。上述参量可用于预测高熵合金中单相无序固溶体，但无法预测合金的具体结构。Guo 等人[24] 研究发现价电子浓度（VEC）可以预测高熵合

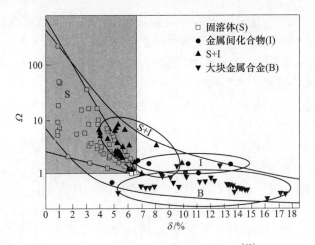

图 1-4 基于 Ω 和 δ 参数的相选择图[19]

金的相结构，当 VEC<6.87 时，高熵合金为 BCC 结构；当 VEC≥8 时，为 FCC 结构；当 6.87≤VEC<8 时，BCC 和 FCC 两相共存。VEC 的具体表达式如下：

$$VEC = \sum_{i=1}^{n} c_i (VEC)_i \qquad (1-10)$$

式中，$(VEC)_i$ 为第 i 个元素的价电子浓度。Gao 等人[22]将高熵合金的 VEC 值绘制成图 1-5，从图中可以得到，当 VEC<6 时，为 BCC 结构；当 VEC>7.8 时，为 FCC 结构；当 VEC=3（稀土元素）或 VEC=7.5~8.5 时，为 HCP 结构。

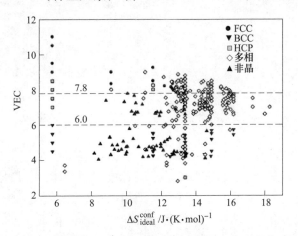

图 1-5 VEC 的相结构预测图[22]

1.3 高熵合金的本征特性

目前大部分高熵合金沿袭了传统合金的制备方法，如真空电弧熔炼、粉末冶金、脉冲激光沉积和电化学沉积等，随着社会生产的实际需求，3D 打印也成为了高熵合金新的制备方式。正所谓结构决定性能，而不同的制备方法能很大程度的影响材料结构，因此高熵合金随着制备方法的发展，许多优异的性能也被逐渐开发出来，如低层错能、热稳定性、抗辐照和抗腐蚀等。高熵合金也因其独特的设计理念迅速成为材料界的新起之秀，引起了科研工作者的广泛关注，下面从两个方面简要介绍高熵合金的独到之处。

（1）成分特点。相比于传统合金以一种或两种元素为主要元素进行合金化的设计原理，高熵合金中引入了更多的主元数。如图 1-6 所示，传统合金位于相图的顶角或边界处，高熵合金则主要集中在中间区域[25]。从图中也可以看出，高熵合金占据了更广阔的空间。从元素周期表中，任意挑选五种及五种以上的无毒、无放射性的金属元素，就可以获得一个非常庞大的可能形成高熵合金的数据库，再加上微量添加间隙原子或调整主元的原子百分比等方法，潜在的合金数量是无限的。正是由于高熵合金种类繁杂，才会给材料界带来无限的挑战和可能性。

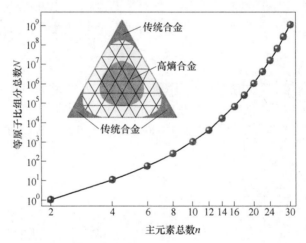

图 1-6　等原子比的合金随着主元素的增加合金总数的变化[25]

（2）相结构的特点。Hume-Rothery[26] 提出形成置换型固溶体的四个原则：1）溶质与溶剂的原子尺寸差越小越易形成置换型固溶体，一般原子尺寸差异不超过 15%；2）溶质与溶剂的晶体结构类型相同；3）溶质与溶剂的电负性相近；4）溶质和溶剂的离子价或符合替代离子价总和相同。传统合金的设计开发一直遵循这一原则，而高熵合金的提出却与这一原则相悖。高熵合金中的主元通常是不同结构的，如 Cantor 合金中 Ni 为 FCC，Cr 为 BCC，Co、Mn 和 Fe 三个元素在不同温度下会发生不同晶型的转变，且相对于其他原子来说，Cr 的电负性较低，但最终 Cantor 合金形成了一个 FCC 结构的固溶体。这是由于高熵合金中高的混合熵使合金挣脱了 Hume-Rothery 原则的约束。

高熵合金趋向于形成简单固溶体结构，这是混合熵、混合焓、原子尺寸差、电负性和价电子浓度等共同作用下产生的结果，也是高熵合金所特有的结构特点。高熵合金以多主元高比例混合时，趋于形成典型的单相固溶体结构，包括 FCC、BCC 和 HCP。

1.4 高熵合金的力学性能

1.4.1 强度和硬度

高熵合金中主元素较多，并无传统合金中的溶质原子和溶剂原子之分，且原子半径差较大。在形成固溶体时，各元素随机占据晶格点阵中的晶格位点，因此在高熵合金中通常存在较为严重的晶格畸变[27]，使合金产生较大的固溶强化。另外晶格畸变也会使位错产生钉扎作用，阻碍原子的运动，抑制新相的长大，促使合金中出现纳米结构的相，使得细晶强化发挥作用。

Yao 等人[28] 设计并制备了 MoNbTaTiV、MoNbTaV、NbTaTiV、NbTaVW 和 NbTaTiVW 五种难熔高熵合金，对合金进行室温压缩实验发现，MoNbTaTiV 合金的屈服强度为 1.4GPa，断裂强度为 2.4GPa；NbTaTiV 合金的屈服强度为 965MPa，塑性高达 50%以上，较传统单主元合金展现出更高的强度。

Guo 等人[29] 制备了不含 Co 元素的低成本 $Al_xCrCuFeNi_2$ 高熵合金，研究了 Al 元素对合金的影响，随着 Al 元素的增加，合金结构发生了如下转变：FCC 结构→BCC+FCC 结构→BCC+有序 BCC 结构。作者还进一步研究该系列合金的硬度，当 Al 元素的原子百分比为 0.2%时，合金为单相 FCC 结构，硬度为 161HV，当 Al 含量增加至 1.2%时，合金出现 BCC 相且为共晶结构，硬度急速增加到 520HV，随着 Al 含量进一步增加，BCC 相进一步增加，当含量为 2.5%时，硬度达到 596HV。Diao 等人[30] 总结了部分高熵合金和传统合金的硬度值，如图 1-7 所示，从图中可以看出，相对于传统合金，高熵合金的硬度值普遍偏高，研究发现合金体系的选择、合金中成分的调整（如添加 Al 等元素，使合金产生第二相）、成型方法等都与合金的硬度值密切相关。

1.4.2 高温性能

高熵合金的高温力学性能同样吸引着人们的关注，高温导致的原子扩散速度加快与高熵合金的迟滞扩散作用相互竞争，使得高熵合金相较于传统合金具有更加稳定的高温力学性能。目前关于高温高熵合金的研究主要为难熔高熵合金和共晶高熵合金。关于难熔高熵合金的设计主要是依据高熵合金的"鸡尾酒"效应，选用熔点较高的金属元素，如 Mo、W、Nb 和 V 等元素，但此类元素塑性较差，因此为了调节合金的塑性，会适量添加能诱导 HCP 第二相的 Ta 元素或塑性较好能够提高固溶度的 Al 元素。

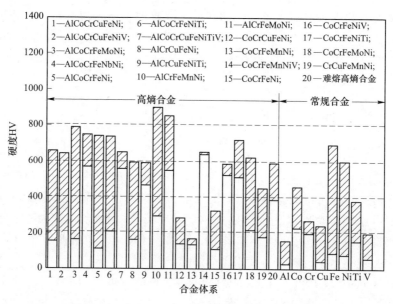

图 1-7　部分高熵合金与传统合金的硬度柱状图[30]

Yao 等人[28]设计开发了 NbTaV-（Ti，Mo，W）五种单相体心立方结构的耐高温高熵合金，并对该系列合金进行了室温压缩的研究，其中 MoNbTaTiV 高熵合金的屈服强度、断裂强度和断裂应变分别为 1.4GPa、2.45GPa 和 30%，性能优于传统的高温合金。Miracle 等人[31]总结了部分高熵合金和传统合金压缩屈服强度随温度的变化图，如图 1-8 所示。从图中可以看出，三种传统合金 INCONEL718、

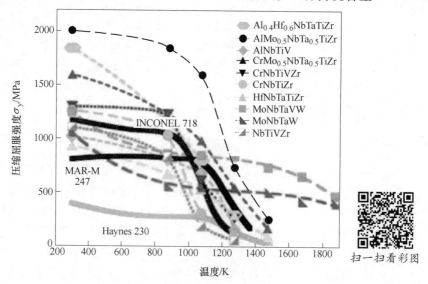

图 1-8　高熵合金和传统合金的压缩屈服强度与温度的关系图[31]

MAR-M 247 和 Haynes 230 的压缩屈服强度随着温度的升高迅速下降。而两种难熔高熵合金 MoNbTaVW 和 MoNbTaW 随着温度的升高，强度下降速度较为缓慢，高温下的性能更加稳定。

Lu 等人[32]采用铸造的方法制备了 AlCoCrFeNi$_{2.1}$共晶高熵合金，该合金具有有序 FCC(L1$_2$) 和有序 BCC(B2) 两相片层结构。在 700℃下进行拉伸实验，最高应力为 538MPa，断裂应变为 22.9%，该成分的力学性能明显优于其他合金在高温下的力学性能。这是由于片层结构的合金在应变场下呈现高低应变区交替分布，有效地缓解了应变集中，使合金展现出优异的力学性能。

1.4.3 低温性能

低温金属材料是指适合低温下（0℃以下至绝对零度）使用的金属及合金材料。主要包括奥氏体不锈钢、镍钢、低合金铁素体钢、铝合金、铜及铜合金、钛及钛合金、铁基超合金和双相钢等。但由于传统合金中是微量添加其他元素进行性能调整，故所适应的温度范围非常有限。近几年关于高熵合金在低温领域的研究已取得了一定的进展。

高熵合金中，低温下层错能较低，孪晶或堆垛层错作为一种变形机制被激活。目前普遍认为在变形过程中产生的孪晶或堆垛层错将不断引入新的界面，通过减少位错平均自由程而产生加工硬化，这通常被称为"动态霍尔-佩奇"效应。这有效地推迟了颈缩的出现，使合金在低温下可以稳定持久地发生均匀的塑性变形。因此，大幅提高了合金的应变硬化能力，使合金展现出了较高的强度和韧性。

Otto 等人[33]制备了单相 FCC 结构的 CoCrFeMnNi 高熵合金，通过均匀化、冷轧和再结晶等方法，得到了晶粒尺寸为 4~160μm 的单相组织。图 1-9 (a) 和图

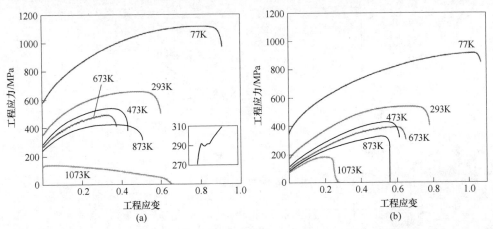

图 1-9 CoCrFeMnNi 高熵合金在不同温度下的工程应力-应变曲线[33]
(a) 晶粒尺寸=4.4μm；(b) 晶粒尺寸=155μm

1-9（b）分别为 CoCrFeMnNi 高熵合金细晶粒（4.4μm）和粗晶粒（155μm）组织在不同温度下的工程应力-应变曲线，从图中可以看到相较于其他温度，合金在低温下的力学性能更加优异。材料在低温下强度有所增加，这主要是由于低温下合金的堆垛层错能降低，材料更易激活孪晶，出现大量的位错塞积产生强化。传统金属材料塑性会大幅降低，甚至出现脆性断裂。而高熵合金却在低温下不仅强度提升，塑性也有大幅增加。

1.4.4　耐磨性

在材料的实际应用过程中，常由于机械作用使材料发生磨损现象，主要有磨粒磨损、黏着磨损和疲劳磨损等，耐磨性通常用磨耗量或耐磨指数表示，即在一定荷重的磨速条件下，单位面积在单位时间的磨耗。通常含有硬且脆的 BCC 相或纳米析出相的高熵合金耐磨性能更加突出。

Wu 等人[34]研究了 Al 元素对 Al$_x$CoCrCuFeNi 系高熵合金耐磨性的影响，研究发现随着 Al 元素原子百分比的增加，合金从 FCC 结构转变为 BCC 结构，合金的磨损系数减小，耐磨性增加，且磨损机制也由剥落磨损转变为氧化磨损。

Liu 等人[35]研究了 B 元素对 Al$_{0.5}$CoCrCuFeNiB$_x$（$x = 0 \sim 1$）高熵合金耐磨性能的影响。如图 1-10 所示，B 元素的原子百分比从 0 增加到 0.4% 时，合金耐磨性没有显著变化，B 元素继续增加时，耐磨性迅速增加。这主要是由于随着 B 元素的加入，单相 FCC 结构高熵合金中出现了多元硼化物陶瓷，B 元素以硼化物的形式镶嵌在合金基体中，使合金保持 FCC 基体韧性的同时兼具优异的耐磨性。且从图中看到当 B 元素的含量高于 0.6% 时，该高熵合金的耐磨性高于传统的耐磨合金 H13 钢，展现出出色的耐磨性能。

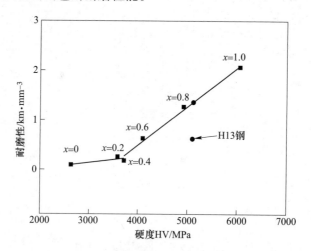

图 1-10　Al$_{0.5}$CoCrCuFeNiB$_x$（$x = 0 \sim 1$）高熵合金的耐磨性[35]

1.5 高熵合金的其他性能

1.5.1 磁性

软磁材料具有低的矫顽力和高的磁导率,可以用最小的外磁场实现最大的磁化强度,易于磁化也易于退磁,可以广泛地应用于发电、输电、电机、磁屏蔽和电磁铁等。目前所研究的软磁材料都有其自身的缺点,如硅钢片的生产工艺复杂且耗时较长[36,37];铁硅合金的脆性大,加工性能差[38,39];铁镍合金对应力较为敏感,电阻率较低[40,41]。而高熵合金由于熵值高使得合金内部呈现高度无序状态,原子磁矩重排较传统合金更加困难,矫顽力增大,因此高熵合金因其自身独特的性能有望在软磁材料方面取得突破性的进展。

Li 等人[42]制备了 $FeCoNiMn_{0.25}Al_{0.25}$ 高熵合金,从结构、磁性和力学性能等方面进行了研究。该合金为 FCC 结构的固溶体,热稳定性较好。作者对比了合金在铸态、冷轧和退火后的磁化曲线,研究发现合金无论处于哪种状态,都很容易磁化到磁饱和状态,而且矫顽力低于 1000A/m,属于软磁材料。作者通过实验发现饱和磁化强度和矫顽力的大小不受冷轧和退火的影响,同时发现合金具有较高的居里温度和电阻率与优异的软磁性能。

磁制冷,相较于传统的蒸汽压缩制冷更加的高效且环保。磁制冷主要是利用磁热效应,即在绝热环境中施加磁场,材料本身的温度随磁场强度的改变而发生变化的现象。这是在外部磁场作用下材料中的磁自旋排列所引起的,高熵合金因其独特的原子排列方式在磁制冷方面具有极大的应用前景。

Wu 等人[43]制备了 GdDyErHoTb、GdErHoTb、DyErHoTb 和 ErHoTb 四种高熵合金,均为 HCP 结构。GdDyErHoTb 高熵合金在零场冷磁化,温度的变化范围为 50~300K 时,随着磁场的增强合金发生了从反铁磁向铁磁的转变,进一步利用高斯拟合发现该合金的 T_N 值为 186K。研究发现 GdDyErHoTb 高熵合金具有较小的迟滞和大的磁制冷容量,表现出突出的磁制冷性能。

1.5.2 抗辐照性能

核能作为一种新型的清洁能源引起了人们的广泛关注,是最具希望的未来能源之一。作为储备核能的材料,需要长时间在高温、高压和高能离子的辐照下工作,因此要求内壁材料具备优良的抗辐照性能,可以长时间的应用于裂变和聚变反应堆中。对于高熵合金而言,具有高的混合熵和由不同尺寸原子混合引起的原子级应力,高的原子级应力会促进材料在进行辐照时发生非晶化,随后发生局部融化和再结晶,这一过程使得高熵合金在抗辐照方面展现出优异的性能。

Atwani 等人[44]利用磁控溅射的方法制备了 $W_{38}Ta_{36}Cr_{15}V_{11}$ 高熵合金,该合金为 BCC 结构的固溶体,具有较高的熔点。作者在室温下对该成分进行原位和非原位的辐照，研究发现辐照硬化程度较小，具有优异的抗辐照性能。Xia 等人[45]设计了Al_xCoCrFeNi 系多主元高熵合金，并在常温和高温下进行 Au+ 离子辐照。如图 1-11 所示，BCC 结构的$Al_{1.5}$CoCrFeNi 高熵合金的体积膨胀率高于 FCC 结构的 $Al_{0.1}$CoCrFeNi 高熵合金，$Al_{0.75}$CoCrFeNi 高熵合金的体积膨胀率居于中间，即 BCC 结构的高熵合金抗辐照性能优于 FCC 结构，这一点与传统合金相反。且这三种高熵合金都展现出比传统合金更低的体积膨胀率，在辐照作用下相结构更加稳定。

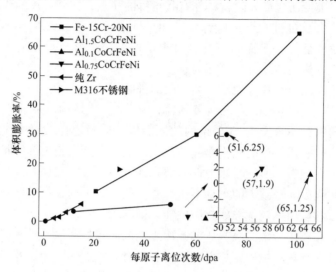

图 1-11 Al_xCoCrFeNi 高熵合金辐照后的体积膨胀率[45]

1.5.3   热电性能

热电材料是一种能将热能和电能相互转换的功能材料，利用固体内部载流子运动实现热能和电能的直接转换，主要有塞贝克效应、帕尔贴效应和汤姆孙效应。热电材料主要用于制作温差发电机和热电制冷。高熵合金在热电材料领域中的应用已经取得了一定的成果。

Shafeie 等人[46]研究了Al_xCoCrFeNi($0 < x < 3$) 高熵合金在 $100 \sim 900℃$温度范围内的热电性能，当 Al 的原子百分比从 0 增加到 3%，塞贝克系数从 $1\mu V/K$ 增加到 $23\mu V/K$，电导率从 $0.85MS/m$ 降低至 $0.36MS/m$，合金的热电性能提高。作者发现通过对组成元素的调整，可影响合金的电导率和塞贝克系数。同时由于高熵合金特殊的结构特征，应用于高温下的热电高熵合金开发具有广阔的前景。

1.5.4   超导性能

超导材料在一定的低温条件可处于超导态，即材料电阻和体内磁感应强度都为零，这样电流能够毫不衰减的传输下去。我们现在使用的普通电线，由于电阻的存在，在输电时总会损失部分电能，超导体材料可以使无损输电成为可能。超导材料因此被广泛应用于电机、磁悬浮运输、电力电缆和微波发射器等。

Kozelj 等人[47]制备了 FCC 结构的 $Ta_{34}Nb_{33}Hf_{14}Zr_{14}Ti_{11}$ 高熵合金，该合金的居里温度约为 7.3K，超临界磁场为 8.2T，低临界磁场为 32mT，且该合金在弱电子-声子耦合极限条件下接近 BCS 型声子介导超导体。Guo 等人[48]制备了 $(TaNb)_{0.67}(HfZrTi)_{0.3}$ 高熵合金，该合金由五种过渡族元素构成，形成了 BCC 结构的固溶体，该合金在压力为 190GPa 下时转变为零电阻的超导材料。高熵合金超导材料有良好的应用前景，特别是在极端条件下的应用。

1.5.5 析氧性能

随着社会的发展，能源问题引起了人们的广泛关注，而石油、天然气和煤等在地球上存量有限，属于不可再生资源，因此人们致力于寻求可再生的新能源。氢能作为一种清洁的二次能源，成为代替不可再生资源的理想能源载体，且氢气能够通过电解水直接获得。在电解水过程中会发生阴极析氢和阳极析氧两个半反应，阳极析氧时会发生四个电子的转移，动力学缓慢，因此为了高效地获得氢气，阳极析氧电催化剂成为研究的热点。高熵合金因其独特的结构，在析氧电催化剂方面取得了一定的进展。

Ding 等人[49]以 Co-Cr-Fe-Ni-Nb 作为前驱体，成功制备了金属间化合物-氧化物的核壳多孔材料，且研究发现该材料表面有大量的析氧反应所需的中间产物，可以促使电催化反应向产生氧气的方向进行，动力学反应加快，且该材料的催化效率较高，优于传统的析氧电催化材料（如硫化物、硒化物和磷化物等）。

1.6 高熵合金的制备方法

高熵合金的种类繁多，制备方式也多种多样，可以根据组成元素的初始状态将制备方式分为三类：气相法、液相法和固相法。下面简要介绍高熵合金中常见的制备方法。

1.6.1 气相法

气相法是将拟生长的晶体材料通过升华、蒸发、分解等过程转化为气相，随后在适当条件下使之成为饱和蒸汽，经冷凝结晶而生长成晶体。在高熵合金中，常利用气相法在工件表面制备高熵合金涂层。

磁控溅射法是一种物理气相沉积法，是目前气相法中最常见的方法且适用范围较广。磁控溅射法的基本原理是利用高速粒子轰击靶材，使得靶材表面的原子或分子被喷射出后均匀的沉积到基体表面，形成致密且元素均匀分布的薄膜，原材料的状态、基体偏置电压、基体温度以及反应气体等参数共同决定了薄膜的成核和生长。Braic 等人[50]成功地在 Ti_6Al_4V 合金基体上制备了（HfNbTaTiZr）C 和（HfNbTaTiZr）N 高熵合金涂层，且进一步研究发现该系列高熵合金涂层最高硬度可达 31GPa，具有优异的耐磨损性能，同时在模拟液体中具有良好的生物相容性。

化学气相沉积法是一种化工技术，主要是利用含有薄膜元素的一种或者几种气相化合物或单质，在基体表面上进行化学反应生成薄膜的方法。化学气相沉积法的制备温度较高，有助于提高涂层和基体的结合强度，更适用于制备黑色金属的涂层，但所制备的涂层较磁控溅射的更厚。

1.6.2　固相法

（1）粉末冶金法。粉末冶金法是以机械球磨制备的金属或非金属粉末为原料，通过高压将金属粉末压制成型和烧结，制造金属材料、复合材料以及各种类型制品的工艺技术。常见的烧结方法有放电等离子烧结、真空热压和热等静压。粉末冶金法具有使增强相在合金中分布均匀、成型工艺简单、原料损耗较少和易于量产等特点，但也存在成型过程中不易压实、孔隙率高、效率低且模型贵等缺点。Zhang 等人[51]利用粉末冶金的方法成功制备了 AlCoCrFeNi 高熵合金，该合金为 FCC 和 BCC 的双相结构，且屈服强度和断裂强度分别为 1262MPa 和 3228MPa，塑性变形为 29.1%，具有良好的强韧性。

（2）机械合金化法。机械合金化法是指用高能研磨机或球磨机实现固态合金化的过程，高能球磨机中金属或合金粉末与磨球之间长时间碰撞，粉末颗粒进行多次冷焊、断裂，导致粉末中原子扩散，常用来制备成分均匀分布的纳米材料。机械合金化法可以控制合金相及微观组织，增强元素间的固溶度，可用来弥散强化材料。目前该方法已广泛应用于高熵合金的制备，Varalakshmi 等人[52]利用机械合金化法成功制备了 AlCrFeTiZnCu 纳米结构的高熵合金，并研究了该合金的热力学稳定性和力学性能。Sriharitha 等人[53]通过机械合金化制备了 Al_xCoCrCuFeNi高熵合金，并研究了 Al 含量对合金相结构的影响，随着 Al 含量的增加，合金由 FCC 和 BCC 的双相结构转变为单一的 BCC 相，且该系列合金有良好的热稳定性。

1.6.3　液相法

（1）真空电弧熔炼法。真空电弧熔炼是目前高熵合金最常用的制备方法，该方法是将金属原料从上到下按照每个元素的熔点从高到低次序放置于水冷坩埚内，利用电极和坩埚之间产生电弧热，使金属熔化，为保证熔炼的均匀性，使金属原料反复熔炼四到五次，最终形成一个纽扣状的合金锭。但该方法是在高温下进行熔炼，若某一元素的沸点低于另一元素的熔点，则可能导致低沸点元素的蒸发，对成分具有一定的局限性，且熔炼时须在水冷坩埚内进行，所熔炼的合金尺寸较小，无法进行批量生产。

（2）真空感应熔炼法。真空感应熔炼法是在真空条件下利用电磁感应加热原理，即在金属内产生涡电流，电流通过金属材料时，由于金属材料为电阻材料，可以产生大量的热，进一步使金属融化。为确保熔炼的金属不与空气中的元素化合，在实际操作中一般在惰性气体下进行。真空感应熔炼可用于大尺寸高熵合金的制备，为高熵合金的工业化生产提供可能性。

1.6.4 其他方法

近几年随着高熵合金的快速发展，3D 打印技术也逐步应用于高熵合金的制备中。3D 打印也称金属增材制造技术，是一种快速成型的技术，该技术基于离散-堆积原理以数字模型文件为基础，运用粉末状金属或塑料等可黏合材料，通过逐层打印的方式来构造物体。3D 打印技术也因其成型速度快且能够制备精密细小的零件，成为高熵合金的一种重要制备方法，目前常用的有电子束选区融化、激光选区融化和激光近净成形三种技术。Joseph 等人[54]利用 3D 打印的技术成功制备了 $Al_{0.3}CoCrFeNi$ 高熵合金，并研究了该合金的力学性能，$Al_{0.3}CoCrFeNi$ 高熵合金在压缩时形成大量的变形孪晶和材料织构，拉伸时主要变形机制为滑移变形，变形孪晶很少，导致该合金产生明显的拉压不对称性。

1.7 面心立方高熵合金的发展

自高熵合金问世以来，从概念、结构、性能、应用等各方面来看，面心立方高熵合金是高熵合金三种结构中发展最快且最全面的一类。同其他合金体系类似，研究工作者总是在追求性能极限以及未来的应用可能性。面心立方高熵合金较常规 FCC 合金，具有固溶度大，可调节性强的优势，同时仍有强度低的劣势，故面心立方高熵合金的性能发展旨在突破其强塑性折中，以达到更多领域结构材料应用要求。目前，面心立方高熵合金大体包括块体、丝材、薄膜三种形式，在高性能的追求之下，未来可能倾向于轻质化与高性价比。总体而言，面心立方高熵合金的百花齐放主要以性能和未来应用为导向。

面心立方高熵合金性能的发展道路上，除一些传统强化方式外，有几个方面工作突出，性能提升显著。以最经典的 CoCrFeMnNi 面心立方高熵合金为例，研究学者逐渐发现，它的强度和延展性都随着温度降低到低温范围而增加，在 77K 时抗拉强度和伸长率分别超过 1GPa 和 60%[55]。这一发现打开了面心立方高熵合金新的研究方向，大家开始广泛关注相似体系合金，激发相似变形机制，降低层错能，激发孪晶诱导塑性（TWIP）及相变诱导塑性（TRIP）效应，探索高强高韧面心立方高熵合金。其中，衍生的 CrCoNi[56]面心立方中熵合金，其强韧性超过了大多数多相合金。在室温下，该合金的抗拉强度接近 1GPa，断裂应变约为 70%，断裂韧度值高于 200MPa·m$^{1/2}$。在低温下，CrCoNi 合金的强度、延展性和韧性分别达到 1.3GPa 以上、90% 和 275MPa·m$^{1/2}$，完全可以满足多场合极端环境结构材料应用。非等原子比 $Cr_{26}Mn_{20}Fe_{20}Co_{20}Ni_{14}$ 高熵合金[57] 堆垛层错降低到 3.5mJ/m^2，同时诱发 TWIP 和 TRIP 效应，室温强塑性提升。同样理想地突破强塑性倒置关系，Li 等人[6] 开发了 $Fe_{80-x}Mn_xCo_{10}Cr_{10}$（$x = 45$、40、35 和 30，原子分数，%）一系列高熵合金，为面心立方高熵合金研究拓宽思路。目前，这种研究思路为面心立方高熵合金强韧化开辟了独一无二的广阔道路，相较于传统的细晶强化、位错强化等强化方式，可以实现强塑性同时提升。

另外，就是面心立方高熵合金特征：低强度和大塑性。在综合力学性能提升上，大幅提高强度，少量牺牲塑性也是一个值得探索的方向。在这一方面，间隙强化和异质结构表现突出。Li 等人[58] 在 CoCrFeMnNi 高熵合金中掺杂适量 C 原子（原子分数 0~0.8%），可以实现强度较原合金提升 5 倍以上。Wu 等人[59] 设计的异质结构面心立方高熵合金 $Al_{0.1}CoCrFeNi$ 可以实现室温屈服强度 711MPa，抗拉强度 928MPa，均匀伸长率 30.3%。同样的异质结构在单相 CrCoNi 合金中显著提高屈服强度（至 1100MPa），同时保持良好的延展性（总伸长率至 23%）[60]。

更引人注目的一项研究是 Yang 等人[7] 开发（FeCoNi）$_{86}$Al$_7$Ti$_7$ 纳米共格面心立方高熵合金，可控制地引入高密度延性多组分金属间纳米颗粒（MCINPs），材料不仅向高强高韧改进，而且加入轻质元素 Al 和 Ti，确保合金低密度，可以满足建筑、航空航天等领域轻质材料应用需求。这项研究主要是在无序固溶体中引入有序硬化，同时保持共格结构，实现了大幅度强度和塑性提升。这一思想也逐渐让研究者们认识到，在单相无序固溶体的高熵合金中引入有序团簇，将会带来出乎意料的增益。总之，这是一项开拓性的研究，不仅解决面心立方高熵合金强度低的缺憾，同时可以满足结构材料的应用需求，走向高强和轻质化。

毋庸置疑，面心立方高熵合金的性能探索之路让人喜出望外。上述主要集中在块体材料的研究，丝材和薄膜也取得了很大进展。Li 等人[61] 研究的 $Al_{0.3}CoCrFeNi$ 高熵合金，通过特种加工技术，可以成功生产直径为 1.00~3.15mm 的丝材，极限强度可达 1207MPa，伸长率 7.8%。同时现在也开始了更高强度的探索，高熵陶瓷出现在大众视野，面心立方高熵合金的发展版图广阔而充满未知精彩。

材料的发展最终还是要落脚于应用中，而能源问题始终是需要重点关注的，所以高性价比材料，避免战略性元素消耗必然也是研究重点。最近，面心立方高熵合金也展开了这一方面的探索，Bian 等人[8] 设计的低成本 $Fe_{40}Mn_{20}Cr_{20}Ni_{20}$ 合金，在 77K 下屈服强度可达 1.2GPa，断裂伸长率为 22%，避免战略元素 Co，同时性能优于大多数传统材料，面心立方高熵合金的高性价比之路同样令人惊喜。从一个概念的提出，到一系列合金的开发，再到集思广益的完善，最终归于现实的应用，面心立方高熵合金已经在一条正确的道路上稳步前行。面心立方高熵合金的发展仍在路上，广大学者仍需继续拓展，不仅是力学性能，其他更多性能值得期待，这里只做简单的介绍，后续会有更加详细的呈现。

参 考 文 献

［1］ Oh H S, Kim S J, Odbadrakh K, et al. Engineering atomic-level complexity in high-entropy and complex concentrated alloys ［J］. Nature Communications, 2019, 10 (1): 2090.

［2］ Yeh J W, Chen S K, Lin S J, et al. Nanostructured high-entropy alloys with multiple principal elements: novel alloy design concepts and outcomes ［J］. Advanced Engineering Materials, 2004, 6 (5): 299~303.

［3］ Ranganathan S. Alloyed pleasures: multimetallic cocktails ［J］. Current Science, 2003, 85: 1404~1406.

［4］ Cantor B, Chang I T H, Knight P, et al. Microstructural development in equiatomic multicomponent alloys ［J］. Materials Science and Engineering: A, 2004, 375~377: 213~218.

［5］ Zhang W, Liaw P K, Zhang Y. Science and technology in high-entropy alloys ［J］. Science China Materials, 2018, 61 (1): 2~22.

［6］ Li Z, Pradeep K G, Deng Y, et al. Metastable high-entropy dual-phase alloys overcome the strength-ductility trade-off ［J］. Nature, 2016, 534 (7606): 227~300.

［7］ Yang T, Zhao T L, Tong Y, et al. Multicomponent intermetallic nanoparticles and superb mechanical behaviors of complex alloys ［J］. Science, 2018, 362: 933~937.

［8］ Bian B B, Guo N, Yang H J, et al. A novel cobalt-free FeMnCrNi medium-entropy alloy with exceptional yield strength and ductility at cryogenic temperature ［J］. Journal of Alloys and Compounds, 2020.

［9］ Otto F, Dlouhý A, Pradeep K G, et al. Decomposition of the single-phase high-entropy alloy CrMnFeCoNi after prolonged anneals at intermediate temperatures ［J］. Acta Materialia, 2016, 112: 40~52.

［10］ Zhou Y J, Zhang Y, Wang Y L, et al. Solid solution alloys of AlCoCrFeNiTi$_x$ with excellent room-temperature mechanical properties ［J］. Applied Physics Letters, 2007, 90 (18): 253.

［11］ Senkov O N, Wilks G B, Miracle D B, et al. Refractory high-entropy alloys ［J］. Intermetallics, 2010, 18 (9): 1758~1765.

［12］ Gao M C, Alman D E. Searching for next single-phase high-entropy alloy compositions ［J］. Entropy, 2013, 15 (10): 4504~4519.

［13］ Youssef K M, Zaddach A J, Niu C, et al. A novel low-density, high-hardness, high-entropy alloy with close-packed single-phase nanocrystalline structures ［J］. Materials Research Letters,

2014, 2 (5): 1.

[14] Zhang F, Wu Y, Lou H, et al. Polymorphism in a high-entropy alloy [J]. Nature Communications, 2017, 8: 15687.

[15] Tracy C L, Park S, Rittman D R, et al. High pressure synthesis of a hexagonal close-packed phase of the high-entropy alloy CrMnFeCoNi [J]. Nature Communications, 2017, 8: 15634.

[16] Zhao Y J, Qiao J W, Ma S G, et al. A hexagonal close-packed high-entropy alloy: the effect of entropy [J]. Materials & Design, 2016, 96: 10~15.

[17] Qiao J W, Bao M L, Zhao Y J, et al. Rare-earth high-entropy alloys with hexagonal close-packed structure [J]. Journal of Applied Physics, 2018, 124 (19): 195101.

[18] 鲍美林. 高主元密排六方结构稀土高熵合金的力学行为 [D]. 太原: 太原理工大学, 2020.

[19] Yang X, Zhang Y. Prediction of high-entropy stabilized solid-solution in multi-component alloys [J]. Materials Chemistry and Physics, 2012, 132 (2~3): 233~238.

[20] Guo S, Hu Q, Ng C, et al. More than entropy in high-entropy alloys: forming solid solutions or amorphous phase [J]. Intermetallics, 2013, 41: 96~103.

[21] Zhang Y, Zuo T T, Tang Z, et al. Microstructures and properties of high-entropy alloys [J]. Progress in Materials Science, 2014, 61: 1~93.

[22] Gao M C, Zhang C, Gao P, et al. Thermodynamics of concentrated solid solution alloys [J]. Current Opinion in Solid State and Materials Science, 2017, 21 (5): 238~251.

[23] Ye Y F, Wang Q, Lu J, et al. Design of high entropy alloys: a single-parameter thermodynamic rule [J]. Scripta Materialia, 2015, 104: 53~55.

[24] Guo S, Ng C, Lu J, et al. Effect of valence electron concentration on stability of fcc or bcc phase in high-entropy alloys [J]. Journal of Applied Physics, 2011, 109 (10): 103505.

[25] Ye Y F, Wang Q, Lu J, et al. High-entropy alloy: challenges and prospects [J]. Materials Today, 2016, 19 (6): 349~362.

[26] Kuno M. Hume-Rothery rules for structurally complex alloy phases [J]. Mrs Bulletin, 2012: 37.

[27] Yeh J W, Chang S Y, Hong Y D, et al. Anomalous decrease in X-ray diffraction intensities of Cu-Ni-Al-Co-Cr-Fe-Si alloy systems with multi-principal elements [J]. Materials Chemistry and Physics, 2007, 103 (1): 41~46.

[28] Yao H W, Qiao J W, Hawk J A, et al. Mechanical properties of refractory high-entropy alloys: experiments and modeling [J]. Journal of Alloys and Compounds, 2017, 696: 1139~1150.

[29] Guo S, Ng C, Liu C T. Anomalous solidification microstructures in Co-free Al_xCrCuFeNi$_2$ high-entropy alloys [J]. Journal of Alloys and Compounds, 2013, 557: 77~81.

[30] Diao H, Xie X, Sun F, et al. Mechanical properties of high-entropy alloys [J]. High-Entropy Alloys, 2016: 181~236.

[31] Miracle D B, Senkov O N. A critical review of high-entropy alloys and related concepts [J]. Acta Materialia, 2017, 122: 448~511.

[32] Lu Y, Gao X, Jiang L, et al. Directly cast bulk eutectic and near-eutectic high-entropy alloys

with balanced strength and ductility in a wide temperature range [J]. Acta Materialia, 2017, 124: 143~150.

[33] Otto F, Dlouhý A, Somsen C, et al. The influences of temperature and microstructure on the tensile properties of a CoCrFeMnNi high-entropy alloy [J]. Acta Materialia, 2013, 61 (15): 5743~5755.

[34] Wu J M, Lin S J, Yeh J W, et al. Adhesive wear behavior of Al$_x$CoCrCuFeNi high-entropy alloys as a function of aluminum content [J]. Wear, 2006, 261: 513~519.

[35] Xiaotao L, Wenbin L, Lijuan M, et al. Effect of boron on the microstructure, phase assemblage and wear properties of Al$_{0.5}$CoCrCuFeNi high-entropy alloy [J]. Rare Metal Materials and Engineering, 2016, 45 (9).

[36] Somkun S, Moses A J, Anderson P I. Measurement and modeling of 2-D magnetostriction of nonoriented electrical steel [J]. IEEE Transactions on Magnetics, 2012, 48 (2): 711~714.

[37] Wakabayashi D, Todaka T, Enokizono M. Three-dimensional magnetostriction and vector magnetic properties under alternating magnetic flux conditions in arbitrary direction [J]. Electrical Engineering in Japan, 2012, 179 (4): 1~9.

[38] Gómez-Polo C, Pérez-Landazábal J I, Recarte V, et al. Effect of the ordering on the magnetic and magnetoimpedance properties of Fe-6.5%Si alloy [J]. Journal of Magnetism and Magnetic Materials, 2003, 254: 88~90.

[39] Liang Y F, Lin J P, Ye F, et al. Microstructure and mechanical properties of rapidly quenched Fe-6.5 wt.% Si alloy [J]. Journal of Alloys and Compounds, 2010, 504: S476~S479.

[40] Kohout T, Kosterov A, Jackson M, et al. Low-temperature magnetic properties of the Neuschwanstein EL6 meteorite [J]. Earth and Planetary Science Letters, 2007, 261: 143~151.

[41] Nagata T, Schwerer F C. Lunar rock magnetism [J]. Moon, 1972, 4 (1~2): 160~186.

[42] Li P, Wang A, Liu C T. A ductile high-entropy alloy with attractive magnetic properties [J]. Journal of Alloys and Compounds, 2017, 694: 55~60.

[43] Yuan Y, Wu Y, Tong X, et al. Rare-earth high-entropy alloys with giant magnetocaloric effect [J]. Acta Materialia, 2017, 125: 481~489.

[44] El-Atwani O, Li N, Li M, et al. Outstanding radiation resistance of tungsten-based high-entropy alloys [J]. Science Advances, 2019, 5 (3).

[45] Xia S Q, Yang X, Yang T F, et al. Irradiation resistance in Al$_x$CoCrFeNi high-entropy alloys [J]. JOM, 2015, 67 (10): 2340~2344.

[46] Shafeie S, Guo S, Hu Q, et al. High-entropy alloys as high-temperature thermoelectric materials [J]. Journal of Applied Physics, 2015, 118 (18): 184905.

[47] Kozelj P, Vrtnik S, Jelen A, et al. Discovery of a superconducting high-entropy alloy, Physical review letters, 2014, 113 (10): 107001.

[48] Guo J, Wang H, Von Rohr F, et al. Robust zero resistance in a superconducting high-entropy alloy at pressures up to 190GPa [J]. Proceedings of the National Academy of Sciences, 2017, 114: 13144~13147.

[49] Ding Z, Bian J, Shuang S, et al. High-entropy intermetallic-oxide core-shell nanostructure as

superb oxygen evolution reaction catalyst [J]. Advanced Sustainable Systems, 2020, 4 (5): 1900105.

[50] Braic V, Balaceanu M, Braic M, et al. Characterization of multi-principal-element (TiZrNbHfTa) N and (TiZrNbHfTa) C coatings for biomedical applications [J]. Journal of the mechanical Behavior of Biomedical Materials, 2012, 10: 197~205.

[51] Zhang A, Han J, Meng J, et al. Rapid preparation of AlCoCrFeNi high entropy alloy by spark plasma sintering from elemental powder mixture [J]. Materials Letters, 2016, 181: 82~85.

[52] Varalakshmi S, Kamaraj M, Murty B S. Synthesis and characterization of nanocrystalline AlFeTiCrZnCu high-entropy solid solution by mechanical alloying [J]. Journal of Alloys and Compounds, 2008, 460 (1): 253~257.

[53] Sriharitha R, Murty B S, Kottada R S. Phase formation in mechanically alloyed Al_xCoCrCuFeNi (x = 0.45, 1, 2.5, 5mol) high-entropy alloys [J]. Intermetallics, 2013, 32: 119~126.

[54] Joseph J, Stanford N, Hodgson P. Tension/compression asymmetry in additive manufactured face centered cubic high-entropy alloy [J]. Scripta Materialia, 2017, 129: 30~34.

[55] Gali A, George E P. Tensile properties of high- and medium-entropy alloys [J]. Intermetallics, 2013, 39: 74~78.

[56] Gludovatz B, Hohenwarter A, Thurston K V S, et al. Exceptional damage-tolerance of a medium-entropy alloy CrCoNi at cryogenic temperatures [J]. Nature Communications, 2016, 7 (1): 10602.

[57] Zaddach A J, Niu C, Koch C C, et al. Mechanical properties and stacking fault energies of NiFeCrCoMn high-entropy alloy [J]. Jom, 2013, 65 (12): 1780~1789.

[58] Li Z. Interstitial equiatomic CoCrFeMnNi high-entropy alloys: carbon content, microstructure, and compositional homogeneity effects on deformation behavior [J]. Acta Materialia, 2019, 164: 400~412.

[59] Wu S W, Wang G, Wang Q, et al. Enhancement of strength-ductility trade-off in a high-entropy alloy through a heterogeneous structure [J]. Acta Materialia, 2019, 165: 444~458.

[60] Slone C E, Miao J, George E P, et al. Achieving ultra-high strength and ductility in equiatomic CrCoNi with partially recrystallized microstructures [J]. Acta Materialia, 2019, 165: 496~507.

[61] Li D, Li C, Feng T, et al. High-entropy $Al_{0.3}$CoCrFeNi alloy fibers with high tensile strength and ductility at ambient and cryogenic temperatures [J]. Acta Materialia, 2017, 123: 285~294.

2 面心立方结构高熵合金的细晶强化

2.1 面心立方高熵合金中的霍尔-佩奇关系

通过细化晶粒使金属材料力学性能得到提升是工业和实验室强化金属材料最常用的方法之一。随着合金中晶粒的细化，晶界增多，根据位错理论，晶界对位错运动具有阻碍作用，在外力作用下晶粒内部位错在晶界处塞积，要想晶界处发生切变变形，则晶界处必须产生足够大的应力集中，从而使材料强化，这就是Hall-Petch关系的理论基础。

在20世纪50年代，英国谢菲尔德大学的Hall通过对金属锌与低碳钢的研究发现：材料强度与晶粒尺寸成反比的关系。利兹大学的Petch利用Hall提出的公式，对其进行了精确计算得到了著名的霍尔-佩奇公式：

$$\sigma_y = \sigma_0 + kd^{-1/2} \tag{2-1}$$

式中，σ_y为材料的屈服极限；σ_0为移动单个位错时产生的晶格摩擦阻力；k为一个与材料的种类性质以及晶粒尺寸有关的常数；d为晶粒的平均直径。金属材料常温下的细晶强化已经成为公认的事实，但是当材料的晶粒尺寸下降到微米、亚微米甚至纳米级的时候，会偏离传统的霍尔-佩奇规律，并且随着晶粒的不断细化，偏离现象也越严重。这种情况主要是由于晶粒细化后，位错的平均自由程降低，晶界、相界以及夹杂等对材料性能的影响相比粗晶更为明显。

美国橡树岭国家实验室Otto等人[1]利用电弧熔化加铜模吸铸制备了面心立方晶体结构的CoCrFeMnNi高熵合金。如图2-1所示，铸态高熵合金经过均匀化、冷轧和再结晶处理后，获得了晶粒尺寸分别为4.4μm、50μm和155μm的单相面心立方结构合金。将不同晶粒尺寸的CoCrFeMnNi高熵合金置于不同温度（77~1073K）下进行拉伸实验，根据综合力学性能与显微组织的关系，首先可以发现晶粒越小，屈服强度和拉伸强度越高，且两者随着拉伸温度的降低而提高。晶粒尺寸对CoCrFeMnNi高熵合金的屈服强度的影响主要由霍尔-佩奇效应决定，其中，CoCrFeMnNi高熵合金的晶格摩擦阻力（σ_0）为125MPa，霍尔-佩奇系数（k）为494MPa·μm$^{1/2}$。

北德克萨斯Gwalani等人[2]在$Al_{0.3}CoCrFeNi$高熵合金的基础上，综合霍尔-佩奇效应与析出强化效应提高了该合金的力学性能。如图2-2所示，首先通过冷轧与再结晶制备了平均晶粒大小为23μm、35μm和144μm的$Al_{0.3}CoCrFeNi$高熵合金，拟合屈服强度与晶粒尺寸之间的关系可以发现霍尔-佩奇公式满足$\sigma =$

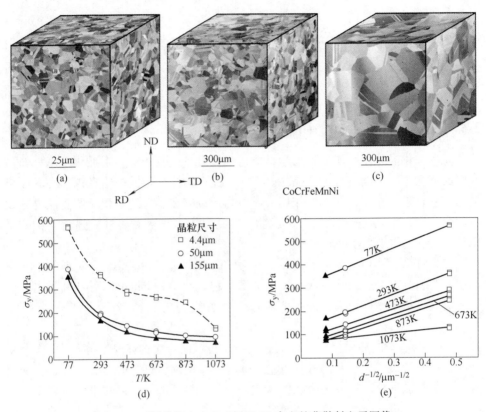

图 2-1　不同晶粒大小 CoCrFeMnNi 合金的背散射电子图像

（a）4.4μm；（b）50μm；（c）155μm；（d）温度；（e）晶粒尺寸对屈服强度的影响[1]

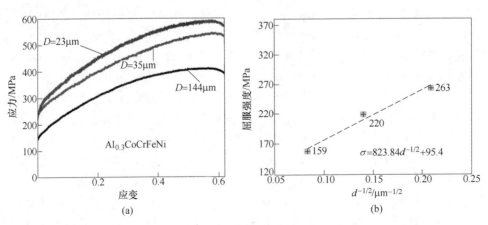

图 2-2　不同晶粒尺寸的 $Al_{0.3}CoCrFeNi$ 合金的应力-应变曲线图（a）和

屈服强度与晶粒度的霍尔-佩奇关系[2]（b）

$95.4+823.84d^{-1/2}$，其中霍尔佩奇系数 k 为 $823.84\text{MPa} \cdot \mu\text{m}^{1/2}$，该系数远大于常规合金。日本大阪大学著名冶金学家 Yasuda[3] 在同成分的 $Al_{0.3}CoCrFeNi$ 高熵合金中的研究表明，冷轧 90% 的 $Al_{0.3}CoCrFeNi$ 高熵合金在低于 1100℃ 退火后，晶界处会析出细小的富 Ni-Al 第二相，而此时，σ_0 和 k 分别为 144MPa 和 674MPa · $\mu\text{m}^{1/2}$。澳大利亚迪肯大学 Murugesan 等人[4] 结合 Yasuda 的研究，通过对冷轧样品进行无析出温度（1050℃ 和 1000℃）和有析出温度（900℃）的退火研究发现，该合金的晶粒长大指数和激活能分别为 5kJ/mol 和 583kJ/mol，其中无第二相析出的情况下 σ_0 和 k 分别为 193MPa 和 457MPa · $\mu\text{m}^{1/2}$。那么现在问题来了，为什么在同一种 $Al_{0.3}CoCrFeNi$ 高熵合金中计算出了三组不同的 σ_0 和 k 值，而在平时的研究中应该采信哪一组结果呢？

首先，需要注意的是，通常情况下实验测得材料的强度一般不会有很大误差，而要想计算 σ_0 和 k 值，另外一个需要知道的参数是平均晶粒尺寸大小，在计算平均晶粒尺寸大小的过程中往往会产生较大误差。当采用电子背散射衍射（EBSD）统计晶粒尺寸时，由于 EBSD 是根据晶粒之间取向差来界定不同晶粒的，一般采用大角度晶界（取向差 > 15°）作为常规晶界，而不同的研究者选取的取向差阈值不同，但普遍在 10°~15° 之间。另外，高熵合金中普遍具有退火孪晶，是否将退火孪晶也统计到计算当中也是造成晶粒尺寸不统一的一个重要因素。另一种统计方法是在晶粒组织图上采用直线截距法，即测量某一条直线上的晶粒数目，然后求其平均值，当然由于肉眼的分辨能力低及某些特定取向的晶粒未腐蚀出来也会造成一些误差。通常来讲，在测量误差中采用 EBSD 测得的晶粒尺寸偏小，而采用观察法测得的晶粒尺寸偏大。

除了晶粒尺寸的影响之外，往往在高熵合金薄片材料中还存在尺寸效应，而不同的样品厚度与晶粒直径之比（t/d）也是影响材料屈服强度的一个重要因素。例如，在纯金属 Ni 中[5]，当 t/d 大于 3.6 时，霍尔-佩奇公式中的 σ_0 和 k 值分别为 311MPa 和 68MPa · $\mu\text{m}^{1/2}$；当 t/d 小于 3.6 时，屈服强度对晶粒大小的依赖变得更加明显，此时，σ_0 和 k 分别为 260MPa 和 670MPa · $\mu\text{m}^{1/2}$。研究表明：对于晶粒尺寸相同的合金，k 值随着 t/d 的增加而减小。同样的，在 $Al_{0.25}CoCrFeNi$ 高熵合金薄片中也发现了尺寸效应对霍尔-佩奇系数具有较大的影响，该研究中考虑到了 t/d 的影响，当 $2.23<t/d<9.18$ 时屈服强度随着 t/d 降低而减小，此时拟合出来的霍尔-佩奇系数 k 值为负，而在 t/d 大于 9.18 时，尺寸效应逐渐减小，此时拟合的 k 为正值[6]。

表 2-1 列出了一些具有代表性的高熵合金和传统合金中的霍尔-佩奇系数，结合图 2-3，可以看出，面心立方 NiCoV[7] 中熵合金中的晶格摩擦阻力与晶粒细化系数都是最高的，这表明 NiCoV 中熵合金具有更优异的综合力学性能。NiCoV 中熵合金之所以具有更高的屈服强度和晶粒细化系数，主要是由于原子之间较大

的成键距离产生的严重晶格畸变引起。另外，拉伸变形过程中产生了大量的平面位错亚结构，这类似于在高堆垛层错能的纳米析出有序相（约 2nm）Fe-30.4Mn-8Al-1.2C（质量分数,%）中出现 TWIP 动态滑移带，产生了动态霍尔‑佩奇效应[8]。

表 2-1　高熵合金和传统合金中的霍尔‑佩奇系数

合　　金	σ_0/MPa	k/MPa·$\mu m^{1/2}$
CoCrFeMnNi[1]	125	494
CoCrFeMnNi[14]	194	490
Al$_{0.3}$CoCrFeNi[4]	193	457
Al$_{0.3}$CoCrFeNi[2]	95	823
Al$_{0.3}$CoCrFeNi[3]	144	647
Al$_{0.25}$CoCrFeNi	78	710
Al$_{0.1}$CoCrFeNi	83	823
Al$_{0.1}$CoCrFeNi[15]	83	464
NiCoV[7]	383	864
NiCoCr[16]	216	568
304L[17]	180	240
TWIP[18]	120	110
Ni[5]	14.23	180

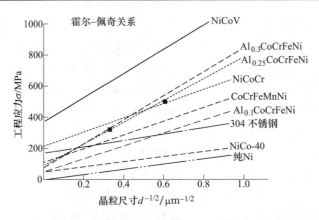

图 2-3　不同高熵合金与传统合金的霍尔‑佩奇关系

从图 2-3 可以看出，在 AlCoCrFeNi 高熵合金中随着 Al 含量的增加，霍尔‑佩奇系数 k 值增加，并且面心立方多组元高熵合金的 k 值高于传统的 304 不锈钢、NiCo 合金和纯镍。既然高熵合金中产生了严重的晶格畸变，其 σ_0 应该随着组元数增多而增加，根据经典的派纳力公式[9,10]：

$$\sigma = \frac{2MG}{1-\nu}\exp\left(\frac{-2\pi w}{b}\right) \tag{2-2}$$

式中，M 为面心立方金属的泰勒系数；G 为剪切模量；ν 为泊松比；w 为位错宽度；b 为柏氏矢量。通过比较多组元合金与其他含 Ni 合金的位错宽度可以发现，高熵合金的位错宽度更小，尤其是 NiCoV 合金具有小于大部分合金的位错宽度，这使得位错运动变得更加困难[7,11,12]。由于屈服应力与位错宽度成反比，因而高熵合金的屈服应力较高。

通过比较霍尔-佩奇系数 k 可以发现，高熵合金中的 k 值高于其他面心立方合金，表明高熵合金的细晶强化效果优于其他合金。霍尔-佩奇关系最初仅仅是经验性地引入到材料科学中，要理解 k 值具体含义应该从位错的成核机制开始。在金属材料变形过程中，位错源主要集中在晶界处和晶粒内部位错堆积处。通常在面心立方纯金属中，位错通过波浪状增殖，而在多组元固溶体中位错通过平面滑移进行增殖。由于多组元固溶体中平面滑移产生了许多新的位错壁垒，而这些壁垒充当了晶界的作用，抑制了位错的进一步运动，因而高熵合金的 k 值高于其他合金。

比如在 NiCoV 合金中观察到大部分位错源属于弗莱克-瑞得位错源[7]。而对于晶粒内部的位错源，根据内部位错源模型，霍尔-佩奇系数可以表达为[13]：

$$k_y = m^2 \tau_c r^{1/2} \tag{2-3}$$

式中，m 为与加载方向相关的取向因子；τ_c 为移动位错所需的临界切应力（CRSS）；r 为晶粒内部最近邻位错堆积源的距离。假设高熵合金为取向自由的完全再结晶组织，则是否具有可激活滑移系的影响可以忽略，而此时位错源间距和临界切应力对 k 值的影响很大。由于临界切应力与温度有关，如果忽略温度的影响，则临界分切应力主要由派纳力决定，也就是说在绝对零度移动单个位错所需的剪切力，即晶格应力。因此，高的晶格应力导致了高的霍尔-佩奇系数。虽然，高熵合金中的霍尔-佩奇系数与晶格摩擦力不能完全成正比，但是通常高熵或者中熵合金中的系数较高。因此，严重的晶格畸变产生高的晶格摩擦，同时也提高了晶粒尺寸对屈服应力的影响，即晶界强化。

2.2　形变细晶强化

在外力作用下，金属材料的外形被拉长或压扁时，其内部晶粒的形状也随之被拉长或压扁，导致晶格发生畸变，使金属进一步滑移的阻力增大，因此金属的强度和硬度显著提高，塑性和韧性明显下降，产生所谓的"形变强化"。形变强化的主要原因是位错密度增加。

目前，在强化高熵合金的研究中通过形变强化的方式主要包括冷轧[19]、热轧、热锻[20]、高压扭转[21]、旋锻拉拔[22]等手段。太原理工大学的研究人员系统

地研究了 $Al_{0.5}CrCuFeNi_2$、$Al_{0.5}CrCu_{1.25}FeNi_{1.25}$、$Al_xCoCrFeNi(x=0.1\sim0.8)$ 和 $Al_{0.25}CoCrFe_{1.25}Ni_{1.25}$ 等面心立方体系高熵合金在冷轧过程中的组织演化规律和相应力学性能。如图 2-4 所示，目前为止，基本所有的面心立方合金在冷轧过程中强度都会随着冷轧压下量的增加而增加。如图 2-5（a）和图 2-5（b）所示，在含 Cu 的高熵合金的冷轧过程中，枝晶组织中富含 Cr 和 Fe 且贫 Al 和 Cu，在枝晶间存在相反的元素分布，而 Ni 在这两个组织中基本相等，在冷轧过程中枝晶与枝晶间都被拉长。

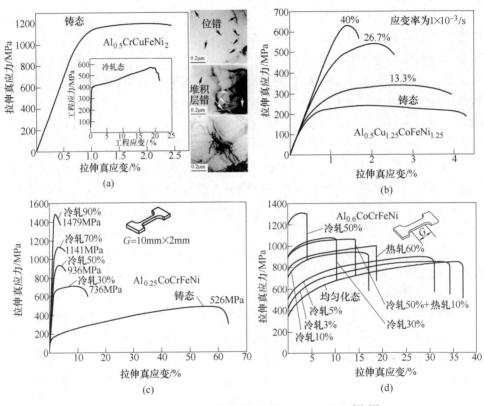

图 2-4　冷轧高熵合金的拉伸工程应力-应变曲线[23~25]

（a）$Al_{0.5}CrCuFeNi_2$；（b）$Al_{0.5}Cu_{1.25}CoFeNi_{1.25}$；（c）$Al_{0.25}CoCrFeNi$；（d）$Al_{0.6}CoCrFeNi$

在 $Al_xCoCrFeNi(x=0.1\sim0.45)$ 高熵合金冷轧过程中，如图2-5（b）和图2-5（d）所示，冷轧量为50%的 $Al_{0.1}CoCrFeNi$ 高熵合金中会产生大量的滑移线和少量的形变孪晶，并且当冷轧量增加到70%后，会逐渐产生剪切带。冷轧产生的滑移线、孪晶束和剪切带可以产生细化晶粒的作用，而冷轧样品中强度的提高除了来自细化晶粒之外，还源于冷轧后位错密度的增加。在 $Al_{0.25}CoCrFeNi$ 高熵合金中研究了不同冷轧量下的强度，并通过 Williamson-Hall 方法估算了位错密

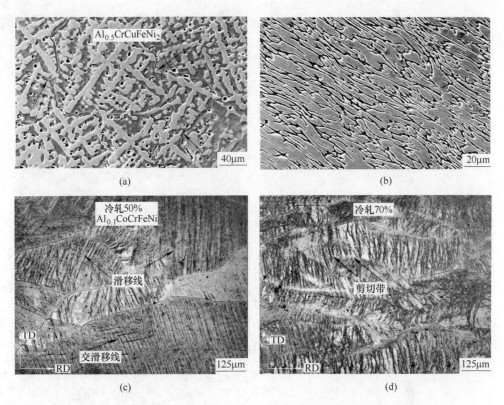

图 2-5 铸态和冷轧 50% $Al_{0.5}CrCuFeNi_2$ 高熵合金金相组织图（a、b）

和冷轧量 50% 与 70% 的 $Al_{0.1}CoCrFeNi$ 高熵合金的金相照片（c、d）[19]

度，冷轧 70% 以上样品的位错密度大概在 $1.06×10^{15}\,m^2$[19]。那么在冷轧过程中细晶强化与位错强化这两种机制对材料强度的贡献如何？接下来通过修正的 Hall-Petch 公式对冷轧过程中由于不同强化机制对整体强度的贡献进行预测[18,26]：

$$\sigma_{0.2} = \sigma_0 + \sigma_\rho + \sigma_{H-P} \qquad (2-4)$$

式中，$\sigma_{0.2}$ 为屈服强度；σ_0 为晶格阻力；σ_ρ 为位错等亚结构对强度的贡献；σ_{H-P} 为细化滑移线或者孪晶束对强度的贡献。通过计算发现在 $Al_{0.1}CoCrFeNi$ 高熵合金中，如图 2-6（a）所示，冷轧产生的滑移线对强度的贡献大于位错密度的贡献。在 Fe-0.3C-23Mn-1.5Al TWIP 钢冷轧过程中，发现冷轧过程中产生了大量的位错和孪晶，其中位错密度通过计算单位面积晶粒或者亚晶粒中的位错数量来确定，同时在冷轧过程中产生了大量的形变孪晶，将不同冷轧量孪晶宽度作为晶粒大小，两者的贡献总结如图 2-6（b）所示，通过对比发现冷轧过程中细晶强化的贡献比位错密度的贡献小。采用修正的霍尔-佩奇模型预测的高熵合金和 TWIP 钢种的理论强化与实验结果比较吻合。

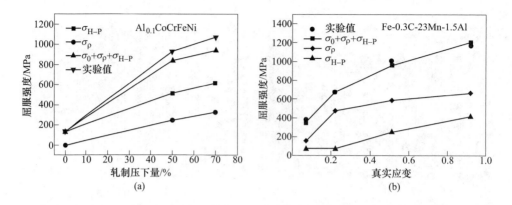

图 2-6　冷轧样品中位错强化和细晶强化对 $Al_{0.1}CoCrFeNi$ 高熵合金（a）和
Fe-0.3C-23Mn-1.5Al TWIP 钢（b）的贡献[18]

2.3　动态细晶强化

从拉伸应力-应变曲线可以发现，拉伸应力随着拉伸应变增加而增加。与冷轧过程中的强化机制类似，在拉伸过程中除了位错密度增大之外，还有动态细晶强化的作用。通常在高熵合金拉伸过程中的动态细晶强化来源于孪生和位错的平面滑移。其中，孪生的过程不但与合金体系、变形温度、应变速率等因素有关，还与初始晶粒大小密切相关，通常在细晶中不易于产生形变孪晶，而在粗晶粒当中易于产生形变孪晶，这主要是由于晶粒大小影响了位错-孪晶的交互作用[27]。

在此，对拉伸过程中有形变孪生的高熵合金进行讨论，在面心立方高熵合金室温拉伸过程中，形变孪晶通常不易被激活，而在低温 77K 下，某些高熵合金中会产生大量形变孪晶。在 CoCrFeMnNi 高熵合金中的研究发现，在低应变下（约 2%）均为常规的 {111}<110>滑移系的面滑移；在中等应变（约 20%）时，合金晶粒内部观察到解离的 1/2<110>层错，这些层错中一些为 1/6<112>肖克莱不全位错；在随后的塑性变形（>20%）中，77K 温度下变形样品中发现了纳米孪晶，变形孪晶的出现产生了动态霍尔-佩奇效应，使得低温下获得更高的加工硬化能力。图 2-7（a）为不同温度下 CoCrFeMnNi 高熵合金应力-应变曲线，从图中可以发现拉伸强度与塑性随着变形温度的降低而增加，尤其是在液氮 77K 下拉伸，抗拉强度超过 1GPa，拉伸塑性达到了 70%以上。从图 2-8（a）中，拉伸断裂后的背散射图片（BSE）和电子背散射衍射（EBSD）图片中观察到大量的形变孪晶出现[28]。德国马普金属所 Deng 等人[29]开发了 $Fe_{40}Mn_{40}Co_{10}Cr_{10}$ 孪生诱发塑性高熵合金，如图 2-7（b）所示，在加工硬化率曲线中加工硬化持续下降阶段观察到形变孪晶（图 2-8（b）、图 2-8（c）和图 2-8（d））。拉伸过程中形变孪晶的激活与堆垛层错能密切相关，而低温下可以降低堆垛层错能促进形变孪晶产生。

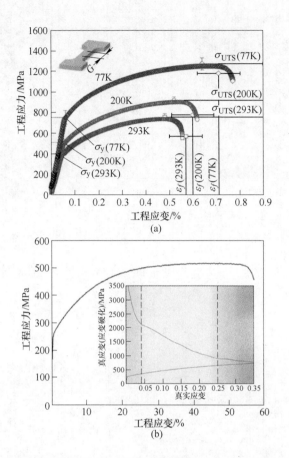

图 2-7　不同温度下 CoCrFeMnNi 高熵合金应力-应变曲线（a）
和 Fe$_{40}$Mn$_{40}$Co$_{10}$Cr$_{10}$高熵合金应力-应变及加工硬化率曲线（b）[28,29]

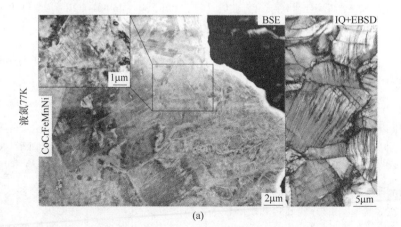

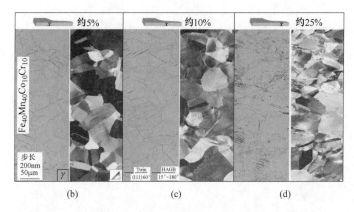

图 2-8　77K 低温下 CoCrFeMnNi 高熵合金断后 BSE 和 EBSD 显微组织图 （a） 和
Fe$_{40}$Mn$_{40}$Co$_{10}$Cr$_{10}$高熵合金不同拉伸应变下的 EBSD 显微组织图 （b）～（d）[28,29]

　　NiCoV 高熵合金的应力-应变曲线和 Fe-30.4Mn-8Al-1.2C 高锰钢的应力-应变
及加工硬化率曲线如图 2-9 所示。

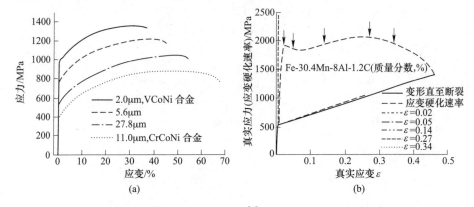

图 2-9　NiCoV 高熵合金应力-应变曲线 （a）[7] 和 Fe-30.4Mn-8Al-1.2C （质量分数,%）
高锰钢应力-应变及加工硬化率曲线 （b）[8]

　　在高熵合金的拉伸过程中除了形变孪晶会产生动态霍尔-佩奇效应之外，高层错
能的固溶体中会产生平面位错，带状的平面位错也会产生动态霍尔-佩奇效应。在
NiCoV[7]中熵合金中，由于严重的晶格畸变导致派纳力增加，派纳力的增加与位错宽
度和伯氏矢量有关，在严重的晶格畸变下增加了派纳势的起伏程度，从而增加派纳
力。因此，NiCoV 中熵合金的晶格摩擦力是一般高熵合金的三倍，达到了 383MPa。
同时，严重的晶格畸变促进了拉伸变形中位错的平面滑移，如图 2-10 （a） 所示，由
于极高的细化晶粒系数 （约 864MPa·m$^{1/2}$），在拉伸过程中形成大量的滑移线，并且
随着应变量增加，滑移线之间的距离较小，从而也提高应变硬化能力。
　　在具有纳米析出的 Fe-30.4Mn-8Al-1.2C （质量分数,%） 高锰钢拉伸过程中，

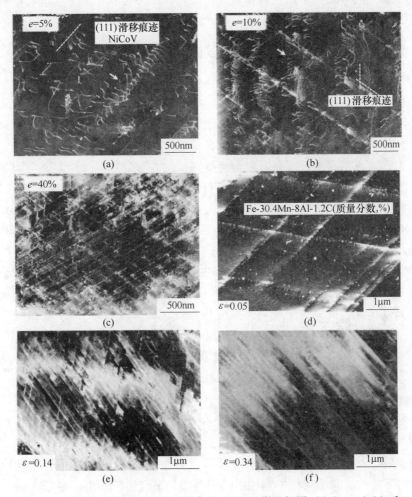

图 2-10　不同应变量下 NiCoV 中熵合金 ECCI 显微组织图（（a）～（c））和
Fe-30.4Mn-8Al-1.2C（质量分数,%）ECCI 显微组织图（（d）～（f））[28,29]

如图 2-10（d）所示，也发现了大量的滑移线，拉伸过程中的滑移线产生了动态
细晶强化。在高层错能的纯金属变形中，通常位错为波浪状滑移，而在高堆垛层
错能的高浓度固溶体中位错为平面滑移，Fe-30.4Mn-8Al-1.2C（质量分数,%）合
金的堆垛层错能约为 $63mJ/m^2$，堆垛层错能介于 TWIP 和 MBIP 之间，而塑性纳
米析出颗粒会促进平面位错的形成。在 TWIP 钢中，与位错平面滑移相关的参数
包括：（1）较低的堆垛层错能促进不全位错转为肖克莱不全位错，抑制位错交
滑移；大的位错宽度抑制了位错交滑移。（2）高的晶格摩擦力，使得单个位错
上的剪应力不足以克服位错滑移，促进位错在同一个滑移面滑移。（3）晶体中
短程有序结构促进了位错滑移的临界应力，位错平面滑移切割了短程有序相，促

进后续位错在同一滑移平面上的传播。由于第一个位错软化了平面滑移，随后的位错在其滑动面上跟随先前的位错，即产生了平面滑动。

2.4 高熵合金中的外添加第二相强化

除了高熵合金的形变细晶强化和动态细晶强化外，还可以通过外添加第二相来使晶粒得到细化，但是这种强化并不属于细晶强化的范畴。

外添加高熵复合材料是高熵合金与增强相之间的异位合成，与原位生成第二相不同，其制备过程通常是选择与母相合金没有互融关系的第二相，通过等离子烧结等工艺将两相混合。根据第二相的类别，此类高熵复合材料主要分为颗粒增韧和纤维增韧两种。在现有的高熵复合材料的研究中，普遍选择颗粒增强为主，且增强相的大多是碳化物、氧化物、硼化物等金属陶瓷颗粒和金属间化合物。

Fang 等人[30]通过机械合金化和等离子烧结制备了 $Al_{0.5}CrFeNiCo_{0.3}C_{0.2}$ 高熵复合材料。在球磨 38h 之后，合金粉末形成了 FCC 和 BCC 复合的双相结构。经过等离子烧结（1000℃，8min，30MPa）之后，透射电镜分析结果表明，合金除了原有的 FCC 和 BCC 相之外，会有 $Cr_{23}C_6$ 碳化物和有序 BCC 相的形成。与 $Al_{0.5}CrFeNiCo_{0.3}C_{0.2}$ 高熵合金的名义成分相比，FCC 相富集 Fe-Ni，BCC 相富集更多的 Ni-Al，而有序 BCC 相富含更多的 Al。复合材料中的碳化物颗粒、BCC 相和 B2 相分布均匀，尺寸大小从几百纳米到 $1\mu m$ 之间。细小的第二相颗粒将复合高熵合金的抗压强度和维氏硬度分别提高到 2131MPa 和（617±25）HV。

Rogal 等人[31]同样利用机械合金化在 CoCrFeMnNi 高熵中添加了质量分数为 5% 的 SiC 纳米颗粒。结果表明，经过热等静压处理（1000℃，15min，15MPa）后，如图 2-11 所示，未添加 SiC 颗粒的合金的晶体结构由 FCC 相、$M_{23}C_6/M_7C_3$ 和 σ 相组成。其中，碳化物以 $M_{23}C_6/M_7C_3$（M 为 Cr、Fe、Co）等碳化物形式存在，这主要是由于球磨过程中钢柱中的碳掺杂到了合金粉末中。由于在制粉过程中会出现 Cr 的偏聚，形成富 Cr 的碳化物和贫 Cr 的 σ 相，这两类相的 Cr 含量均大于基体中的 Cr。经过添加质量分数为 5% 的 SiC 颗粒后，烧结形成的合金晶体结构由 FCC 相、$M_{23}C_6/M_7C_3$ 和 SiC 颗粒组成，其中 SiC 大小为 15～25nm，且沿晶界分布。添加 SiC 颗粒将复合材料的室温压缩屈服强度从 1180MPa 提高到了 1480MPa，但其抗压强度和塑性降低。

高熵合金由于本身成分的复杂性，使得不管是原位生成或者外添加的第二相都具有复杂的化学成分，有时在第二相形成的初期会有成分的起伏，化学成分的短程偏聚，有时会形成复杂的化学短程有序结构，化学短程有序结构作为第二相的潜在形核点，有时也严重影响了高熵合金的力学性能。关于高熵合金中第二相的形核及长大机制的研究目前仍比较缺乏。另外，高熵合金中的第二相在变形过程中与位错的交互作用也将是一个研究的热点与难点。

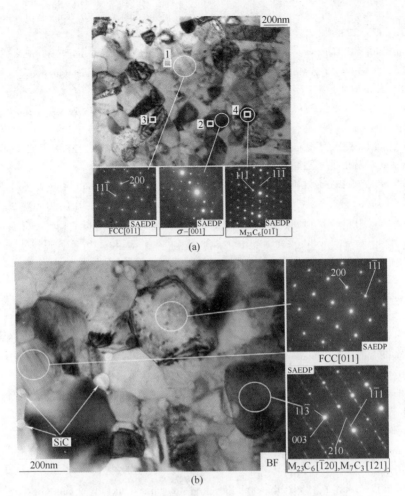

图 2-11   CoCrFeMnNi 高熵合金烧结后的透射电子图像及衍射花样（a）和
添加质量分数为 5%的 SiC 颗粒 CoCrFeMnNi 高熵复合材料的透射电子图像及衍射花样（b）

参 考 文 献

［1］ Otto F，Dlouhý A，Somsen C，et al. The influences of temperature and microstructure on the tensile properties of a CoCrFeMnNi high-entropy alloy ［J］. Acta Materialia，2013，61（15）：5743~5755.

［2］ Gwalani B，Soni V，Lee M，et al. Optimizing the coupled effects of Hall-Petch and precipitation strengthening in a Al$_{0.3}$CoCrFeNi high-entropy alloy ［J］. Materials & Design，2017，121：254~260.

［3］ Yasuda H Y，Miyamoto H，Cho K，et al. Formation of ultrafine-grained microstructure in

$Al_{0.3}$CoCrFeNi high-entropy alloys with grain boundary precipitates [J]. Materials Letters, 2017, 199: 120~123.

[4] Annasamy M, Haghdadi N, Taylor A, et al. Static recrystallization and grain growth behaviour of $Al_{0.3}$CoCrFeNi high-entropy alloy [J]. Materials Science and Engineering: A, 2019, 754: 282~294.

[5] Keller C, Hug E. Hall-Petch behaviour of Ni polycrystals with a few grains per thickness [J]. Materials Letters, 2008, 62 (10): 1718~1720.

[6] Hou J, Zhang M, Yang H, et al. Deformation behavior of $Al_{0.25}$CoCrFeNi high-entropy alloy after recrystallization [J]. Metals, 2017, 7 (4): 111.

[7] Sohn S S, Kwiatkowski da Silva A, Ikeda Y, et al. Ultrastrong medium-entropy single-phase alloys designed via severe lattice distortion [J]. Aolvanced Materials, 2018: e1807142.

[8] Welsch E, Ponge D, Hafez Haghighat S M, et al. Strain hardening by dynamic slip band refinement in a high-Mn lightweight steel [J]. Acta Materialia, 2016, 116: 188~199.

[9] Nabarro F R N. Dislocations in a simple cubic lattice [J]. Proceedings of the Physical Society, 1947, 59 (2): 256~272.

[10] Peierls R. The size of a dislocation [J]. Proceedings of the Physical Society, 1940, 52 (1): 34~37.

[11] Wu Z, Bei H, Pharr G M, et al. Temperature dependence of the mechanical properties of equiatomic solid solution alloys with face-centered cubic crystal structures [J]. Acta Materialia, 2014, 81: 428~441.

[12] Zhao Y Y, Nieh T G. Correlation between lattice distortion and friction stress in Ni-based equiatomic alloys [J]. Intermetallics, 2017, 86: 45~50.

[13] Armstrong R, Codd I, Douthwaite R M, et al. The plastic deformation of polycrystalline aggregates [J]. The Philosophical Magazine: A Journal of Theoretical Experimental and Applied Physics, 1962, 7 (73): 45~58.

[14] Sun S J, Tian Y Z, Lin H R, et al. Enhanced strength and ductility of bulk CoCrFeMnNi high-entropy alloy having fully recrystallized ultrafine-grained structure [J]. Materials & Design, 2017, 133: 122~127.

[15] Yang J, Qiao J W, Ma S G, et al. Revealing the Hall-Petch relationship of $Al_{0.1}$CoCrFeNi high-entropy alloy and its deformation mechanisms [J]. Journal of Alloys and Compounds, 2019, 795: 269~274.

[16] Zhao Y L, Yang T, Tong Y, et al. Heterogeneous precipitation behavior and stacking-fault-mediated deformation in a CoCrNi-based medium-entropy alloy [J]. Acta Materialia, 2017, 138: 72~82.

[17] Odnobokova M, Belyakov A, Kaibyshev R. Development of nanocrystalline 304L stainless steel by large strain cold working [J]. Metals, 2015, 5 (2): 656~668.

[18] Klimova M, Zherebtsov S, Stepanov N, et al. Microstructure and texture evolution of a high manganese TWIP steel during cryo-rolling [J]. Materials Characterization, 2017, 132: 20~30.

[19] Hou J, Zhang M, Ma S, et al. Strengthening in $Al_{0.25}$CoCrFeNi high-entropy alloys by cold

rolling [J]. Materials Science and Engineering: A, 2017, 707: 593~601.

[20] Li D, Zhang Y. The ultrahigh charpy impact toughness of forged Al_xCoCrFeNi high-entropy alloys at room and cryogenic temperatures [J]. Intermetallics, 2016, 70: 24~28.

[21] Yua P F, Cheng H, Zhang L J, et al. Effects of high pressure torsion on microstructures and properties of an $Al_{0.1}$CoCrFeNi high-entropy alloy [J]. Materials Science and Engineering: A, 2016, 655: 283~291.

[22] Li D, Li C, Feng T, et al. High-entropy $Al_{0.3}$CoCrFeNi alloy fibers with high tensile strength and ductility at ambient and cryogenic temperatures [J]. Acta Materialia, 2017, 123: 285~294.

[23] Ma S G, Qiao J W, Wang Z H, et al. Microstructural features and tensile behaviors of the $Al_{0.5}$CrCuFeNi$_2$ high-entropy alloys by cold rolling and subsequent annealing [J]. Materials & Design, 2015, 88: 1057~1062.

[24] 王重. 冷轧对 $Al_{0.5}$Cu$_{1.25}$CoFeNi$_{1.25}$ 和 $Al_{0.25}$CoCrFe$_{1.25}$Ni$_{1.25}$ 高熵合金的组织结构和力学性能的影响 [D]. 太原: 太原理工大学, 2015.

[25] 谭雅琴. 热机械处理对 $Al_{0.6}$CoCrFeNi 双相高熵合金微观组织和力学性能的影响 [D]. 太原: 太原理工大学, 2019.

[26] Kusakin P, Belyakov A, Haase C, et al. Microstructure evolution and strengthening mechanisms of Fe-23Mn-0. 3C-1. 5Al TWIP steel during cold rolling [J]. Materials Science and Engineering: A, 2014, 617: 52~60.

[27] Komarasamy M, Kumar N, Tang Z, et al. Effect of microstructure on the deformation mechanism of friction stir-processed $Al_{0.1}$CoCrFeNi high-entropy alloy [J]. Materials Research Letters, 2014, 3 (1): 30~34.

[28] Gludovatz B, Hohenwarter A, Catoor D, et al. A fracture-resistant high-entropy alloy for cryogenic applications [J]. Science, 2014, 345 (6201): 1153~1158.

[29] Deng Y, Tasan C C, Pradeep K G, et al. Design of a twinning-induced plasticity high-entropy alloy [J]. Acta Materialia, 2015, 94: 124~133.

[30] Fang S, Chen W, Fu Z. Microstructure and mechanical properties of twinned $Al_{0.5}$CrFeNiCo$_{0.3}$C$_{0.2}$ high-entropy alloy processed by mechanical alloying and spark plasma sintering [J]. Materials & Design, 2014, 54: 973~979.

[31] Rogal L, Kalita D, Tarasek A, et al. Effect of SiC nano-particles on microstructure and mechanical properties of the CoCrFeMnNi high-entropy alloy [J]. Journal of Alloys and Compounds, 2017, 708: 344~352.

3 面心立方结构高熵合金相变强韧化

3.1 相变强韧化的理论基础

3.1.1 相变的分类

合金在热处理时，由于材料种类、成分和工艺条件不同，会发生各种相变。根据热力学参数在相变时变化的特点不同，可分为一级相变和高级相变，对所有的相变，在母相向新相转变的两相平衡温度，两相的吉布斯自由能（G）相等，组成元素在两相中的化学位（μ）也相等，即：

$$G_1 = G_2$$

$$\mu_1 = \mu_2$$

其中，吉布斯自由能由系统的焓（H）和熵（S）所决定，即：

$$G = H - TS \tag{3-1}$$

合金中某一组元的化学位定义为在一定温度（T）和压强（P）下，每摩尔原子数量（n_{m}）变化所引起的吉布斯自由能的变化，即：

$$\mu_{\mathrm{m}} = \left(\frac{\partial G}{\partial n_{\mathrm{m}}}\right)_{T,P} \tag{3-2}$$

在相平衡条件下，两相自由能对温度和压强的一阶偏导数可以不相等，称为一级相变，即：

$$\left(\frac{\partial G_1}{\partial T}\right)_P \neq \left(\frac{\partial G_2}{\partial T}\right)_P, \left(\frac{\partial G_1}{\partial P}\right)_T \neq \left(\frac{\partial G_2}{\partial P}\right)_T \tag{3-3}$$

应该注意到：

$$\left(\frac{\partial G}{\partial T}\right)_P = -S, \left(\frac{\partial G}{\partial P}\right)_T = V \tag{3-4}$$

显然，在相变温度，当两相的熵和体积不相等时，表现出熵和体积的突变。熵的突变就是相变潜热的吸收或者释放。一级相变具有热效应和体积效应，因此可以利用这两个效应，通过差热分析和热膨胀测试的方法确定一级相变的相变温度。一般在金属中的固态相变绝大多数为一级相变。

按生长方式的不同，可以分为形核-长大型相变和连续型相变。形核-长大型相变是指在母相中形成新相的核，然后不断长大，使相变过程得以完成，并且新相和母相之间有明显的界面分开。大部分金属中的固态相变属于形核-长大型相变。连续型相变不需要上述过程，它以母相中的成分起伏为开端，通过成分起伏形成高浓度区和低浓度区，两者间也没有明显的界限，由高浓度区到低浓度区成分连续变化，靠上坡扩散使浓度差越来越大，最后导致分解为成分不同而晶体结构相同的以共格界面联系的两相。如调幅分解即为典型的连续型相变。

若以原子迁移方式的不同，可以分为扩散型相变和无扩散型相变。相变需要靠原子或者离子的扩散来进行的称为扩散型相变。其一般发生在温度足够高，原子的活动能力足够强时。温度越高，原子活动能力越强，扩散的距离也就越远，结果常常导致新相成分的明显改变；但如果温度较低，原子只能在相界面附近作短距离的扩散时，可能不会导致成分的改变。相变过程中原子不发生扩散，称为无扩散相变。这时原子只作有规则的迁移而使点阵发生改组。原子的移动距离不超过原子间距，且相邻原子的相对位置保持不变，如马氏体相变就是典型的无扩散相变。

按相变的程度和速率不同，可以分为平衡相变和非平衡相变。从受热速率角度可以将在足够缓慢加热或冷却过程中发生的相变，称之为平衡相变。如同素异构转变和共析转变等。当加热或冷却速度过快，平衡相变受到抑制，从而发生非平衡相变，得到亚稳态的微观组织结构。以钢铁中的马氏体转变和贝氏体转变为例，当钢中的高温奥氏体母相迅速过冷到很低的温度，原子来不及扩散而保留了含有过饱和的母相成分，晶体结构则由面心立方转变为体心正方，获得了马氏体组织，称为马氏体相变。

3.1.2 相变的基本原理

固态相变的驱动力来自于新相与母相的体积自由能差（ΔG_V），如图 3-1 所示，在高温下母相能量低，新相能量高，母相为稳定相。随着温度的降低，母相自由能升高的速度快于新相。达到某临界温度 T_0 时，母相与新相之间的自由能相等，成为相平衡温度。低于 T_0 温度时，母相与新相自由能之间的关系发生了变化，母相能量高，新相能量低，新相为稳定相，因此发生母相到新相的转变。如果新相与母相成分完全一致，例如马氏体转变等，则在低于 T_0 的某一温度，相变驱动力直接可以表示为同成分的两相自由能差 ΔG_V。实际上，当温度低于临界温度时，母相并不能马上发生相变，因为固态相变必须克服一个较大的阻力，往往需要低于临界温度一定程度才能发生，ΔT 称为过冷度。

固态相变的相变阻力主要来自于新相和母相基体间形成界面所增加的界面能，以及两相体积差所导致的弹性应变能[1]。因此，在相变过程中，总的自由能变化为：

$$\Delta G = - V\Delta G_V + \sum_i A_i \sigma_i + V\Delta G_S \tag{3-5}$$

式中，ΔG_V 为新相与母相的体积自由能差；A_i 为第 i 个界面的面积；σ_i 为相应的

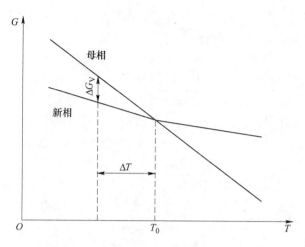

图 3-1　母相与新相的自由能随温度变化示意图

界面能；ΔG_S 为产生单位体积新相所引起的应变能。界面能指在恒温恒压条件下增加单位界面体系内能的增量。界面能由化学能和结构能两部分组成，化学能是形成界面时由于界面上化学键的种类和数量的变化而引起的；结构能是由于界面原子晶体结构或者点阵常数不匹配，原子间距变化形成位错所引起的。在错配度较小时，可以把这两部分能量直接相加得到总界面能。由于在金属相界面上存在着位错、空位等晶体缺陷，因此会引起界面能的提高，界面上原子排列的不规则性也将导致界面能的升高。体积应变能是由于新旧两相的比体积不同所产生的。在一级相变发生时，将伴随体积的不连续变化，同时受到固态母相的约束，因此，新相与母相间必将产生弹性应变和应力，导致体积应变能的出现。

　　由于新相与母相在晶体结构或者点阵常数上通常存在一定差异，导致了两相之间界面原子的排列方式也往往不同，分为共格界面、半共格界面和非共格界面。共格界面上的原子可以同时位于两个相的晶格节点上，通常错配度小于 5%，且两相的晶体结构和取向都相同时，可以形成完全共格的界面。非共格界面是当两相晶格错配度超过 5% 时，界面上只有部分原子能够依靠弹性畸变保持匹配，在不能匹配的位置形成刃型位错。这些位错可抵消晶格的错配，成为错配位错。大多数相界面属于半共格界面。当错配度大于 25%，界面两侧原子不在保持匹配关系，类似于大角度晶界。

　　发生固态相变时，新相的几何形状由相变阻力所决定，以尽量降低相变阻力为前提。包括界面能和体积应变能，两者共同起作用，决定了在不同条件下新相的形状。对于完全共格的情况，假设母相是弹性各向同性的，母相与新相弹性模量相等，泊松比为 1/3，则单位体积弹性应变能与剪切模量和错配度的平方成正比，与新相的析出形状无关，写为：

$$\Delta G_{\text{S}} = 4\mu\delta^2 \tag{3-6}$$

对于非共格情况，单位体积的弹性应变能不仅与剪切模量和体积错配度有关，还与新相的形状有关：

$$\Delta G_{\text{S}} = \frac{2}{3}\mu\left(\frac{\Delta V}{V}\right)^2 f \tag{3-7}$$

式中，形状因子 f 在 $0 \sim 1$ 之间，球状新相最高，盘片状最低，针状介于两者之间。另外，界面能的大小对新相的形核、长大以及转变后的组织形态有很大影响。且与体积应变能和形状的关系相反，界面面积与形状的关系为：体积相同时球状面积最小，针状其次，盘片状最大，界面能随之增加。若新相与母相有着相同的点阵结构和近似的点阵常数，则新相与母相可以形成低能量的共格界面，此时，新相将呈针状，以保持共格界面，使界面能保持最低。如晶体结构不同，新相与母相间可能只存在一个共格或半共格界面，而其他则是高能的非共格界面。为了降低能量，新相的形状呈圆盘状。

3.1.3 相变机制对力学性能的影响

使材料更强更韧是材料学家努力的共同目标，但在纯金属或者合金当中存在的强度韧性矛盾构成了极大的挑战，限制了结构材料的进一步应用。尽管在高熵合金领域已有大量的论文公开发表，但针对得到良好调控并且具有特征微观组织的合金，其力学性能的系统性研究相对较少。这在一定程度上是因为巨大的成分空间为研究人员提供了无限的空间来探索新的合金成分（迄今为止只研究了其中的一小部分），希望能找到具有更优异的性能所对应的合金成分。然而，这常常导致人们止步于初步的硬度或拉伸试验所表现出的颇具希望的结果，但在合金的制备、组织的调控，以及对于结构材料而言至关重要的性能如疲劳和断裂等方面却没有后续更深入的研究。因此，大多数高熵合金的力学性能仍存在较大的提升空间。虽然人们往往关注一些被频繁报道的性能如室温和低温下的强度和韧性，但是这些高熵合金的性能仍属于各种传统工程合金的应用范围。尽管在进行比较时仍然存在一些挑战，但更重要的是主导高熵合金发生塑性流变和断裂的基本变形机制与传统合金是基本相似的。

相变在传统的钢铁材料当中扮演着极其重要的作用，可以说，正是因为相变才使得钢铁材料焕发了生机与活力，使得钢铁材料具备更加多样化的微观组织和力学性能，从而大规模应用于人类社会生产和生活当中。其中，包含奥氏体和马氏体的双相钢在工业生产当中的广为应用，这主要是因为双相钢集合了两种组织的优点，即马氏体所具有的高强度和奥氏体所赋予的良好塑性。双相钢本质上属于双相材料的一种，双相材料通常指材料内部包含两相，并且两相含量相当、物理及力学性能各不相同的材料。其往往具有优异的综合力学性能，因此得到了广泛的应用，常见的双相材料还有双相钛合金[2,3]、双相铜合金[4]、非晶复合材料等。双相材料由于其微观结构上的特殊性使其微观变形行为相对于单相材料而言较为独特，具体表现为变形过程中。具有不同力学性能的两相之间存在着相互协调，以及应力和应变分配行为，由于双相材料内部包含着性能完全不同的软、硬两相，这就决定了双相材料在变形时各个单相的变形行为也不同，表现出明显的差异性，并且两相相互作用机理复杂。人们将双相材料的变形按两相的变形情况分为以下 3 个阶段[5,6]：（1）两相均处于弹性变形阶段；（2）软相发生塑性变形，硬相仍然处于弹性阶段；（3）两相均发生塑性变形阶段。因此，只有各相之间进行相互协调和应力应变分配才能满足宏观变形，并且影响两相协调变形及应力应变分配的因素是多尺度的，包括两相的性能、含量、形貌尺寸以及分布等，这些因素不但对单相的变形行为产生影响，也会影响两相的相互作用。自此，双相材料越来越受到人们的高度重视，并引起人们的研究兴趣。

随着对双相材料研究的进行，人们发现一些亚稳态的相在某些条件下可以发生相转变，进而在变形的过程中不断诱导着相变的进行，从而不断增加材料的综合力学性能。例如，高锰钢利用获得的单相奥氏体在较高的应变条件下不断产生新的马氏体组织，这使得亚稳态的奥氏体转变为较为稳定的马氏体组织，使该材料即使在苛刻的工况下仍能较好地满足服役的需要。这使得人们在设计合金领域有了新的思考，并且表明研究影响或导致相变发生的主要因素是非常必要的。

之所以会发生相变是因为在不同温度和应力或应变等外界条件下，不同相的热力学稳定性会发生显著变化。根据经典的热力学观点，通常由吉布斯自由能的大小来决定其热力学稳定性。判断某一相变能否发生的依据是两相之间的吉布斯自由能之差的大小，该差值越小，代表该相变越容易发生。在传统的钢铁材料当中，影响最为深远的为马氏体相变，即在保留原有的固溶度条件下转变为较硬的 BCC 结构的过饱和固溶体，因此赋予钢铁材料极高的强度、硬度以及耐磨性。这是由于该成分在高温下可以以 FCC 结构的形式较为稳定的存在，而在室温下，BCC 结构则具有相对更低的吉布斯自由能而具有更高的热力学稳定性。人们基于形变诱导马氏体相变，成功将已经广泛应用于包括高锰钢和奥氏体不锈钢在内的奥氏体合金体系中相变诱导塑性这种变形机制，引入到面心立方基的高熵合金当中。因此，完全可以在现有冶金知识的基础上开发新的高熵合金，这些高熵合金可以依赖于多个机制的协同作用，以克服一直存在的强度和韧性之间的矛盾，从而表现出理想的力学性能。在经典的塑性变形理论中主要包括来自位错-位错相互作用的泰勒硬化和来自位错与晶界、孪晶界和颗粒的相互作用而导致的界面强化。因此，通过细化晶粒尺寸来强化高熵合金的工作原理与传统合金类似。通过在应变过程中引入新的界面（孪晶界和相界）产生动态霍尔-佩奇强化，如 TWIP/TRIP 变形机制，从而增加或保持应变硬化速率，提高材料的综合力学性能。

在面心立方高熵合金中，塑性常常受到颈缩的限制。通过提供恒定甚至增加的加工硬化率，可以延迟颈缩的开始，如 TWIP 或 TRIP，可以通过界面硬化来提高塑性和强度。目前关于如何提高塑性的细节仍不清楚，但对于 TWIP 这种变形机制主导的塑性变形而言，这可能是因为孪晶界既阻止了位错运动，又允许位错沿界面滑动，从而缓解了应力集中。对于 TRIP 而言，可以借鉴多相材料的变形机理进行解释。但相比传统合金材料，高熵合金由于其具有高熵效应、迟滞扩散和晶格畸变效应，抑制了复杂合金化合物的形成。由于高熵合金通常以多主元的方式合金化而成，造成了高熵相存在较高的热力学稳定性，不利于发生相转变而进一步提高力学性能。因此，需要调整成分，开发亚稳态的中熵合金，在其变形过程中引入 TRIP 效应来不断提高应变硬化能力，达到同时提高强度和塑性的目的。

3.2 面心立方结构高熵合金的相变方式

高熵合金的提出，为合金成分的设计提供了广阔的空间，且在早期研究中，单一相结构的高熵合金因其高的熵值以及优于传统合金的力学和化学等性能而备受关注。目前，单相 FCC 结构的高熵合金因其优异的力学性能，已得到较为深入的研究，其中最具代表性的为 CoCrFeMnNi 高熵合金。随着现代科学技术的飞速发展，人们对材料力学性能的要求不断提高，单相的高熵合金已不再满足强度的需要，因此，基于合金强化理论，相变强化的高熵合金陆续被提出。

不同于传统合金，高熵合金具有高的晶格畸变，即使在高温下，合金中元素的扩散也十分缓慢。在常规的合金制备过程中，合金的冷却速率较快，由于元素的迟滞扩散效应，冷却至室温的高熵合金不一定处于热力学稳定状态，而在长时间的中温时效后，可能会出现第二相的析出。例如，CrMnFeCoNi 合金[7]在均匀化处理后为单相 FCC 结构，而在 700℃进行长时间的退火处理后，合金中析出了富 Cr 的 σ 相；在 500℃进行长时间的退火处理后，合金中析出复杂的金属间化合物相。根据已发表的高熵合金相变强化的相关研究，这里将高熵合金中的相变大致分为扩散型相变和无扩散型相变，并进行了详细介绍。

3.2.1 扩散型相变

按照原子的迁移方式，扩散型相变则需要原子或者离子的扩散来进行，由于高熵合金的迟滞扩散效应，相比于传统合金，高熵合金发生相变所需的温度更高、时间更长，相变也更难发生。

（1）形核-长大型。高熵合金由多种主元构成的固溶体，其中化学成分复杂，原子与原子间的相互作用情况也难以确定，这也使得传统合金的相结构预测方法不再适用于高熵合金。通过吉布斯自由能的计算，高的熵值可促进单相固溶体的生成，同时熔值也起着重要作用。合金中不同元素间的混合熔不同，使得不同种类原子间结合的趋势也不同，当合金在适当温度保温处理后，原子扩散速率增大，这也促使原子间结合强度较高的原子团出现，随着原子团长大至形核临界尺寸时，则形成了第二相，这种方式生成的第二相与母相之间具有明显的界面。在第二相生成过程中，原子的扩散速率起决定性作用，合金中晶界的扩散速率大于晶内的扩散速率，因此第二相常在晶界处形核。

当 CrMnFeCoNi 合金[7]在 700℃时效处理后，易于在晶界处析出富 Cr 的 σ相，而在 500℃时效后，晶界处出现了复杂的化学分解，析出了 $L1_0$-NiMn 相、富 Cr BCC 相和 B2-FeCo 相。$Al_{0.3}$CoCrFeNi 合金[8]，在常规均匀化处理、冷轧、再结晶处理和退火处理后，合金基体中出现了均匀分布的纳米级有序 $L1_2$ 相沉淀，通过对热机械处理过程的改进，即在冷轧后直接在沉淀温度下直接退火，基体再结晶的同时，晶界处析出了 B2 相和 σ 相，如图 3-2 所示。

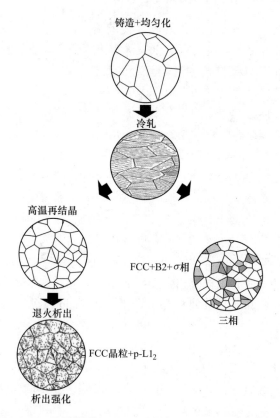

图 3-2　$Al_{0.3}$CoCrFeNi 高熵合金在不同热处理后微观结构演变的示意图[8]

高熵合金中析出的金属间化合物相大多为硬脆相，在合金变形过程中起强化作用。当位错滑移至相界时，由于相界对位错运动具有强的阻碍作用，在通过第二相时通常采用绕过机制。若第二相在基体内均匀分布，基体与析出相在受力情况下进行应力应变的重新分配，良好的界面结合使得合金强度提高的同时还保持一定的塑性变形；相反，当它们沿基体晶界分布时，在变形过程中易发生沿晶的脆断，强度和塑性都急剧下降，这在生产应用中是不希望出现的。为了克服合金中有序第二相较脆的影响，Yang 等人[9]基于 $Ni_{43.9}Co_{22.4}Fe_{8.8}Al_{10.7}Ti_{11.7}B_{2.5}$ 合金，在基体与有序 $L1_2$ 型析出相的界面引入纳米尺度无序界面，如图 3-3 所示。纳米尺度的无序界面在合金中可作为一个可持续的韧性源，通过增强位错运动来阻碍脆性的沿晶断裂。

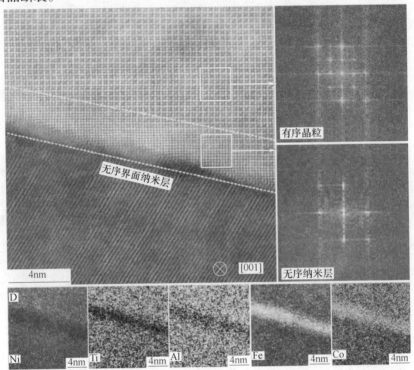

图 3-3 $Ni_{43.9}Co_{22.4}Fe_{8.8}Al_{10.7}Ti_{11.7}B_{2.5}$ 合金中的纳米级界面无序结构[9]

（2）连续型。连续型相变不需要形核长大的过程，且析出相与母相之间没有明显的界面，面心立方结构高熵合金中通过扩散进行的连续型相变，主要包括纳米共格有序析出相。不同于第二相形核过程，此类析出相主要通过调幅分解过程得到，与基体具有完全共格的取向关系。

通过调控合金的成分，并结合热机械加工处理，可使得高熵合金中析出纳米共格的有序析出相，这种第二相对合金的强度有很大的强化作用，且对塑性的消耗不大。Liang 等人[10]基于该理论设计了调幅有序-无序纳米结构的$Al_{0.5}Cr_{0.9}FeNi_{2.5}V_{0.2}$合金，通过合理的成分调控和退火处理，得到了近等原子比无序的 FCC 基体和高含量韧性的 Ni_3Al 型有序纳米析出相，如图 3-4 所示。具有调幅有序-无序纳米结构的该合金，抗拉强度达到了 1.9GPa，且保留有大于 9% 的塑性。

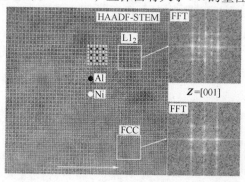

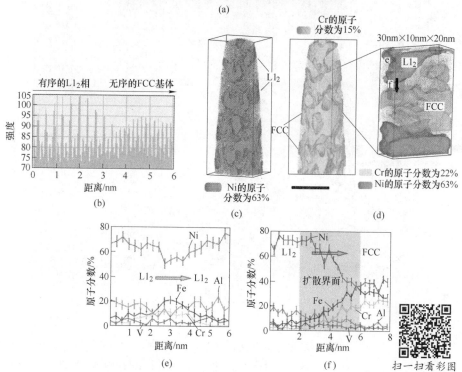

图 3-4　(a) $Al_{0.5}Cr_{0.9}FeNi_{2.5}V_{0.2}$合金的原子高分辨率图像((a)，由无序的 FCC 基体和有序的 $L1_2$ 相组成，具有相干界面，标尺 2nm)，沿 (a) 中标记的箭头的强度分布图((b)，显示两相中的原子排列)，等原子分数的 63% Ni 和 15% Cr 的三维重构表面((c) 和 (d)，分别呈现出有序的 $L1_2$ 析出物和无序的 FCC 基体形貌)，以及分别表示 $L1_2$-$L1_2$ 和 $L1_2$-FCC 的一维浓度分布((e)和(f))[10]

化学短程有序（SRO）结构类似于纳米共格有序析出相，与基体间具有完全共格的关系，但其尺寸更为细小，且不属于高熵合金相变的范畴。SRO 因其尺寸太小而在实验上的检测证明中具有很大的困难，因此前期的研究主要集中在 SRO 的模拟证明中。随后 Zhang 等人[11]采用能量衰减透射电子显微镜证实了 CrCoNi MEA 中短程有序结构的存在，如图 3-5 所示。当 CrCoNi MEA 在均匀化处理后直接水淬，合金中无 SRO 的生成，而若在均匀化处理后再进行时效处理，合金中产生了 SRO 结构。在合金变形后的显微组织中发现，SRO 含量的增加，促进了合金中位错的平面滑移。通过不全位错的分离宽度计算得到合金的堆垛层错能（SFE），表明 SRO 含量的增加有利于堆垛层错能的提高。一般情况下，堆垛层错能低的合金，更易于发生平面滑移，与 SRO 存在时的情况不同，其主要原因为 SRO 结构的局部破坏引起的滑移面软化效应，从而促进平面滑移。

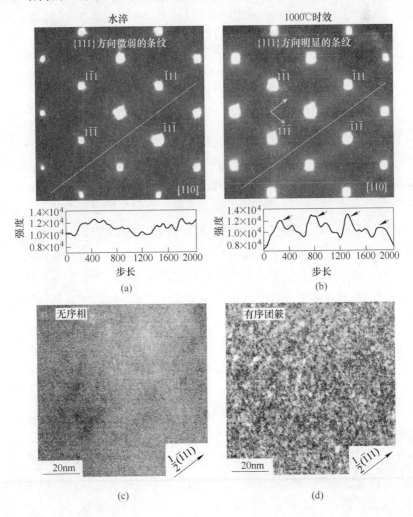

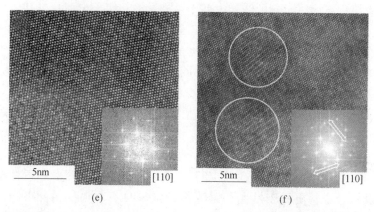

图 3-5　CrCoNi MEA 的能量衰减 TEM 图像（左列为水淬样品，右列为 1000℃时效样品）

(a)、(b) 淬火和时效样品的衍射图像；(c)、(d) 淬火和时效样品的暗场图像；

(e)、(f) 淬火样品和时效样品的典型高分辨率 TEM 图像，在每个图像中嵌入的是相关的 FFT 图像[11]

3.2.2　无扩散型相变（切变型）

与传统合金相变方式类似，高熵合金中除了以扩散的方式生成第二相，还可以进行切变型相变，切变过程主要通过肖克莱不全位错的运动进行，原子的移动距离不超过原子间距，且相邻原子的相对位置保持不变，如马氏体相变。这种方式生成的第二相与基体相无成分的差别，仅通过晶面的滑移产生。

FCC 结构高熵合金中的马氏体相变大多是在合金变形过程中进行，且对合金的堆垛层错能有很大的依赖性，低的层错能有利于不全位错的产生和运动，而不全位错在晶面上的运动是形变马氏体形成的主要过程。合金的层错能与成分也有很大的关系，通过调节合金中的成分来改变层错能大小，可促进马氏体相变的产生，并进一步调节其体积分数的大小。在高熵合金变形过程中，马氏体相变的产生有利于合金强度和塑性的同时提高。FCC 结构 HEA 的切变型相变有两种：FCC→HCP 相变和 FCC→BCC 相变。

（1）FCC→HCP 相变。面心立方结构向密排六方结构转变的过程，可理解为多数肖克莱不全位错 $1/6<112>_{FCC}$ 在交替的 $\{111\}_{FCC}$ 平面上滑移的过程[12]，如图 3-6 所示。肖克莱不全位错的运动使发生滑移的平面上的原子进行了重新定位，而相邻未滑移平面上的原子保持原有的位置不变，随着合金变形过程的进行，交替的滑移平面和未滑移平面的体积分数增大，从而形成了 HCP 相。值得注意的是，单个不全位错的运动在它的尾端造成一个堆垛层错，这也说明该相变过程与合金低的堆垛层错能有关。当合金的 SFE 较低时，除了利于相变的进行，还可能在合金中产生大量的孪晶，而孪晶的厚度大致为三个原子层宽度时，该孪晶的原子排列与 HCP 相相同，可近似为三个原子层厚度的 HCP 相[13]。

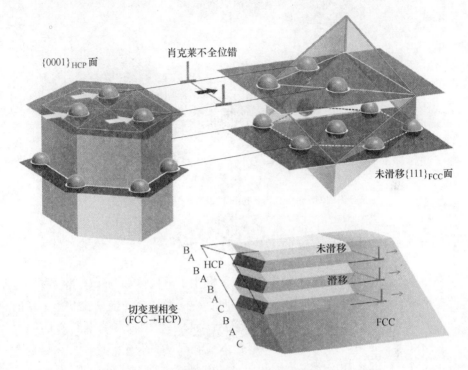

{0001}_HCP 面

肖克莱不全位错

未滑移{111}_FCC 面

B
A
B
A
B
A
A
C
A
C
A
C
HCP

切变型相变
(FCC→HCP)

未滑移

滑移

FCC

图 3-6　位错滑移辅助下的 FCC-HCP 转变机制示意图[12]

（2）FCC→BCC 相变。相比于交替原子平面上不全位错滑移产生的 FCC→HCP 相变，位错辅助的 FCC→BCC 相变更为复杂，它涉及不同晶面上不同方向的位错运动。Bae 等人[17]研究了 $Fe_{60}Co_{15}Ni_{15}Cr_{10}$ 中熵合金在低温下的形变行为，变形过程中，合金通过无扩散型相变的方式进行了 FCC 到 BCC 的相转变，且 BCC 相的体积分数随应变的增大而增加，同时提高合金的强度和塑性。

在 FCC 相和 BCC 相相互转换的过程中，原子被重新定位的基本机制是由 Bogers 和 Burgers 首先提出的，随后 Olson 和 Cohen 加入了部分位错滑移的作用，并建立了相变与原子位移的联系，如图 3-7 为两相相互转变的机制示意图[12]。在本质上，该相变过程涉及两个不同滑移系同时剪切：$\{110\}<110>_{BCC}$、$\{111\}<111>_{FCC}$。具体为 $1/8<110>_{BCC}$ 位错在交替的 $\{110\}_{BCC}$ 平面上以相反的方向进行滑移，每三个 $\{111\}_{FCC}$ 平面上有一个平面（与 $\{110\}_{BCC}$ 平面相平行）进行 $1/6<112>_{FCC}$ 位错滑移，在两组滑移系统的共同作用下，实现了 BCC-FCC 相的转变。

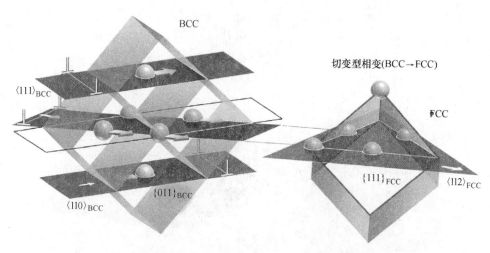

图 3-7　位错滑移辅助下的 BCC-FCC 转化机制示意图[12]

3.3　相变强韧化的研究进展

将相变强韧化用于钢铁材料当中，从而诞生了贝氏体和马氏体等钢种，这不仅极大丰富了钢铁材料的种类和用途，同时也为高熵合金的强韧化开拓了新的思路。由于高熵合金在成分上不同于传统的合金材料，因而具有其特有的四大效应：高熵效应、晶格畸变效应、迟滞扩散效应和鸡尾酒效应。这使得高熵合金发生相变的方式、温度和应力等范围和应用的领域都将明显不同于先进钢铁材料。由于高熵合金由多主元组成而具有明显的迟滞扩散效应，因而主要以切变方式发生相变，也就是在不改变化学成分的基础上，从一种晶体结构转变为另一种晶体结构，进而保持或提高应变硬化速率，延迟了颈缩行为而同时提高材料的强度和塑性。

3.3.1　亚稳态工程设计

高熵合金起初被提出是因为多主元的加入大幅提高了合金的混合熵而获得较稳定的固溶体，而最近的一些工作突破了高熵合金在定义上严格的束缚。因此，降低合金的相稳定性可以获得两大益处：首先，通过降低高温相的热力学稳定性获得双相或多相组织，有利于产生界面强化的效果；另外，由于室温下母相的稳定性降低，有益于获得相变强化效果。Deng 等人[14]开发了室温下具有孪晶诱导塑性的非等原子比 $Fe_{40}Mn_{40}Co_{10}Cr_{10}$ 高熵合金，这种类似于 TWIP 钢在一定应变后以 TWIP 为主要变形机制来提高材料力学性能的策略给研究者留下了些许的思考。$Fe_{40}Mn_{40}Co_{10}Cr_{10}$ 试样在不同的应变状态下的相图和反极图如图 3-8 所示。

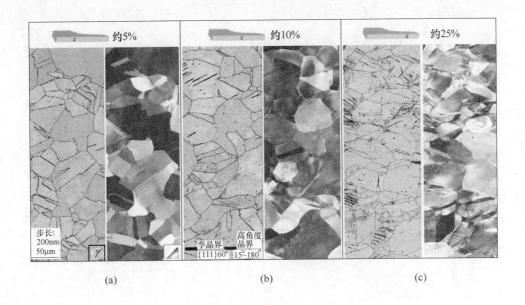

图 3-8　$Fe_{40}Mn_{40}Co_{10}Cr_{10}$ 试样在不同的应变状态下的相图和反极图

(a) 5%应变；(b) 10%应变；(c) 25%应变

其中作为典型的亚稳态高熵合金的开发者 Li 等人[15]在 FCC 结构中最为典型的 FeMnCoCrNi 高熵合金基础上，通过调整成分降低层错能来获得亚稳态组织，进而成功将亚稳工程引入亚稳态双相 $Fe_{80-x}Mn_xCo_{10}Cr_{10}$ 高熵合金中。研究表明高熵合金在 Mn 含量从 45%降至 30%过程中，原始组织中 HCP 相的体积分数不断增加。当 Mn 含量降至 30%时，合金的原始组织已经由单相转变为双相高熵合金。$Fe_{80-x}Mn_xCo_{10}Cr_{10}$（$x = 45$，40，35 和 30，原子分数，%）高熵合金的 XRD 图和 EBSD 相图如图 3-9 所示，在拉伸过程中随着应变的增加，当局部应变为 65%，HCP 相体积分数由变形初期的 28%大幅增加到 84%。从 EBSD 图中可以看出 FCC 相是亚稳态的，表明变形诱导相变 TRIP 机制作为主要的变形机制，大幅提高了应变硬化能力，在显著提高强度的同时，极大优化了材料的塑性（如图 3-10 所示）。这种利用相变为主导的变形机制来强化高熵合金的设计思路，成功地克服了强度韧性之间的矛盾，从而获得了综合力学性能的大幅提高。通过调整合金系的成分来改变合金的堆垛层错能，从而获得亚稳态微观组织，这种设计理念或策略被称之为亚稳态工程。这项研究证明了亚稳态工程的设计理念具有重要的理论价值和深远的实践意义，同时也为高熵合金的强韧化揭开了新的一页。

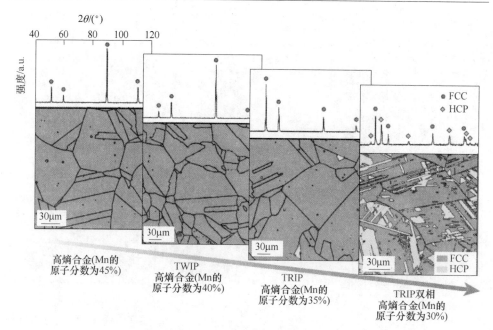

图 3-9　$Fe_{80-x}Mn_xCo_{10}Cr_{10}(x=45，40，35$ 和 30，原子分数，%) 高熵合金的 XRD 图和 EBSD 相图
（Mn 的含量在相组成中具有重要的作用，能调整相的稳定性来激发特定
的相变机制，如 TWIP 或 TRIP 效应）

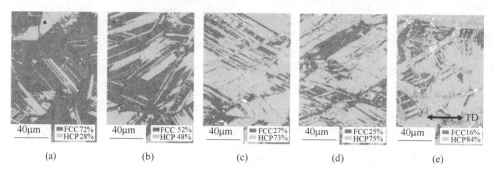

图 3-10　TRIP-DP-HEA 室温拉伸变形中的微观变形机制
（a）$\varepsilon_{loc}=0$；（b）$\varepsilon_{loc}=10\%$；（c）$\varepsilon_{loc}=30\%$；（d）$\varepsilon_{loc}=45\%$；（e）$\varepsilon_{loc}=65\%$
（EBSD 相图揭示了形变诱发的马氏体相变，其中 ε_{loc} 为局部应变，TD 为拉伸方向）

3.3.2　温度对相变的影响

随着高熵合金在低温领域研究的不断开展，Huang 等人[16] 通过第一性原理
计算得出 FeMnCoCrNi 高熵合金的堆垛层错能随温度的降低而降低，从而在低温
变形过程中容易产生 TWIP 和 TRIP 效应，即当层错能低于 8mJ/m² 时，可能引发
相变的发生，如图 3-11 所示。而对于 CoCrFeMnNi 高熵合金和 CrCoNi 中熵合金

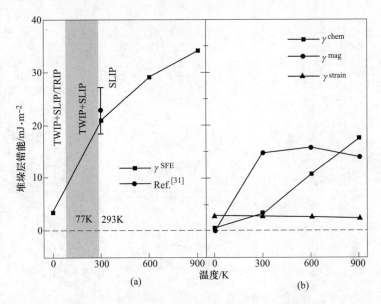

图 3-11　FeMnCoCrNi 高熵合金的理论层错能

（a）总的层错能 $\gamma^{SFE}=(\gamma^{chem}+\gamma^{mag}+\gamma^{strain})$；（b）每部分层错能随温度的变化

（包括化学部分、磁性部分、应变部分）

在低温下的研究表明变形孪晶是主要的变形机制。另外，在低温条件下 CrCoNi 中熵合金中也发现由纳米尺寸的孪晶和细小的 HCP 板条组成的纳米尺度的孪晶和 HCP 层状组织[18]。这些结果实际上都证实了上述的计算结果的正确性。尽管亚稳态工程与最初的高熵合金设计理念及定义有着明显的区别[19]，但该理念在提高力学性能等方面已经引起了广泛的关注。无独有偶，Bae 等人[17]通过热力学计算发现铁基的 $Fe_{60}Co_{15}Ni_{15}Cr_{10}$ 中熵合金的吉布斯自由能差（包括 FCC 和 BCC，以及 FCC 和 HCP 之间的自由能差异）具有强烈的温度效应。相比 FCC 和 HCP 相，BCC 相随着温度的降低变得更为稳定，只有当低温下的形变产生的能量能够克服相变产生的能量障碍时，相变得以进行。以上研究通过调整成分证明了亚稳态的 FCC 经过无扩散相变的方式能够在低温下转变为 BCC 相，有效地避免了应力集中，从而大幅提高中熵合金的力学性能，对高熵合金的不断强化具有重要的指导意义。

Fe60 合金在 77K 变形过程中随拉伸应变增加发生的组织演变如图 3-12 所示。

3.3.3　应变速率对相变的影响

对高熵合金力学行为的研究已经成为当前研究的焦点内容，然而大多研究都是在准静态拉伸或压缩条件下进行的。对于低温应用来说，动态加载负荷往往在工业生产和其他服役条件下也是极为普遍的。因此，研究高熵合金在动态载荷下

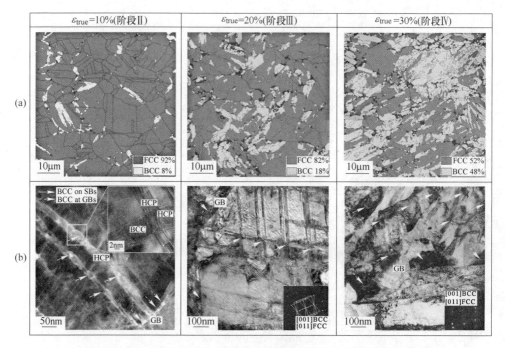

图 3-12　Fe₆₀合金在 77K 变形过程中随拉伸应变增加发生的组织演变

（a）EBSD 相图表明了形变所引起的相变；（b）在每个应变水平下的 TEM 分析，
表明了 BCC 相在晶界（虚线）和 FCC 晶粒内的剪切带交叉区（实线）的分布
（在（b）中插图表明在 10%的真应变下的高分辨率 TEM（HRTEM）图像）

的变形机制和力学性能也是极其重要的，特别是断裂韧性作为最主要的低温性能
之一，必须进行相应的研究。针对经典的 FeCoCrNi 高熵合金，Zhang 等人[18]报
道了其在动态和静态载荷下的力学行为，相比静态拉伸，其在动态拉伸后形成了
大量的纳米孪晶，体积分数达到约 5%，这使得其屈服强度从 220MPa 提高至近
440MPa，同时塑性从 70%提高至 80%。该现象意味着高熵合金在高的应变速率
拉伸下，微观组织的演化与应变速率存在着密切的联系。因此，为了进一步探索
高熵合金在动态加载条件下的力学行为，Jo 等人[19]制备了亚稳态的 FeCoCrNiV
高熵合金，并报道了其在室温和低温下于准静态和动态下的拉伸性能。在准静态
拉伸载荷下，孪晶诱导塑性（TWIP）机制发生在室温，而在低温下发生由 FCC
相到 BCC 相的相变诱导塑性（TRIP）机制。在动态载荷作用下，室温变形孪晶
密度增多，而低温下马氏体数量减少。这些孪晶和马氏体在含量上的变化分别可
由升高的流变应力和绝热效应解释，结合模拟计算，证实了它们的存在，使得
BCC 和 HCP 相的能量稳定性相对于 FCC 相具有很强的依赖性。在动态载荷作用
下所激发出的大量变形孪晶，使得室温冲击韧性高达 112.6J。在不同应变速率下
不同孪晶的 TEM 显微照片如图 3-13 所示。

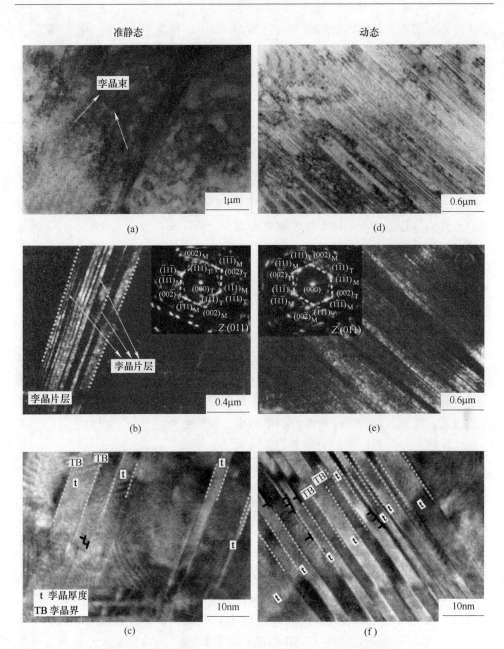

图 3-13 TEM 显微照片显示了在不同应变速率下不同的孪晶

(a) ~ (c) 准静态（1×10⁻⁴/s）下真实应变约为 50%的微观组织形貌和

(d) ~ (f) 动态（6000/s）真实应变约为57%时的组织特征

((b)、(e) 分别为（a）、(d) 对应的暗场像，(c)、(f) 分别为孪晶的高分辨 TEM 图像)

值得关注的是，面心立方 CoCrNi 中熵合金在 4K 时具有高达 340J 的夏比 V

型缺口冲击韧性，其低的层错能使变形孪晶（DT）异常丰富，再加上液氮温度和高的应变速率，两者都会产生较高的应力水平，有利于变形孪晶通过大的塑性区。这有效地分散了外部所施加的应力和能量，从而积累了维持高应变硬化的缺陷，并抑制了局部应变集中进而演变为主剪切带的过程。总之，在液氮温度和冲击速率下，高的应力所激活的 DT 以及缺陷间产生了相互作用。动态加载时，大量的一级和二级孪晶不断地嵌入到微观结构中，这会在裂纹尖端前方的宽塑性区内产生较大的塑性变形，导致加工硬化，并释放局部高应力，阻止了应变集中以延迟裂纹扩展和主剪切带的形成（众所周知，当裂纹沿[20]孪晶界扩展时，会发生脆性解理断裂）。所有上述行为都会消耗大量的能量，以防止空穴和开裂的出现。因此，尽管是在高的应变率和液氮温度下，CrCoNi 中熵合金仍然保持了创纪录的高韧性。即低温和高速加载最佳地利用了这种低 SFE 合金的高 DT 倾向。此外，在这种 MEA 中，DT 为主要的变形机制，而不会转化为马氏体，从而降低韧性。这个例子说明了目前引起人们注意的多主元素合金的优点。FCC 单相 HEAs/MEAs 的一个显著的特征是，这些高熵合金可以与最好的低温合金相媲美，如奥氏体不锈钢，因此，这些新合金扩大了低温材料所可以选择的范围，特别是在液氮和液氦温度下。因此，CrCoNi 是现有最好的低温合金的有力竞争对手。这一体系代表了一个非常高的应变硬化能力，其在低温下强度和延展性的良好平衡，超过了现有的高熵合金的性能。动态载荷下的研究表明，相比传统合金，高熵合金在此极端工况下其性能非但没有大幅度减小，反而更加强韧，表明其在特殊工况下替代传统合金具有广阔的应用潜力。

3.3.4　TRIP 和 TWIP

正如之前所述的那样，层错能不仅与孪晶有关，而且与 FCC 向 HCP 的转变有关，这种相变既能增强也能增韧。Niu 等人在 NiCoCr 的 FCC 相中观察到 HCP 的起源。他们将转变的能力归因于三层起初的 HCP 结构相对于一级孪晶的层错能更低，而这又与该合金中 Ni、Co 和 Cr 相对于其他相关合金的磁状态有关。为了研究 HCP 的生长过程，他们使用了 Co 的原子模型，发现 HCP 相比 FCC 更易于生长。这与之前 Huang 等人的研究理论上是一致的，在实验中也证明了该观点。如刘俊鹏等人研究了 FeCoCrNi 系面心立方高熵合金的低温变形机制，尤其是超低温环境的服役行为。研究发现，面心立方高熵合金从室温至液氮温度变形机制经历了从位错滑移为主、位错和孪晶的共同作用到孪晶变形为主的转变，4.2K 时，面心立方基体中每隔一层的[20]晶面发生肖克莱部分位错的滑移形成了 HCP 相。孪晶为主的变形机制和相变的产生，使面心立方高熵合金在极低温环境具备优异的综合力学性能，其锻态样品在 4.2K 时的拉伸强度为 1260MPa，伸长率为61%。除此之外，发现了面心立方高熵合金FeCoCrNi在4.2K初始变形阶段中存在明显的锯齿流变行为。在20K时，材料在屈服之后的塑性变形初始阶段并未出现锯齿变形，而是随着应力的提高，在稍高应变（约8%）时才出现锯齿流变现象，直至样品断裂。然而在50K时，拉伸曲线上并没有任何锯齿出现（如图3-14所示）。这表明锯齿变形的产生与温度和应力状态密切相关，并且研究其变形组织得出该锯齿流变是由孪晶主导的变形机制和相变的共同作用导致的。这些研究都证实了与层错密切相关的TWIP和TRIP变形机制在一定的条件下可以共存，且能够不断相互转化。这可以极大提高或保持材料的应变硬化速率，延缓颈缩的出现，不断提高材料的强度和韧性。

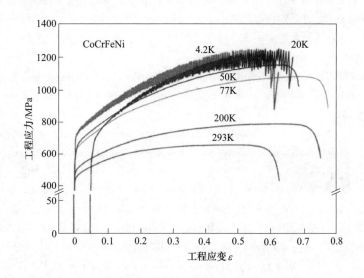

图3-14 FeCoCrNi高熵合金在不同温度拉伸时的应力-应变曲线

3.3.5 高熵合金相变研究中的难题

高熵合金的提出，打破了传统合金设计的理念，为合金成分的设计提供更多的可能性，同时成分的多元性以及原子间相互作用的复杂性，使得合金相结构的预测更加困难。面心立方结构高熵合金因其良好的强度和韧性，而受到广泛的关注，与传统合金强化方式相同，相变强化在高熵合金中也得到了广泛的应用。传统合金中，常选择一种元素作为主元，通过添加多种微量元素来调节合金的相组成以及性能，其相结构模拟预测中的参数也较为全面，预测结果与实验结果吻合良好。但是，高熵合金由多种主元组成，原子间的相互作用较为复杂，很难准确地预测其相结构演变过程，这也将是之后研究中所面临的一大难题。

参 考 文 献

［1］徐洲，赵连城. 高等院校教材：金属固态相变原理［M］. 北京：科学出版社，2004.

［2］丛阳阳. 基于相变的 TC4 钛合金轧制过程模拟计算与研究［D］. 秦皇岛：燕山大学，2014.

［3］郝露菡，丛阳阳，彭艳. 考虑相变的 TC4 钛合金流动应力研究［J］. 材料科学与工艺，2015，23（5）：17~24.

［4］Nejadseyfi O，Shokuhfar A，Moodi V. Segmentation of copper alloys processed by equal-channel angular pressing［J］. Transactions of Nonferrous Metals Society of China，2015，25（8）：2571~2580.

［5］Tomota Y. Effects of morphology and strength of martensite on cyclic deformation behaviour in dual-phase steels［J］. Materials Science & Technology，1987，3（6）：415~421.

［6］徐立红，贾艳琴，董允，等. SiC 粒径对 PTFE/SiCp 复合材料耐磨性能的影响［J］. 河北工业大学学报，2000，32（1）：48~53.

［7］Otto F，Dlouhý A，Pradeep K G，et al. Decomposition of the single-phase high-entropy alloy CrMnFeCoNi after prolonged anneals at intermediate temperatures［J］. Acta Materialia，2016，112：40~52.

［8］Gwalani B，Gorsse S，Choudhuri D，et al. Modifying transformation pathways in high-entropy alloys or complex concentrated alloys via thermo-mechanical processing［J］. Acta Materialia，2018，153：169~85.

［9］Yang T，Zhao Y L，Li W P，et al. Ultrahigh-strength and ductile superlattice alloys with nanoscale disordered interfaces［J］. Sience，369.

［10］Liang Y J，Wang L，Wen Y，et al. High-content ductile coherent nanoprecipitates achieve ultrastrong high-entropy alloys［J］. Nature Communications，2018，9（1）：4063.

［11］Zhang R，Zhao S，Ding J，et al. Short-range order and its impact on the CrCoNi medium-entropy alloy［J］. Nature，2020，581（7808）：283~287.

［12］Chowdhury P，Canadinc D，Sehitoglu H. On deformation behavior of Fe-Mn based structural alloys［J］. Materials Science and Engineering R：Reports，2017，122：1~28.

［13］Xiao J，Deng C. Continuous strengthening in nanotwinned high-entropy alloys enabled by martensite transformation［J］. Physical Review Materials，2020，4（4）.

［14］Deng Y，Tasan C C，Pradeep K G，et al. Design of a twinning-induced plasticity high-entropy alloy［J］. Acta Materialia，2015，94：124~133.

［15］Li Z，Pradeep K G，Deng Y，et al. Metastable high-entropy dual-phase alloys overcome the strength-ductility trade-off［J］. Nature，2016，534（7606）：227~230.

［16］Huang S，Li W，Lu S，et al. Temperature dependent stacking fault energy of FeCrCoNiMn high entropy alloy［J］. Scripta Materialia，2015，108：44~47.

［17］Bae J W，Seol J B，Moon J，et al. Exceptional phase-transformation strengthening of ferrous medium-entropy alloys at cryogenic temperatures［J］. Acta Materialia，2018，161：388~399.

［18］Zhang T W，Ma S G，Zhao D，et al. Simultaneous enhancement of strength and ductility in a

NiCoCrFe high-entropy alloy upon dynamic tension: Micromechanism and constitutive modeling [J]. International Journal of Plasticity, 2020, 124: 226~246.

[19] Jo Y H, Kim D G, Jo M C, et al. Effects of deformation-induced BCC martensitic transformation and twinning on impact toughness and dynamic tensile response in metastable VCrFeCoNi high-entropy alloy [J]. Journal of Alloys and Compounds, 2019, 785: 1056~1067.

[20] Chen J, Dong FT, Jiang HL, et al. Influence of final rolling temperature on microstructure and mechanical properties in a hot-rolled TWIP steel for cryogenic application [J]. Materials Science and Engineering: A, 2018, 724: 330~334.

4 纳米面心立方结构高熵合金

4.1 纳米晶面心立方高熵合金

所谓的纳米晶（NC）材料，通常是指其晶粒尺寸小于100nm[1]。根据霍尔-佩奇关系可以知道，细化晶粒是提高材料强度的有效手段，与传统金属及合金相比，纳米晶高熵合金表现出更加优越的综合力学性能和功能性能。对于纳米晶材料而言，晶界对其性能有着重要影响。当晶粒尺寸非常小（通常在10～20nm）时，霍尔-佩奇关系便不再适用，表现为强度随着晶粒尺寸的减小而降低，出现明显的软化。这种"逆霍尔-佩奇"效应来源于不稳定晶界的作用，包括位错或扩散引起的晶界剪切和滑移以及晶粒的旋转等[2]。此外，由于晶界迁移，纳米晶纯金属的热稳定性较差，这成为限制其在高温甚至中温环境下应用的主要原因。研究发现，通过添加合金元素等方法可以稳定纳米晶粒，大多数纳米晶高熵合金都具有良好的热稳定性。

4.1.1 纳米晶高熵合金的制备方法

可以获得纳米晶结构高熵合金的制备方法有多种，主要分为五大类，分别是机械合金化（MA）、大塑性变形（SPD）、物理气相沉积（PVD）、热喷涂和电沉积，每种制备方法都有各自的优缺点。最常用到的方法是机械合金化，其次是高压扭转（HPT）和物理气相沉积。接下来主要介绍这三种方法。

（1）机械合金化。机械合金化是一种用高能研磨机或球磨机实现固态合金化的过程。在球磨过程中，粉末经受反复的变形、冷焊和破碎，从而达到元素间原子水平的结合。粉末在钢球的碰撞下发生严重的变形，并冷焊合形成层片结构。随球磨碰撞的不断进行，层片结构愈加细化。由于变形引入的大量晶体缺陷和冷焊合引入的大量界面的存在，以及球磨碰撞引起的温升，使得组元的扩散能力极大的增强。通过层片间界面发生互扩散导致相变，从而形成非晶相、准晶相和纳米晶合金、金属间化合物、亚稳相、过饱和固溶体等。研磨时间、研磨温度、介质大小、球料比等参数都会对合金的相和微观结构的形成产生重大影响。

任何可以制成粉末状的材料都可以采用这种方法[3]。金属粉末经过长时间（40h左右）研磨可以产生粒径约为20nm甚至低至5nm的单相材料。存在的问题就是需要将纳米粉末固结成块体材料，通常采用放电等离子烧结（SPS）来完成，此时晶粒结构会发生粗化，在某些情况下甚至会使晶粒粗化至500nm以上。此外，制备过程中研磨介质对研磨容器内壁的撞击和摩擦作用会使研磨容器内壁的部分材料脱落进入研磨物料中造成污染。

（2）高压扭转法。高压扭转法是大塑性变形法中的一种，在轴向压缩的同时在横截面上施加一个扭矩，从而产生轴向压缩和切向剪切变形。扭转角速度、挤压速度、温度等工艺参数会对样品微观组织和力学性能产生影响。这种方法通常可以将合金的晶粒细化到 50nm 左右甚至低至 10nm，是形成单相合金成功率最高的方法[4]。适用于生产不需要进一步加工的大块试样，因此不会产生类似于机械合金化制备的晶粒粗化问题，但需要进行广泛的工艺优化才能实现大规模的工业化生产。

（3）直流磁控溅射法（DCMS）。直流磁控溅射法是物理气相沉积法中的一种，是指在高真空中充入适量的氩气，在阴极（靶）和阳极（镀膜室壁）之间施加几百 K 直流电压，使氩气发生电离。氩离子被阴极加速并轰击阴极靶表面，将靶材表面原子溅射出来沉积在基底表面形成薄膜。改变靶的材质和溅射时间可以获得不同材质和厚度的薄膜。用该方法获得的镀膜层致密均匀并且与基体的结合力强。这种方法几乎可以合成任何元素组合的合金，并且可以获得具有非常细小均匀晶粒的高熵合金，约为 10nm，但是该方法只能用于制备厚度为 1~5μm 的薄膜[5]。

4.1.2 纳米晶高熵合金的晶界强化

对于金属材料，晶界强化是一种可以同时提高材料强度和塑性的有效强化手段。晶界处原子排列紊乱，晶体的平移对称性和旋转对称性被破坏，对位错滑移起到严重的阻碍作用，位错易在晶界处堆积产生背应力硬化从而提高材料的强度。另一方面，晶界可以看作一个天然的位错源，晶界处位错堆积引起的应力集中可以诱发相邻晶粒中位错源开动释放应力，使原本处于不利取向的晶粒也开始变形从而提高材料的塑性。通过减小晶粒尺寸引入更多的晶界可以有效地实现晶界强化。材料的屈服强度和晶粒尺寸之间符合 "Hall-Petch"（H-P）的定量关系，即[6]：

$$\sigma_y = \sigma_0 + kd^{-\frac{1}{2}} \tag{4-1}$$

式中，σ_y 是材料的屈服强度；σ_0 是描述晶格对位错运动摩擦阻力的常数；k 是强化系数；d 是晶粒尺寸。k 与材料种类、温度、形变方式等因素有关。通常，元素种类数量增加或剪切模量增大时，k 值增大。此外，层错能也会对 k 值产生影响，较低的层错能有利于孪晶的形成，孪晶界对位错也会产生强烈的阻碍作用，因此 k 值随层错能的减小而增大[7]。

细化晶粒可以显著提高材料的屈服强度，理论上，若晶粒尺寸无限小则可以达到材料的理想强度，然而实际情况并非如此。图 4-1 为 Ni 和 Cu 的屈服强度随晶粒尺寸的变化曲线，当晶粒尺寸减小到 10~20nm 以下时，材料强度随晶粒尺寸减小

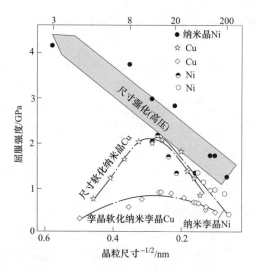

图 4-1 Ni 和 Cu 的屈服强度随晶粒尺寸的变化[9]

而减小，出现逆"Hall-Petch"效应，这是由于变形机制发生改变，由位错主导应变硬化变为晶粒旋转、晶界剪切和滑动。当晶粒减小到纳米级时，晶粒内部的位错等缺陷很少，位错堆积困难，从而导致 H-P 关系失效。然而，在 40GPa 高压条件下，在晶粒尺寸为从 200nm 到 3nm 的 Ni 样品中实现了持续强化。在晶粒尺寸为 3nm 的样品中，屈服强度达到 4.2GPa，是商业镍材料的 10 倍。这种高强度是由于强化机制的叠加造成的（不全位错和全位错硬化加上晶界塑性的抑制[8]）。

为了稳定晶界防止产生尺寸软化效应，也可以通过晶界驰豫、织构、溶质偏析、合金化等方法打破这种限制。添加合金元素使晶格畸变增大，从而减缓原子扩散速率，可以降低晶界迁移率，稳定晶界。非金属杂质在晶界的偏析可以降低界面能，增大阻力，有些元素可以同时增强两个晶粒之间的连接（如 B 元素），并达到稳定晶界的作用。通过改变应变速率或温度可以调节小角晶界或孪晶界的形成，与传统的大角晶界相比具有低能态，有助于纳米结构的稳定和细化。如图 4-2 所示，在 Ni-Mo 合金中也同时实现了超细晶粒和晶界的稳定，当晶粒尺寸小于 10nm 时，硬度持续上升。在 Mo 偏析和晶界驰豫后，不全位错的形核和扩展主导变形机制。

4.1.3 纳米晶高熵合金的力学性能

与粗晶金属及合金相比，纳米晶高熵合金普遍具有更加优越的力学性能，晶粒细化同时提高了强塑性。

如图 4-3 所示，纳米晶高熵合金可以实现的硬度范围很广。与传统材料相比，纳米晶高熵合金都表现出更高的硬度（304 不锈钢、Inconel 600 镍基合金硬度值为 200HV），通常都在 400HV 以上。

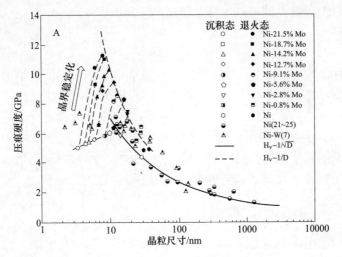

图 4-2 沉积态和退火态 Ni、Ni-Mo 合金显微硬度随晶粒尺寸的变化[9]

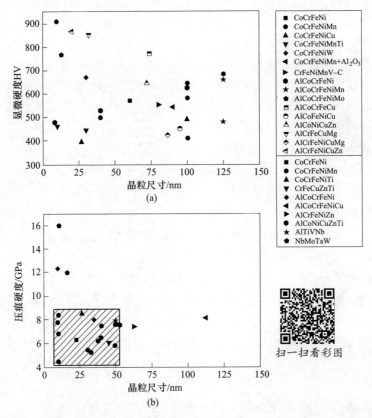

图 4-3 纳米晶高熵合金力学性能与晶粒尺寸的关系[10]
(a) 显微硬度；(b) 压痕硬度

材料的耐磨性与硬度之间可以用稳态磨损方程表示[11]：

$$V = k\frac{PL}{3H} \tag{4-2}$$

式中，V 是材料的体积损失；k 为净稳态磨损系数，是一个无量纲的常数；P 为接触压力；L 为滑移距离；H 为布氏硬度。体积损失与硬度成反比，高硬度的材料一般都具有较高的耐磨性，因此，纳米晶的高熵合金通常具有良好的耐磨性。

CoCrFeNi 作为一种常用的面心立方高熵合金体系，硬度值较低（106HV），经机械合金化和真空热压烧结（VHPS）得到晶粒尺寸为 30nm 的纳米晶，硬度值和磨损系数得到显著提高，分别为 450HV 和 0.38[12]。

4.1.4　纳米晶高熵合金的功能性能

目前，对于纳米晶高熵合金的研究还主要集中在其力学性能方面，有关于电磁、电化学、导热等方面的性能研究相对较少。

（1）耐蚀性。一般情况下，高密度的界面或晶界会降低腐蚀活化能，促进腐蚀反应的发生，此外，纳米晶高熵合金中元素偏析倾向较强，偏析会导致电偶腐蚀，因此，晶粒尺寸较小不利于高熵合金的耐腐蚀性。

热处理可以降低高熵合金界面的复杂性，改善元素分布的均匀性，导致低的腐蚀电流和高的腐蚀电位，这是提高高熵合金耐蚀性的有效手段。例如，直径为 $5 \sim 50$nm 的 $Al_{0.3}CoCrFeNi$ 体心立方结构的高熵合金经退火后转变为均匀的面心立方结构，表现出更好的耐蚀性[13]。

（2）热电性能。通常用电导率和热导率来表征材料的热电性能。高熵合金中严重的晶格畸变增加了电子和声子的散射，因此合金的电导率和热导率降低。纳米晶高熵合金由于晶粒细化，加剧了这种散射作用，使电导率和热导率很低，在发展高性能热电材料方面具有很大潜力。

纳米晶高熵合金的制备方法和组织结构对其热电性能有显著影响。例如，在 $Al_x CoCrFeNi$ 体系中，具有均匀纳米结构的样品的电阻率最低，而塑性变形的样品中由于产生了大量的位错等缺陷而具有较高的电阻率[14]。

（3）磁性能。元素组成是影响高熵合金磁性能的主要原因。以 $Bi_x FeCoNiMn$ 为例，当 x 从 0.48 减小至 0.16 时，该合金由非晶态转变为纳米棒，这种转变导致交换耦合减少，软磁材料和顺磁材料转变为具有硬磁各向异性的材料，即磁硬化[15]。

4.1.5　纳米晶高熵合金的良好热稳定性

粗晶、纳米晶的纯金属或二元合金热稳定性差是限制其在高温下广泛应用的主要原因，但是纳米晶的高熵合金在较宽的温度范围内却具有良好的热稳定性。究其原因，可以从影响晶粒生长的热力学和动力学因素进行分析。

4.1.5.1 晶粒生长的热力学分析

晶粒长大的过程就是晶界发生迁移的过程，因此晶粒生长速率可以用晶界迁移速率 V_g 表示[16]：

$$V_g = M_g \times (F_t - F_d) \tag{4-3}$$

式中，M_g 是晶界迁移率；F_t、F_d 分别表示作用在晶界上的总驱动力和阻力，它们的差值即为作用在晶界上的净驱动力。因此，可以从减小晶界迁移率和驱动力或增大阻力三方面稳定纳米晶。位错储存的弹性能、界面能、变形能、温度梯度等都是构成驱动力的因素，而构成阻力的因素主要包括第二相粒子钉扎引起的 Zener 阻力、溶质阻力（与溶质原子在晶界的相互作用能和溶质体积浓度成正比，与溶质原子的有效扩散系数成反比）、孪晶界或层错等。

纳米晶晶界较多，晶粒表面能高，因此处于亚稳态，晶粒很容易长大。晶界能的降低成为驱动力中的主导项，可以用 Gibbs-Thompson 方程描述[17]：

$$\Delta G_\gamma = \frac{2\gamma V_m}{r} \tag{4-4}$$

式中，ΔG_γ 为晶粒长大的驱动力；γ 为界面能；V_m 为相的摩尔体积；r 为晶粒半径。

对于纳米晶高熵合金来说，虽然晶粒尺寸很小，但是高熵合金中晶界能本身就很低，因此驱动力降低[18]。与体扩散相比，晶界作为快速扩散通道，会导致某些元素的局部偏析，从而增加了阻力。此外，高熵合金中不同原子之间的相互作用以及晶格畸变，严重影响了原子的有效扩散速率，使得迁移率降低。因此，与传统材料相比，纳米晶高熵合金具有很好的热稳定性。

4.1.5.2 晶粒生长的动力学分析

根据经典的动力学理论可以分析晶粒尺寸随加热时间 t 的变化：

$$d^{\frac{1}{n}} - d_0^{\frac{1}{n}} = kt \tag{4-5}$$

式中，d_0、d 分别为初始晶粒尺寸和加热 t 后的晶粒尺寸；n 为晶粒生长指数；k 为动力学常数。

纯金属的 n 值为 0.5，大多数合金的 n 值小于 0.5（溶质阻力效应），因此晶粒生长相对较慢。合金中析出物的阻力效应、扩散速率、织构和不均匀性等因素会对 k 值产生影响。

晶粒生长动力学常数 k 可以用 Arrhenius 公式表示[19]：

$$k = k_0 \exp^{-\frac{Q_G}{RT}} \tag{4-6}$$

式中，k_0 为指数前因子；R 为气体常数；T 为温度；Q_G 为晶粒生长的活化能，与合金成分、温度等因素有关。将上式变为对数形式作图可以得到 Q_G 的数值：

$$\ln k = \ln k_0 - \frac{Q_G}{RT} \tag{4-7}$$

合金的扩散系数 D 也遵循 Arrhenius 关系，即[20]：

$$D = D_0 \exp^{-\frac{Q_D}{RT}} \tag{4-8}$$

式中，D_0 为扩散常数；Q_D 为扩散激活能。

　　较高的扩散系数 D 有利于晶界移动，导致晶粒生长活化能 Q_G 值较低，晶粒容易长大，因此加入低扩散速率的合金元素可以有效防止晶粒粗化，此外，晶格畸变也会阻碍原子运动，抑制晶粒长大。因此，选择合适的元素进行合金化可以得到高温下稳定的纳米晶高熵合金。

　　图 4-4 为一些纳米晶高熵合金硬度和晶粒度的热稳定性示例。

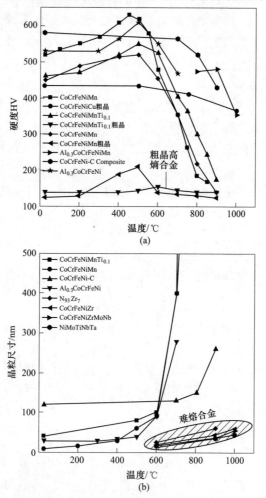

图 4-4　纳米晶和粗晶的硬度（a）和晶粒尺寸（b）随时效温度的变化[10]

4.2 纳米颗粒增强增韧的面心立方高熵合金

在传统的耐热钢、镍基以及钴基高温合金中，通过纳米析出沉淀强化是最有效的强化方式。高熵合金在凝固过程中由于其高的混合熵值，高温区的相分离被抑制延迟到低温区间，加剧了缓慢扩散效应的影响，因此高熵合金中往往会观察到细小的纳米相沉淀析出。纳米沉淀的形成可以有效阻碍位错运动和晶界的迁移，使其不仅在低温下具有高强度，同样可以应用于高温领域。析出相的体积分数、形貌、尺寸、分布情况等都会对合金的性能产生影响。

面心立方高熵合金的强度一般较低，但是其良好的塑性和突出的应变硬化能力使其成为进一步沉淀强化的优良基础合金。在面心立方高熵合金沉淀强化方面，通过非共格的 B2 相、η 相、σ 相、μ 相或共格的 $L1_2$ 相等进行强化的几种合金体系中，抗拉强度都超过了 1GPa，并且保持良好的塑性，打破了长期以来强度-塑性权衡的瓶颈。

$L1_2$ 纳米粒子的共格沉淀显示出最具潜力的强化效果，这是因为共格界面可以避免界面附近位错的积累，消除析出相周围的应力集中从而保持均匀塑性变形。两相之间较低的错配度降低了析出相的形核势垒，有助于获得细小高密度的析出相，同时也降低了基体与析出相界面的比界面自由能，从而降低竞争粗化的驱动力，提高纳米粒子的稳定性，使得在高温退火时具有良好的热力学稳定性，表现出反常屈服行为，为抗高温软化提供了有效的应变硬化源。

该方法为开发新型具有优异力学性能的先进结构材料开辟了新的空间，然而并非在所有的合金体系中都可以得到纳米级的析出相，这与合金成分和热处理工艺有着密切关系，因此合金的设计、制备工艺以及通过调控析出相优化合金性能等都是有待研究的方向。

4.2.1 纳米析出高熵合金的设计

金属材料的力学性能与其化学成分和微观组织结构密切相关，选择合适的元素组合和相对含量，确定合理的热处理工艺则可以实现纳米沉淀析出行为。

通常，Al、Ti、Nb 被认为是强烈的 $L1_2$ 相形成元素。Al 本身是不足以稳定 $L1_2$ 相的，会促进体心立方相的形成。过量的 Al 元素不利于 $L1_2$ 相的析出，容易和 Fe、Ni 元素结合形成 FeAl、NiAl 等 B2 相。微量的 Al 和 Ti 进行合金化可以促进纳米 $L1_2$ 相的共格沉淀，然而 Ti 的过量添加可能会促进 $L2_1$ 型 Heusler 或 η 脆性相的形成，削弱晶界强度，降低力学性能。微量 Al 和 Nb 的共同加入也会促使形成 $L1_2$ 相，但是 Nb 与 Co、Fe 元素具有较负的混合熔，因此具有很强的结合倾向，过量添加 Nb 时会促进富 Nb 的 Laves 相或 B2 相的形成。

基体的成分对 $L1_2$ 相强化的高熵合金的析出行为也有很大的影响。接近等原子比的高熵合金由于具有很高的混合熵值，组元之间的相容性增大，因此不利于沉淀析出。在不同的合金体系中，Co 元素可能会产生相反的作用。例如，在 CoCrFeNiAlTi 高熵合金体系中，Co 原子能够强烈促进 $L1_2$ 相的析出和稳定，而在 CoCrFeNiAlNb 高熵合金体系中，Co 使 $L1_2$ 相失稳从而降低沉淀的数目密度[21]。

对于纳米析出沉淀硬化的面心立方高熵合金的设计，关键问题是确定处于两相区的合金成分和温度范围。通过原子尺寸差、混合熵、混合焓、价电子浓度等参数可以简单预测高熵合金的相形成规律，但只能通过多次试错进行调控，无法得到最优选择，并且该方法的预测只是基于铸态合金，无法预测经过热处理后合金的变化情况。

基于热力学的相图计算（CALPHAD）技术为高熵合金相形成的预测提供了一种有效途径，在高温合金、钢等结构合金领域得到了广泛应用。最近，专门为高熵合金体系设计的 TCHEA1 热力学数据库已经开发出来，可以准确预测相组成及含量，使合金设计更加便捷。

4.2.2　纳米析出高熵合金的沉淀行为

在 $L1_2$ 相强化的高熵合金中，通常会出现两种沉淀行为，即连续沉淀和不连续沉淀[22]。对于连续沉淀，通常在晶粒内部形成细小的均匀分布的纳米粒子，与母相常有一定的位向关系；而不连续沉淀通常发生在晶界处，并向晶内生长，成层片状相间分布，形成区别于母相其他地区的胞状脱溶区。在脱溶胞与基体之间存在一个明晰的界面，两者成分不同，位相不同，但结构相同，脱溶胞的晶格常数发生不连续变化。

两区域对高熵合金的力学性能有着重要影响。连续沉淀区的纳米粒子主要负责沉淀强化，而不连续沉淀区的析出相大小和分布不均匀，仅能提供有限的加工硬化能力。此外，由于不连续沉淀通常局限在晶界附近，可能造成局部应变从而降低可加工性能。因此，抑制不连续沉淀行为的发生可以改善合金性能。然而不连续沉淀行为不能通过热处理消除，研究发现，微量合金化是抑制不连续沉淀行为的有效方法。

有实验研究了 Nb 对（CoCrFeNi）$_{94-x}$Al$_3$Ti$_3$Nb$_x$ 组织的影响，发现 Nb 不仅抑制了不连续沉淀，而且促进了连续沉淀发生。Nb 对不连续沉淀反应的抑制作用可以从两个方面进行分析：晶界沉淀和晶界迁移[23]。

晶界沉淀受晶界能和晶界扩散等因素影响。Nb 在晶界处偏析使晶界能大幅度降低，增加了析出相的临界形核能，因此在热力学上抑制了晶界沉淀。此外，由于 Nb 的原子尺寸大，扩散系数低，这在动力学上也抑制了晶界沉淀。

对于晶界迁移来说，晶界能是其驱动力之一。Nb 偏析降低了晶界能，这在热力学上抑制了晶界迁移。在晶界迁移过程中，Nb 偏析形成了溶质气氛，但由于其扩散系数较低，随晶界扩散但滞后于晶界，从而对晶界产生拖拽压力，这在动力学上抑制了晶界迁移。

4.2.3 纳米析出高熵合金的沉淀强化

沉淀强化是指由合金通过时效处理析出第二相粒子引起的强化。

传统观点认为沉淀物通过阻碍位错运动从而提高强度，位错的堆积通常会导致高的应力集中甚至产生微裂纹，使得应变局部化造成塑性损失，也就是所谓的强度-塑性权衡，因此材料性能的提高受到了局限。但是研究发现具有高密度纳米沉淀的高熵合金打破了这种权衡，在获得超高强度的同时也能保持良好的塑性。这是因为弥散分布的纳米粒子不仅是位错运动的障碍物，在高应力下也是一种独特类型的可持续位错源，可以产生一种可持续的自硬化变形机制，达到强塑性的良好结合[24]。

图 4-5 为各种传统合金与纳米析出强化高熵合金的抗拉强度和断裂伸长率，与传统合金相比，具有纳米级析出相的高熵合金表现出更好的强塑性结合。

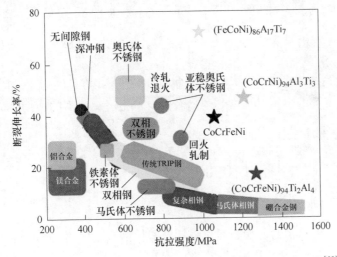

扫一扫看彩图

图 4-5 多种合金的抗拉强度和断裂伸长率[25]

根据粒子的特点，可以将其分为可变形和不可变形粒子。可变形粒子通常与基体共格且尺寸较小，位错可以通过剪切机制达到强化合金的目的，并且随着析出相体积分数的增加强化效果越好。不可变形粒子与基体非共格且尺寸较大、硬度较高，因此位错只能绕过第二相，通过弹性应变能与位错的交互作用引起强化。

切过机制引起屈服强度的增量 $\Delta\sigma_s$ 主要来源于三个方面：共格应变强化（$\Delta\sigma_{CS}$）、模量强化（$\Delta\sigma_{MS}$）和有序强化（$\Delta\sigma_{OS}$）[26]。共格应变强化和模量强化发生在位错切过析出相粒子之前，而有序强化发生在整个剪切过程中。($\Delta\sigma_{CS}$ + $\Delta\sigma_{MS}$) 和 $\Delta\sigma_{OS}$ 中数值较大的一项代表剪切析出物所带来的强度增量。其中：

$$\Delta\sigma_{CS} = M \cdot \alpha_{\varepsilon} (G \cdot \varepsilon_c)^{\frac{3}{2}} \left(\frac{rf}{0.5Gb}\right)^{\frac{1}{2}} \tag{4-9}$$

$$\Delta\sigma_{MS} = 0.0055M (\Delta G)^{\frac{3}{2}} \left(\frac{2f}{G}\right)^{\frac{1}{2}} \left(\frac{r}{b}\right)^{\frac{3m}{2}-1} \tag{4-10}$$

$$\Delta\sigma_{OS} = 0.81M \frac{\gamma_{APB}}{2b} \left(\frac{3\pi f}{8}\right)^{\frac{1}{2}} \tag{4-11}$$

$$\varepsilon_c = \frac{2}{3}\varepsilon = \frac{2}{3}\frac{\Delta a}{a} \tag{4-12}$$

式 (4-9)~式 (4-12) 中，M 为泰勒因子（FCC 中为 3.06，B2 中为 2.8）；α_{ε} 是一个常数，其值为 2.6[25]；ε_c 为约束晶格错配应变；ε 为晶格错配应变；a 为晶格常数，$\Delta a = |a_m - a_p|$ 为基体与析出相的晶格常数差；r 为析出相的平均半径；f 为析出相的体积分数；G 为基体的剪切模量；$b = \frac{\sqrt{2}}{2}a$ 为伯氏矢量值；$\Delta G = |G_m - G_p|$ 为基体与析出相的模量差；m 是一个常数，其值为 0.85；γ_{APB} 为析出相的反相界能。

如果有序强化（与反相界耦合的位错对控制有序粒子剪切）占主导作用，对于小颗粒来说，切过沉淀的位错对通常是弱耦合的，位错运动所需的剪切应力增量 $\Delta\tau$ 为[27]：

$$\Delta\tau = \left(\frac{\gamma_{APB}}{2b}\right) \left[\left(\frac{2\gamma_{APB}df}{\pi\Gamma}\right)^{\frac{1}{2}} - f\right] \tag{4-13}$$

式中，$\Gamma = \frac{Gb^2}{2}$ 为位错线张力[28]。

对于大颗粒来说，析出物的剪切是通过强耦合的位错对发生的，剪切应力增量 $\Delta\tau$ 为：

$$\Delta\tau = \frac{1}{2}\left(\frac{Gb}{d}\right)f^{\frac{1}{2}}0.72\omega \left(\frac{\pi d\gamma_{APB}}{\omega Gb^2} - 1\right)^{\frac{1}{2}} \tag{4-14}$$

式中，ω 是描述强耦合位错对间弹性斥力的常数，近似等于 1。

以 $(NiCoFeCr)_{94}Ti_2Al_4$ 合金为例，图 4-6 为在 750~800℃ 下时效时，计算和测量的硬度增量与平均析出相尺寸之间的函数关系，实线为理论计算结果。

当位错绕过第二相时，由 Orowan 绕过机制引起的屈服强度增量 $\Delta\sigma_{orw}$ 为：

$$\Delta\sigma_{orw} = M \frac{0.4Gb}{\pi\sqrt{1-\nu}} \frac{\ln(2r_m/b)}{\lambda_p} \tag{4-15}$$

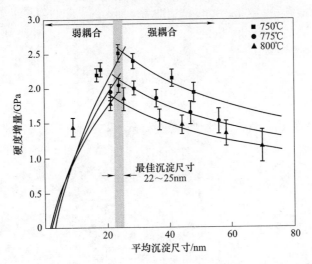

图 4-6　$(NiCoFeCr)_{94}Ti_2Al_4$ 合金硬度增量随沉淀尺寸的变化[29]

$$r_m = \left(\frac{2}{3}\right)^{0.5} r \tag{4-16}$$

$$\lambda_p = 2r_m(\sqrt{\pi/4f} - 1) \tag{4-17}$$

式（4-15）~式（4-17）中，ν 为泊松比；r_m 为球形析出物在随机平面上圆截面的平均半径；λ_p 为析出相粒子间距。

根据位错理论，迫使位错弯曲到曲率半径为 R 时所需的切应力 $\tau = \dfrac{Gb}{2R}$，此时由于 $R = \dfrac{\lambda_p}{2}$，因此位错弯曲到该状态所需的切应力 $\tau = \dfrac{Gb}{\lambda_p}$。这是一个临界值，只有当外加切应力大于该值时，位错才能绕过析出相。由式（4-15）可以看出，不可变形粒子的强化作用与粒子间距 λ_p 成反比，即粒子越多，粒子间距越小，强化作用越明显。

对于绕过机制，位错运动所需的剪切应力增量 $\Delta\tau$ 为[27]：

$$\Delta\tau = \frac{0.4Gb}{\pi\sqrt{1-\nu}} \frac{\ln(2r_m/b)}{\lambda_p} \tag{4-18}$$

剪切应力 $\Delta\tau$ 的增加可以很容易地转换为硬度增量 ΔH，两者之间符合以下关系：

$$\Delta H = \alpha M \Delta\tau \tag{4-19}$$

式中，α 为泰伯因子，其值为 3[30]。

沉淀强化的理论计算值与实验值的差距来自其他的强化方式，如固溶强化、晶界强化、应变硬化、孪晶诱导塑性（TWIP）、相变诱导塑性（TRIP）和动态滑移带细化等强化机制，对强度的总贡献相对较小。它们对强度的提高可以表示为：

（1）固溶强化[30, 31]：

$$\Delta\sigma_S = M \cdot \frac{G\varepsilon_S^{\frac{3}{2}} c^{\frac{1}{2}}}{700} \tag{4-20}$$

式中，相互作用参数 ε_S 结合了弹性模量与原子尺寸错配的影响，即 ε_G 和 ε_a：

$$\varepsilon_S = \left| \frac{\varepsilon_G}{1 + 0.5\varepsilon_G} - 3\varepsilon_a \right| \tag{4-21}$$

$$\varepsilon_G = \frac{1}{G}\frac{\partial G}{\partial c} \qquad \varepsilon_a = \frac{1}{a}\frac{\partial a}{\partial c} \tag{4-22}$$

式中，c 为溶质原子浓度。与 ε_a 相比，ε_G 通常可以忽略不计。

（2）晶界强化：

$$\Delta\sigma_G = k\left(d_1^{-\frac{1}{2}} - d_0^{-\frac{1}{2}} \right) \tag{4-23}$$

式中，d_1、d_0 分别为晶粒细化后和初始晶粒尺寸。

（3）应变硬化[30]：

$$\Delta\sigma_D = M\alpha Gb\rho^{\frac{1}{2}} \tag{4-24}$$

$$\rho = \frac{2\sqrt{3}\,\varepsilon}{Db} \tag{4-25}$$

式（4-24）和式（4-25）中，α 是一个常数，对于 FCC 金属来说其值为 0.2；ρ 为位错密度，可以用 Williamson-Hall 粗略估计；ε 为微应变；D 为晶粒尺寸。

孪晶、层错等由于"Hall-Petch"效应带来的强度增量可以表示为：

$$\Delta\sigma = kd^{-\frac{1}{2}} \tag{4-26}$$

式中，d 为孪晶的平均厚度，而在层错中为层错间隔。

4.2.4　析出相形状的影响因素

析出相的形状由 2 个互相竞争的因素控制：（1）界面能的各向异性。晶体的界面能是晶体取向的函数。晶体中原子排列的情况是随晶面而异的，这也决定了界面能的各向异性。通过改变了 Wulff 结构图的形状，从而改变了沉淀形状。（2）基体与析出相的晶格错配产生的弹性能。它可以是各向同性的，也可以是各向异性的。

析出相的平衡形状是通过最小化体系的总能量（弹性能和界面能）来控制的。当析出物的尺寸较小时，基体与析出相界面处的晶格错配引起的弹性应变能很小，界面能占主导，因此析出相倾向于形成球状颗粒以减小表面积；析出相尺寸较大时，弹性应变能占主导地位，在 Ni 基合金中通常从球状逐渐转变为立方状。

Thompson 等人提出了一个参数 L 用来描述粒子的平衡形态，它量化了弹性应变能和界面能对总能量的相对贡献，定义如下[32]：

$$L = \frac{\varepsilon^2 C_{44} r}{\sigma} \qquad (4\text{-}27)$$

式中，ε 为晶格错配应变；C_{44} 为基体的弹性常数；r 为析出相的平均半径；σ 为基体与析出相的界面能。

研究表明，当 $L<5.6$ 时，四倍对称形状是能量最小值；$L>5.6$ 时，二倍对称形状在能量上更有利；$L=0$ 时，析出相为球状。

4.2.5　Ostwald 熟化

在合金析出沉淀相的后期，沉淀相颗粒的大小并不相同，这是由于较小的颗粒消融而较大颗粒继续长大，因而随时效时间的增加，析出相的平均尺寸增大而数目密度减小，这种长大机制也就是所谓的 Ostwald 熟化。

Ostwald 熟化也叫第二相粒子粗化，是析出相粒子脱溶形核后，由于毛细管效应而导致小尺寸粒子周围母相组元浓度高于大尺寸粒子周围的母相组元浓度（小尺寸粒子的吉布斯自由能高于大尺寸粒子的吉布斯自由能，致使在两相平衡时母相浓度偏高），两处的母相组元浓度梯度导致了组元向低浓度区扩散，从而为大粒子继续吸收过饱和组元而继续长大提供了物质供应，这就致使小粒子溶解消失，组元转移到了大粒子中，并非是小粒子直接被大粒子吸收合并。

Ostwald 熟化的驱动力是界面能的作用，由于小颗粒消融，大颗粒长大，则单位质量的比界面能减小，因此系统总的自由能较小。

4.2.6　析出相的粗化动力学

析出相粒子在高温时不稳定会发生粗化即长大，这种粗化行为基本上是由溶质在基体中的扩散控制的。Ostwald 熟化的经典 LSW 模型最初是针对理想稀二元体系的，其对多组分合金的适用性仍然存在不确定性[33]。后来 Philippe 和 Voorhees（PV）将其推广到多组分体系。根据 PV 模型，多元合金中析出相随时间的粗化过程也遵循相似的幂律关系，即[34]：

$$d^3(t) - d^3(t_0) = K(t - t_0) \qquad (4\text{-}28)$$

$$n_v(t)^{-1} - n_v(t_0)^{-1} = 4.74 \frac{K}{\varphi_{eq}}(t - t_0) \qquad (4\text{-}29)$$

式（4-28）和式（4-29）中，$d(t)$、$d(t_0)$ 为时间 t、t_0 时析出相的平均直径；t_0 为粗化开始的时间；K 为粗化速率常数，在很大程度上取决于溶质的扩散和析出物与基体之间的界面能；$n_v(t)$、$n_v(t_0)$ 为时间 t、t_0 时析出相的平均数目密度；φ_{eq} 为析出相的体积分数。通常情况下，随时效时间的增加，析出相的尺寸增大而数目密度减小。对实验数据进行线性拟合可以得到粗化速率常数 K 的值。

图 4-7 为一些合金粗化速率与时效温度的关系图。

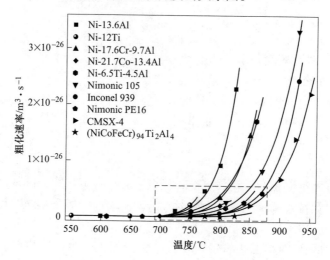

图 4-7　合金粗化速率随时效温度的变化[29]

对于扩散控制的粗化过程，高熵合金中扩散速度最慢的元素将限制粗化速率。假设元素 i 是合金中扩散最慢的元素，则 PV 模型中粗化速率常数 K 可以表示为：

$$K = \frac{8V_m\sigma D_i c_i^M(1-c_i^M)}{9RT(c_i^P - c_i^M)^2} \tag{4-30}$$

式中，D_i 为元素 i 在基体中的扩散速率；V_m 为析出相的摩尔体积；σ 为析出相与基体之间的界面能；c_i^M、c_i^P 分别为基体和沉淀中元素 i 的平衡成分（摩尔分数）。

元素 i 在基体中的扩散率可以用 Arrhenius 方程表示：

$$D_i = D_{i,0}\exp\left(\frac{-Q_i}{RT}\right) \tag{4-31}$$

式中，$D_{i,0}$ 是元素 i 的指数前因子；Q_i 为元素 i 在基体中的扩散激活能；R 为气体常数；T 为温度。

将式（4-31）代入式（4-30）中，可以得到下面的表达式：

$$K = \frac{8V_m\sigma D_{i,0}c_i^M(1-c_i^M)}{9RT(c_i^P - c_i^M)^2}\exp\left(\frac{-Q_i}{RT}\right) \tag{4-32}$$

对式（4-32）两边取对数，可以得到：

$$\ln\left[\frac{KT(c_i^P - c_i^M)^2}{V_m\sigma D_{i,0}c_i^M(1-c_i^M)}\right] = \text{constant} - \frac{Q_i}{RT} \tag{4-33}$$

c_i^M、c_i^P、σ、V_m 与温度的关系不大因此可以假定为常数，从 $\ln(K \cdot T)$ 与 $\dfrac{1}{T}$ 的 Arrhenius 图的斜率可以得到元素 i 在基体中的扩散激活能 Q_i。较大的扩散激活能有利于延缓沉淀的粗化，因此具有高扩散激活能的高熵合金中析出相具有良好的热稳定性，从而获得优异的高温性能。

表 4-1 为各种高温合金和高熵合金的扩散激活能。

表 4-1　各种高温合金和高熵合金的扩散激活能

合　　金	测试方法	$Q_i/\text{kJ} \cdot \text{mol}^{-1}$	参考文献
Ni 在 ($NiCoFeCr$)$_{92}Al_8$	扩散偶	227	[35]
Al 在 Co/Co-6Al	扩散偶	281.1±7.9	[36]
($NiCoFeCr$)$_{94}Ti_2Al_4$	沉淀粗化	276	[29]
CMSX-2	沉淀粗化	260	[37]
CMSX-4	沉淀粗化	272	[38]
Udimet 700	沉淀粗化	270	[39]
Nimonic 80A	沉淀粗化	274	[40]
Nimonic PE16	沉淀粗化	280	[41]
Inconel 738	沉淀粗化	269	[42]
Inconel 939	沉淀粗化	266	[40]

4.2.7　高熵合金纳米析出强化的分类

根据高熵合金中纳米析出相与基体间是否共格的关系，可以将合金的纳米析出强化分为纳米共格析出强化和纳米非共格析出强化。

4.2.7.1　高熵合金中的纳米共格析出强化

香港城市大学刘锦川院士课题组的 Yang 等人[43]基于 ($FeCoNi$)$_{86}Al_7Ti_7$ 和 ($FeCoNi$)$_{86}Al_8Ti_6$ 中熵合金，通过固溶和时效处理控制相的有序化转变和元素的配分，在中熵合金中获得了多组元纳米共格金属间化合物第二相来强化合金。通过微量添加 7 个 Al 和 Ti 原子，在 FeCoNi 中引入了高密度纳米 ($Ni_{43.3}Co_{23.7}Fe_8$)$_3$ ($Ti_{14.4}Al_{8.6}Fe_2$)-$L1_2$ 金属间化合物相，制备了均匀分布的整体"FCC+$L1_2$"双相组织。其中，部分 Fe 和 Co 原子进入 $L1_2$ 相有助于提高 $L1_2$ 金属间化合物相的延展性，同时添加 Ti 可以降低 $L1_2$ 相中 Al 的含量达到降低金属化合物脆性的效果。从图 4-8 扫描电子图像可以观察到，基体晶粒平均尺寸为 40~50μm，基体中均匀分布着尺寸为 30～50μm 的第二相颗粒。并且，通过高分辨率透射电镜选区电子衍射（SAED）及快速傅里叶变换观察到纳米第二相与母相之间保持共格关系。众所周知，合金的显微组织决定了其力学性能。如图 4-8（e）所示，多组元纳米金属间化合物强化中熵合金比基体合金的屈服强度提高了至少 5 倍，达到 1000MPa，极限抗拉强度达到 1500MPa 以上，同时伸长率高达 50%。这表明高密度共格纳米第二相强化高熵合金的同时可以兼顾塑性。

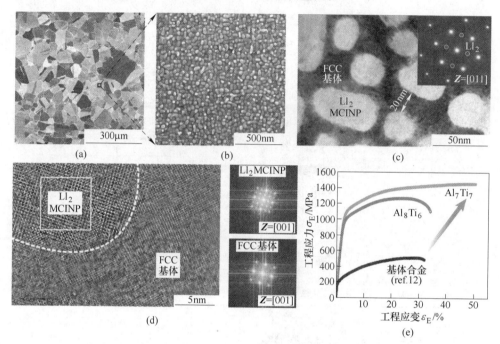

图 4-8　（FeCoNi）$_{86}$Al$_7$Ti$_7$ 中熵合金的扫描电子图像（a），
（FeCoNi）$_{86}$Al$_7$Ti$_7$ 中熵合金的放大扫描电子图（b），（FeCoNi）$_{86}$Al$_7$Ti$_7$ 中熵合金的
透射电子图像及衍射花样（c），高分辨透射电子图像及衍射花样（d）和
（FeCoNi）$_{86}$Al$_7$Ti$_7$ 中熵合金的工程应力-应变曲线（e）

在等组元二元到五元面心立方合金中，NiCoCr 中熵合金具有相对更高的晶格摩擦力，因此在同等晶粒尺寸下其屈服应力高于其他的面心立方结构合金，达到了 489MPa[44]。Zhao 等人[45]在 NiCoCr 合金中微量添加 3% 的 Al 和 Ti 原子，并通过时效处理获得了具有层片状和颗粒状（NiCoCr）$_3$（TiAl）-L1$_2$ 析出相的非匀质中熵合金。与单相 NiCoCr 合金相比，纳米共格析出强化中熵合金的屈服强度和拉伸强度达到了 750MPa 和 1300MPa，分别提高了 70% 和 44%，同时还保持了 40% 以上的拉伸伸长率。通过采用透射电镜分析了该合金的微观变形机理。在单相 NiCoCr 中熵合金，变形方式以形变孪生为主；而在析出强化的中熵合金中，高密

度的堆积层错则占据了主导地位，这是由于在低层错能的中熵合金中，由于析出相间接使母相晶粒尺寸减小使孪生临界应力增加，并且层错可以切过塑性第二相颗粒。在初始应变阶段，基体合金与析出强化合金中的平面位错和层错都被激活；在高应变阶段，析出合金中的层错作为一种补充变形机制被激活。因此，能否激活孪生并不是由堆垛层错能单方面决定的，它还依赖于位错源的大小。

除了同时添加 Ti 和 Al 可以析出共格第二相之外，单独加入 Ti 元素或者 Al 元素也可以促使共格第二相析出。Zhang 等人[46]将均匀化处理后的 CoCrFeNiTi$_{0.2}$ 合金中率先进行冷轧，然后在 800℃ 时效 3 ~ 48h，析出了富（Ni, Co）$_3$Ti 的 L1$_2$ 相，析出相将合金的抗拉强度提高到了 1200MPa，并且保持 20% 的拉伸伸长率。随后，根据析出相的平均晶粒大小与体积分数利用 Philip 和 Voorhees（PV）模型对该合金的塑性进行了预测。另外，Ma 等人[47]在 Al$_3$（NiCoFeCr）$_{14}$ 体心立方高熵合金中，发现纳米结构的有序 B2 相始终与 BCC 相保持高共格度，在 B2 相中富集了更多地 Ni-Al 元素，而在 BCC 相中则富集了更多的 Co-Cr-Fe 元素。但由于 Al$_3$（NiCoFeCr）$_{14}$ 合金的基体相为 BCC 相，加之析出大量共格的 B2 相，使该合金的拉伸塑性较低，但是其压缩强度很高，压缩屈服强度达到 1399MPa。

4.2.7.2 高熵合金中的纳米非共格析出强化

通常研究认为，非共格第二相与基体错配度大，因此引起的弹性应变较大，在拉伸过程中容易引起应力集中，导致断裂。但是晶界析出的第二相会抑制母相晶粒的长大，利于形成细晶甚至超细晶组织。同时，第二相也可以与位错进行交互作用间接强化合金。

在析出型高熵合金中，多数情况下析出第二相与母相之间保持非共格关系，尤其是当第二相在晶界处析出时。Jiang 等人[48]在（FeCoNiCr）$_{89}$Ti$_6$Al$_5$ 高熵合金中，通过热机械加工（冷变形、完全再结晶和时效处理）引入高密度、细小共格的 L1$_2$（10.3nm±0.2nm）和晶界析出的非共格 L2$_1$（130.7nm±1.5nm）结构的 Ni$_2$AlTi 金属间化合物相。在这种双相析出强化的合金中，合金的性能提升至屈服强度 1136MPa、抗拉强度 1597MPa、伸长率为 25.3%。通过理论计算估计 L1$_2$ 相对强度的贡献为 274.5MPa，而 L2$_1$ 相对强度的贡献达到 487.5MPa，表明结晶析出型第二相对合金的力学性能起了重要贡献。另外，对 Al$_{0.3}$CoCrFeNi 高熵合金通过适当的热机械处理可以得到具有良好室温强度和延展性的合金[49]。在 Al$_{0.3}$CoCrFeNi 高熵合金再结晶过程中，晶界析出型 B2 沉淀相有效地抑制了基体晶粒长大，形成超细晶粒的微观组织。随着再结晶退火温度增加到 1100℃，B2 相会重新固溶进基体，形成单相粗晶组织。

甚至在 CoCrFeMnNi 高熵合金中，通过低温 500 ~ 800℃ 长时间退火也可以在晶界析出富 Cr 的 BCC 相和 σ 相[50]。图 4-9 为冷轧 CoCrFeMnNi 高熵合金在不同温度退火后的显微组织图片。如图 4-9 所示，在 700℃退火 1h 后，晶界处析出了富 Cr 的 σ 相，晶粒内部析出了 BCC 相。随着提高退火温度提高到 800℃，晶界明显地析出亮白色的 σ 相。当降低温度至 600℃并延长退火时间后，BCC 相含量降低且 σ 相持续析出并长大。由于 σ 相的钉扎作用，使得 600℃退火后的样品依然保持细晶组织，所以退火后的合金依然保持了较高的强度。

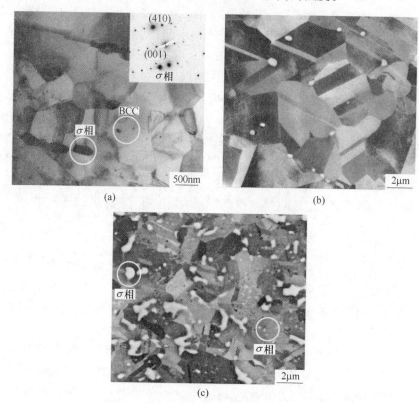

图 4-9　冷轧 CoCrFeMnNi 高熵合金在 700℃退火 1h 的透射电子照片（a），
冷轧 CoCrFeMnNi 高熵合金在 800℃退火 1h 的扫描电子图片（b）和
冷轧 CoCrFeMnNi 高熵合金在 600℃退火 10h 的扫描电子照片（c）

参 考 文 献

[1] Gleiter H. Nanocrystalline materials [J]. Materials Science & Engineering A, 1989, 40 (4): 41~64.

[2] Carlton C E, Ferreira P J. What is behind the inverse Hall-Petch effect in nanocrystalline materials? [J]. Acta Materialia, 2007, 55 (11): 3749~3756.

［3］ Kumar N, Tiwary C S, Biswas K. Preparation of nanocrystalline high-entropy alloys via cryomill-ing of cast ingots［J］. Journal of Materials Science, 2018, 53（19）: 13411~13423.

［4］ Shahmir H, He J, Lu Z, et al. Effect of annealing on mechanical properties of a nanocrystalline CoCrFeNiMn high-entropy alloy processed by high-pressure torsion［J］. Materials Science and Engineering a-Structural Materials Properties Microstructure and Processing, 2016, 676: 294~303.

［5］ Liao W, Lan S, Gao L, et al. Nanocrystalline high-entropy alloy（CoCrFeNiAl$_{0.3}$）thin-film coating by magnetron sputtering［J］. 2017: S0040609017305862.

［6］ Hall O E. The deformation and ageing of mild steel: III discussion of results［J］. Proceedings of the physical society section B, 1951, 643（9）: 747~752.

［7］ Luo J, Wang Z R. On the physical meaning of the Hall-Petch constant［J］. Advanced Materials Research, 2007, 15~17: 643~648.

［8］ Zhou X, Feng Z, Zhu L, et al. High-pressure strengthening in ultrafine-grained metals［J］. Na-ture, 2020, 579: 67~72.

［9］ Hu J, Shi Y N, Sauvage X, et al. Grain boundary stability governs hardening and softening in ex-tremely fine nanograined metals［J］. Science Foundation in China, 2017, 355（2）: 1292.

［10］ Haché M J R, Cheng C, Zou Y, et al. Nanostructured high-entropy materials［J］. Journal of Materials Research, 2020: 1~25.

［11］ Yang L J. Wear coefficient equation for aluminium-based matrix composites against steel disc［J］. Wear, 2003, 255（1~6）: 579~592.

［12］ Shang C, Axinte E, Sun J, et al. CoCrFeNi（W1-xMox）high-entropy alloy coatings with excel-lent mechanical properties and corrosion resistance prepared by mechanical alloying and hot pressing sintering［J］. Materials & Design, 2017, 117: 193~202.

［13］ Qiu Y, Thomas S, Gibson M A, et al. Corrosion of high-entropy alloys［J］. npj Materials Deg-radation, 2017, 1（1）: 15.

［14］ Shi Y, Collins L, Feng R, et al. Homogenization of Al CoCrFeNi high-entropy alloys with im-proved corrosion resistance［J］. Corrosion Science, 2018, 133: 120~131.

［15］ Yao C Z, Zhang P, Liu M, et al. Electrochemical preparation and magnetic study of Bi-Fe-Co-Ni-Mn high-entropy alloy［J］. Electrochimica Acta, 2008, 53（28）: 8359~8365.

［16］ Gottstein G. Grain boundary migration in metals: thermodynamics, kinetics, applications［M］. CRC Press, 2010.

［17］ Porter D A, Easterling K E, Sherif M J R, et al. Phase transformations in metals and alloys［M］. 2nd edition, Chapman & Hall, 1992.

［18］ Weissmullers. Alloy effects in nanostructures［J］. Nanostructured Materials, 1993, 3（1~6）: 261~272.

［19］ Burke J E, Turnbull D. Recrystallization and grain growth［J］. Progress in Metal Physics, 1952, 3: 220~292.

［20］ Gill E K, Morrison J A. Kinetics of Solids［J］. Annual Review of Physical Chemistry, 1963, 14（1）: 205~228.

[21] Chang Y J, Yeh A C. The formation of cellular precipitate and its effect on the tensile properties of a precipitation strengthened high-entropy alloy [J]. Materials Chemistry and Physics, 2017: S0254058417307587.

[22] Williams D B, Butler E P. Grain Boundary Discontinuous Precipitation Reactions [J]. Metallurgical Reviews, 1981, 26 (1): 153~183.

[23] Fan L, Yang T, Luan J H, et al. Control of discontinuous and continuous precipitation of γ-strengthened high-entropy alloys through nanoscale Nb segregation and partitioning [J]. Journal of Alloys and Compouuds, 2020, 832: 154903.

[24] Peng S, Wei Y, Gao H. Nanoscale precipitates as sustainable dislocation sources for enhanced ductility and high strength [J]. Proceedings of the National Academy of Sciences of the United States of America, 2020, 117 (10): 5204~5209.

[25] He J Y, Wang H, Huang H L, et al. A precipitation-hardened high-entropy alloy with outstanding tensile properties [J]. Acta Materialia, 2016, 102: 187~196.

[26] Ardell A J. Precipitation hardening [J]. Metallurgical Transactions A, 1985.

[27] Brown L M, Ham R K. Dislocation-particle interactions, in Strengthening Methods [J]. Crystals, 1971.

[28] Kamara A B, et al. Lattice misfits in four binary Ni-Base γ/γ1 alloys at ambient and elevated temperatures [J]. Metallurgical & Materials Transactions A, 1996.

[29] Zhao Y Y, Chen H W, Lu Z P, et al. Thermal stability and coarsening of coherent particles in a precipitation-hardened (NiCoFeCr)$_{94}$Ti$_2$Al$_4$ high-entropy alloy [J]. Acta Materialia, 2018, 147: 184~194.

[30] Courtney T. Mechanical Behavior of Materials [M]. McGraw-Hill, 2004.

[31] Fleischer R L. Substitutional solution hardening [J]. Acta Metallurgica, 1963, 11 (3): 203~209.

[32] Thompson M E, Su C S. The equilibrium shape of a misfitting precipitate [J]. Acta Metallurgica Et Materialia, 1994, 42 (6): 2107~2122.

[33] Lifshitz I M, Slyozov V V. The kinetics of precipitation from supersaturated solid solutions [J]. Journal of Physics & Chemistry of Solids, 1961, 19 (1~2): 35~50.

[34] Philippe T, Voorhees P W. Ostwald ripening in multicomponent alloys [J]. Acta Materialia, 2013, 61 (11): 4237~4244.

[35] Dabrowa, Juliusz, Kucza, et al. Interdiffusion in the FCC-structured Al-Co-Cr-Fe-Ni high-entropy alloys: experimental studies and numerical simulations [J]. Journal of Alloys & Compounds An Interdiseiplinary Journal of Materials Science & Solid State Chemistry & Physics, 2016.

[36] Neumeier S, Rehman H U, Neuner J, et al. Diffusion of solutes in fcc Cobalt investigated by diffusion couples and first principles kinetic Monte Carlo [J]. Acta Materialia, 2016, 106: 304~312.

[37] Ges A M, Fornaro O, Palacio H A, et al. Coarsening behaviour of a Ni-base superalloy under different heat treatment conditions [J]. Materials Science & Engineering A, 2007, 458 (1~

2）: 96~100.

［38］ Lapin J, Gebura M, Pelachova T, et al. Coarsening kinetics of cyboidal γ precipitates in single crystal nickel base superalloy CMSX-4 ［J］. Kovove Materialy, 2008, 46 (6): 313~322.

［39］ Molen E H V D, Oblak J M, Kriege O H, et al. Control of γ′ particle size and volume fraction in the high temperature superalloy Udimet 700 ［J］. Metallurgical Transactions, 1971, 2 (6): 1627~1633.

［40］ Footner P K, Richards B P. Long-term growth of superalloy γ′ particles ［J］. Journal of Materials Science, 1982.

［41］ Rao K B S, Seetharaman V, Mannan S L, et al. Effect of long-term exposure at elevated temperatures on the structure and properties of a nimonic PE16 superalloy ［J］. Materials Science & Engineering, 1983, 58 (1): 93~106.

［42］ Stevens R A, Flewitt P E J. Engineering. The effects of γ′ precipitate coarsening during isothermal aging and creep of the nickel-base superalloy IN-738 ［J］. Materials Science & Engineering, 1979, 37 (3): 237~247.

［43］ Yang T, Zhao Y L, Tong Y, et al. Multicomponent intermetallic nanoparticles and superb mechanical behaviors of complex alloys ［J］. Science, 2018, 362: 933~937.

［44］ Wu Z, Bei H, Pharr G M, et al. Temperature dependence of the mechanical properties of equiatomic solid solution alloys with face-centered cubic crystal structures ［J］. Acta Materialia, 2014, 81: 428~441.

［45］ Zhao Y L, Yang T, Tong Y, et al. Heterogeneous precipitation behavior and stacking-fault-mediated deformation in a CoCrNi-based medium-entropy alloy ［J］. Acta Materialia, 2017, 138: 72~82.

［46］ Zhang H, Liu P, Hou J, et al. Prediction of strength and ductility in partially recrystallized CoCrFeNiTi$_{0.2}$ high-entropy alloy ［J］. Entropy, 2019, 21 (4): 389.

［47］ Ma Y, Wang Q, Jiang B B, et al. Controlled formation of coherent cuboidal nanoprecipitates in body-centered cubic high-entropy alloys based on Al$_2$(Ni, Co, Fe, Cr)$_{14}$ compositions ［J］. Acta Materialia, 2018, 147: 213~225.

［48］ Qi Y, Wu Y, Cao T, et al. L$_{21}$-strengthened face-centered cubic high-entropy alloy with high strength and ductility ［J］. Materials Science and Engineering: A, 2020, 797: 140056.

［49］ Yasuda H Y, Miyamoto H, Cho K, et al. Formation of ultrafine-grained microstructure in Al$_{0.3}$CoCrFeNi high entropy alloys with grain boundary precipitates ［J］. Materials Letters, 2017, 199: 120~123.

［50］ Klimova M V, Shaysultanov D G, Zherebtsov S V, et al. Effect of second phase particles on mechanical properties and grain growth in a CoCrFeMnNi high-entropy alloy ［J］. Materials Science and Engineering: A, 2019, 748: 228~235.

5 共晶高熵合金

共晶高熵合金是高熵合金的一大分支，定义为具有共晶组织的多组元合金。共晶高熵合金的设计初衷旨在解决大尺寸高熵合金铸造性能差的缺点。此外，通过合理的元素选择，可设计出具有不同相组成与力学性能的共晶高熵合金。鉴于此，共晶高熵合金的概念亦可用于面心立方高熵合金的强化。FCC 相具有高塑性和低强度，通过选取强度较高的 M 相，设计出 FCC+M 相的双相共晶高熵合金，即可兼具高强度和高塑性。

共晶高熵合金自提出以来受到了国内外学者的高度重视和广泛研究。国内的大连理工大学、西北工业大学、哈尔滨工业大学、太原理工大学以及国外的印度理工学院、北得克萨斯州大学等研究机构在共晶高熵合金领域开展了大量的研究工作。共晶高熵合金的研究主要集中在设计方法、组织结构、力学性能及强化机制等方面。本章将分别给出介绍。

5.1 设计方法

简单二元共晶合金的组织研究可通过实验测定或理论计算来实现，但对于组元数目大于 4 的高熵合金，由于实验工作量太大，传统的方法已不奏效，寻找共晶点成分必须提出新的设计方法。下面介绍几种实际可行的设计方法。

5.1.1 相图计算法

相图是研究合金凝固过程中相变以及平衡态组织的有效手段，为了简化计算，目前对高熵合金相图的计算均以某一种元素为变量，以剩余元素为不变量，计算所得的相图称为伪二元相图，如 Al-CoFeNi、Al-CoCrFeNi、Al-Co$_2$CrFeNi、Al-CoCr$_2$FeNi、Al-CoCrFe$_2$Ni、Al-CoCrFeNi$_2$、CoCrFeNi-Mo、Cr-MoNbTaVW 等[1~3]。为获得准确有效的伪二元相图，作为不变量的几种元素往往具有相似化学性质，可形成简单固溶体相。

图 5-1 是利用 Thermo-Calc 软件计算的 CoCrFeNi-Nb 合金系的伪二元共晶相图[4]，共晶组织由 FCC 结构相和 Laves 相组成，共晶点成分约为 CoCrFeNiNb$_{0.4}$。通过实验证实该合金系确为共晶体系，且测得共晶点成分为 CoCrFeNiNb$_{0.65}$。计算结果和试验结果的偏差主要来源于高熵合金不完善的热力学参数，尽管如此，相图计算法仍不失为寻找共晶高熵合金体系的有效方法。

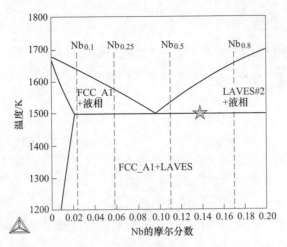

图 5-1 CoCrFeNiNb$_x$的伪二元相图[4]

5.1.2 混合焓法

将已知共晶高熵合金中某一关键元素替换为另一元素，即可得到另一种共晶高熵合金，替换元素的含量可通过二元混合焓来粗略估计，再通过少量试验即可获得共晶点准确成分[5]。

以研究最为广泛的 AlCoCrFeNi$_{2.1}$ 共晶高熵合金为例，合金由 FCC 相（富含Co、Cr、Fe）和 NiAl 金属间化合物相（富含 Ni、Al）组成，其中 Ni-Al 具有最负的混合焓，因而亲和力最高，显然，Al 元素是该合金中的关键元素。此时选取 Al 元素的替换元素 M，若 Ni-M 混合焓值均最负，可形成金属间化合物相，则M$_x$CoCrFeNi$_{2.1}$合金为 FCC 相+Ni-M 化合物的共晶高熵合金，M 元素的含量与 Zr-M的混合焓值成反比，计算公式如下：

$$\frac{C_{\mathrm{M}}}{C_{\mathrm{Al}}} = \frac{\Delta H_{\mathrm{mix}}^{\mathrm{NiM}}}{\Delta H_{\mathrm{mix}}^{\mathrm{NiAl}}} \tag{5-1}$$

式中，C_{M}、C_{Al}分别为 M 元素和 Al 元素的含量；$\Delta H_{\mathrm{mix}}^{\mathrm{NiM}}$ 和 $\Delta H_{\mathrm{mix}}^{\mathrm{NiAl}}$ 分别为 Ni-M 和Ni-Al 的混合焓值。

利用该方法设计出的四种共晶高熵合金为 Zr$_{0.45}$CoCrFeNi$_{2.1}$、Nb$_{0.73}$AlCoCrFeNi$_{2.1}$、Hf$_{0.52}$CoCrFeNi$_{2.1}$、Ta$_{0.76}$CoCrFeNi$_{2.1}$。为方便计算，简化为 Zr$_{0.45}$CoCrFeNi$_2$、Nb$_{0.73}$Al-CoCrFeNi$_2$、Hf$_{0.52}$CoCrFeNi$_2$、Ta$_{0.76}$CoCrFeNi$_2$。通过简单的试错实验，得到的共晶点成分分别为 Zr$_{0.6}$CoCrFeNi$_2$、Nb$_{0.74}$AlCoCrFeNi$_2$、Hf$_{0.55}$CoCrFeNi$_2$ 和 Ta$_{0.65}$CoCrFeNi$_2$。实验结果和理论预测结果十分接近，表明利用该方法预测共晶高熵合金具有很高的可靠性。

5.1.3　混合法

若元素性质接近的几种元素 A、B、C、D（两两之间混合焓接近 0）均可分别与元素 M 形成二元共晶体系，则可能形成（ABCD）-M 伪二元共晶高熵合金体系[6]。

基于该方法设计的共晶高熵合金有 $CoCrFeNiNb_{0.6}$、$CoCrFeNiTa_{0.47}$、$CoCrFeNiZr_{0.51}$ 和 $CoCrFeNiHf_{0.49}$。经过试错法获得的准确共晶点成分为 $CoCrFeNiNb_{0.45}$、$CoCrFeNiTa_{0.4}$、$CoCrFeNiZr_{0.55}$ 和 $CoCrFeNiHf_{0.4}$。该方法计算结果与实验结果较为接近，其缺点是很难找到所有二元子集合金均为共晶反应的合金系，这无疑降低了其应用价值。

此外，研究发现，即使寻找到对应的几组二元共晶体系，如果各二元共晶体系组成相的晶体结构差异较大，也很难获得对应的共晶高熵合金，因此，各二元共晶组成相的晶体结构也是需要考虑的因素。

5.1.4　伪二元法

伪二元法[7]的提出是基于对"组元（Component）"这一概念的重新认识，组元是组成合金的独立单元。二元或三元合金系较为简单，对其研究往往将元素作为组元，但是在陶瓷体系中，通常将化合物看作组元。此外，稳定化合物亦可被看作组元，如 Ni-Al-Cr(Ni-Al-Fe) 三元体系常将 NiAl 相和 Cr(Fe) 作为组元绘制伪二元相图[8,9]。在高熵合金的前期研究中，往往将多组元固溶体相作为组元来看待，并基于此构建了多个伪二元高熵合金体系[1~3]。因此，为了简化多组元高熵合金的成分设计，稳定化合物和稳定固溶体相均可被看作组元，基于这种设计思想，便可从相的角度来设计伪二元高熵合金。这里我们拟设计包含 FCC 相和金属间化合物（IMC）相的双相共晶高熵合金，其中 FCC 相的选择是为了保证合金塑性而 IMC 相的选择是为了保证合金强度。从混合率的角度出发，这样的双相合金具有优异的综合力学性能。具体方法分两个步骤。

（1）构建简单伪二元体系。选取一种稳定的 FCC 固溶体相以及一种稳定的 IMC 相，并将其等摩尔比混合。稳定 FCC 相是指固相点以下不发生元素偏聚或相转变的固溶体，而稳定 IMC 相则是指具有一定熔点，且在熔点以下保持结构稳定而不发生分解的化合物。其中 IMC 相的选择是为了保证合金的强度，而等摩尔比混合更易获得部分或全部的共晶组织。此外，在该合金系所有的二元组合中，该 IMC 相必须具有最负的混合焓，以防止其他 IMC 相的生成。如此，该合金系就可被近似看成简单的伪二元体系。设计示意图如图 5-2 所示。

（2）构建伪二元共晶体系。简单二元体系主要包括匀晶体系、共晶体系、包晶体系等。考虑到 FCC 相和 IMC 相的晶体结构差异，以及组成元素在原子半径、电负性、价电子浓度等方面的巨大差异，FCC-IMC 伪二元体系不可能形成匀

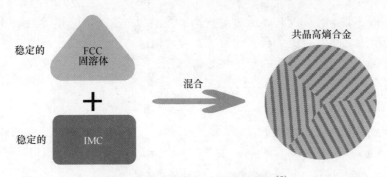

图 5-2　共晶高熵合金设计示意图[7]

晶体系。二元包晶体系和二元共晶体系的最主要区别在于两组元的熔点差，且包晶体系中两组元熔点相差较大。统计发现，超过 80% 的二元共晶体系中两相熔点差在 500℃ 以内。因此，只要合理选择 FCC 相和 IMC 相，使其熔点差保持在一定范围内，即可避免形成包晶体系，从而得到伪二元共晶体系。

基于该方法选取 7 种 FCC 固溶体相：CoCrFeNi、CoCrNi、CoFeNi、CrFeNi、$CoCrFeNi_2$、$Co_2CrFeNi$ 和 $CoCrFe_2Ni$，选择 NiAl 相作为 IMC 相，共设计出 7 种近共晶高熵合金：$AlCoCrFeNi_2$、$AlCoCrNi_2$、$AlCoFeNi_2$、$AlCrFeNi_2$、$AlCoCrFeNi_3$、$AlCo_2CrFeNi_2$ 和 $AlCoCrFe_2Ni_2$。通过试错法得到的共晶高熵合金成分分别为：$AlCoCrFeNi_2$、$Al_{0.95}CoFeNi_{2.05}$、$Al_{0.8}CrFeNi_{2.2}$、$Al_{0.9}CoCrNi_{2.1}$、$Al_{1.19}CoCrFeNi_{2.81}$、$Al_{1.19}Co_2CrFeNi_{1.81}$ 和 $Al_{1.19}CoCrFe_2Ni_{1.81}$。

5.1.5　机器学习法

所谓的机器学习就是赋予计算机人类获得知识或技能的能力，然后利用这些知识和技能解决我们所需要解决的问题的过程。

利用机器学习解决问题的过程为定义问题—数据收集—建立模型—评估—结果分析。就是针对某一特定问题，建立合适的数据库，将计算机和统计学等学科结合在一起，建立数学模型并不断进行评估修正，最后获得能够准确预测的模型。

图 5-3 是利用机器学习法寻找 Al-Co-Cr-Fe-Ni 系共晶高熵合金的示意图[10]。主要分三个步骤：

（1）结合文献结果以及相图计算软件，获得 Al-Co-Cr-Fe-Ni 系合金中成分和相组成的数据库；

（2）利用该数据库训练机器学习模型，使之预测共晶高熵合金；

（3）利用经过训练的机器学习模型分析每种元素对相形成的影响作用，并找出共晶反应形成的关键元素以及不同元素之间的关联。

为了确保训练的准确性，需建立庞大的数据库，选取其中的大部分数据作为训练数据，剩余部分可作为检测数据。学习模型常选择人工神经网络模型（Artificial Neural Network，ANN），通过对机器学习模型不断的训练和检测，可建立起成分和相组成之间的对应关系。此时，人为地给定一个合金成分，即可预测出对应的相组成。对于预测成功的新型共晶高熵合金，其数据亦可加入数据库中，用于完善现有的训练模型。

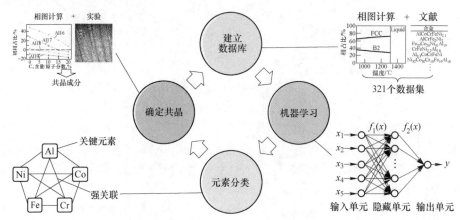

图 5-3　机器学习法设计共晶高熵合金示意图[10]

5.2　组织结构

共晶高熵合金大多为金属-金属间化合物型，且绝大多数共晶高熵合金均含有 FCC 相。从相组成及晶体结构来看，主要包括 FCC+B2、BCC+B2、FCC+Laves 三类，其中 Laves 相种类较多，主要包括六方 C14 结构以及立方 C15 结构相。目前已知共晶高熵合金铸态组织包括层片状和迷宫状[7, 11]，见图 5-4。层片状共晶高熵合金多由部分层片状规则共晶组织和部分非规则共晶组织组成，而迷宫状组织在传统的共晶合金中并不常见。表 5-1 列出了含 FCC 相共晶高熵合金的铸态显微组织及晶体结构。

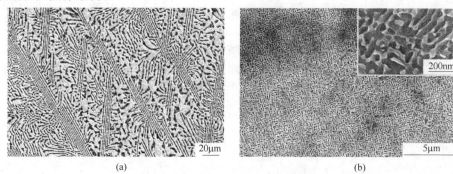

图 5-4　共晶高熵合金的典型组织[7, 11]

（a）层片组织；（b）迷宫组织

表 5-1 已知共晶高熵合金组织及晶体结构

合 金	组织	晶体结构	参考文献
$AlCoCrFeNi_{2.1}$	层片组织	FCC+B2	[11]
$Al_{0.9}CoCrNi_{2.1}$	层片组织	FCC+B2	[12]
$Al_{0.8}CrFeNi_{2.2}$	层片组织	FCC+B2	[13]
$Al_{0.95}CoFeNi_{2.05}$	层片组织	FCC+B2	[14]
$Al_{1.19}CoCrFeNi_{2.81}$	层片组织	FCC+B2	[7]
$Al_{1.19}Co_2CrFeNi_{1.81}$	层片组织	FCC+B2	[7]
$Al_{1.19}CoCrFe_2Ni_{1.81}$	迷宫	FCC+B2	[7]
$CoCrFeNi_2Zr_{0.6}$	层片组织	$FCC+Ni_7Zr_2$	[5]
$CoCrFeNb_{0.74}Ni_2$	层片组织	$FCC+(Co,Ni)_2Nb$	[5]
$CoCrFeHf_{0.55}Ni_2$	层片组织	$FCC+Ni_7Hf_2$	[5]
$CoCrFeNi_2Ta_{0.65}$	层片组织	$FCC+(Co,Ni)_2Ta$	[5]
$CoCrFeNb_{0.65}Ni$	层片组织	FCC+Laves(CoCrNb)	[4]
$CoCrFeMnNiPd$	层片组织	$FCC+Mn_7Pd_9$	[15]
$CoFeNb_{0.75}Ni_2V_{0.5}$	层片组织	$FCC+Laves(Fe_2Nb)$	[16]
$CoCrFeNiNb_{0.45}$	层片组织	FCC+Laves(C14)	[17]
$CoCrFeNiTa_{0.4}$	层片组织	FCC+Laves(C14)	[17]
$CoCrFeNiZr_{0.55}$	层片组织	FCC+Laves(C15)	[17]
$CoCrFeNiHf_{0.4}$	层片组织	FCC+Laves(C15)	[17]
$CoCrFeNiTa_{0.395}$	层片组织	FCC+Laves	[18]
$CoCrFeNiZr_{0.5}$	迷宫	FCC+Laves(C15)	[19]
$CoFeMo_{0.6}NiV$	层片组织	$FCC+CoMo_2Ni$	[20]
$CoFeMoNi_{1.4}V$	层片组织	$FCC+Co_2Mo_3$	[20]
$Co_2Mo_{0.8}Ni_2VW_{0.8}$	层片组织	$FCC+\mu(Co_7Mo_6)$	[21]
$Al_{1.2}CrCuFeNi_2$	迷宫	FCC+B2	[22]
$AlCrFeNi_3$	层片组织	FCC+B2	[23]
$AlCo_{0.2}CrFeNi_{2.8}$	层片组织	FCC+B2	[23]
$AlCo_{0.4}CrFeNi_{2.6}$	层片组织	FCC+B2	[23]
$AlCo_{0.26}CrFeNi_{2.4}$	层片组织	FCC+B2	[23]
$AlCo_{0.28}CrFeNi_{2.2}$	层片组织	FCC+B2	[23]
$Ni_{32}Co_{30}Fe_{10}Cr_{10}Al_{18}$	层片组织	FCC+B2	[10, 24]
$Co_{25.1}Cr_{18.8}Fe_{23.3}Ni_{22.6}Ta_{8.5}Al_{1.7}$	层片组织	FCC+Laves(C14)	[25]

共晶合金的凝固组织往往受到多种因素的影响，包括合金成分、相组成和冷

却速度等。在合金成分一定的情况下，改变冷却速率可有效地调控共晶合金的微观组织。共晶组织的形成是扩散控制的形核长大过程。层片间距越小，组元的横向扩散越容易，越有利于共晶团的长大，但层片间距减小意味着层片数量的增多，使相界面积增大、体系能量升高。因此，一定冷却速度下共晶组织具有确定的层片间距。

共晶凝固时，结晶前沿的过冷度越大，则凝固速度 R 越快。层片间距 λ 与 R 的关系为：

$$\lambda = KR^{-n} \tag{5-2}$$

式中，K 为系数，对一般合金来说 $n = 0.4 \sim 0.5$。

可见，凝固速度越快，共晶合金的层片间距越小。层片间距的减小可提高共晶合金的强度，且强度与层片间距符合 Hall-Petch 关系。

气体雾化法的冷却速度为 $10^4 \sim 10^7 K/s$，利用该方法制备的 $Co_{25.1}Cr_{18.8}Fe_{23.3}Ni_{22.6}Ta_{8.5}Al_{1.7}$ 共晶高熵合金粉末仍具有层片组织，层片间距可达 50nm[25]。普通电弧熔炼铸锭的冷却速度约为 500K/s，制备的共晶高熵合金层片间距多在 500nm $\sim$ 5μm 之间。定向凝固法可用于制备柱状晶或单晶组织的共晶高熵合金，由于冷速较慢，合金的层片间距相对较大，可超过 5μm[26~28]。

5.3 力学性能与强化机制

共晶高熵合金的力学性能受其微观组织、晶体结构、相界面的共同影响。其中晶体结构的影响最为显著。

5.3.1 BCC+B2 结构共晶高熵合金

AlCrFeNi 合金是典型的 BCC+B2 结构共晶高熵合金，该合金具有优异的室温压缩性能但拉伸性能极差，几乎不能发生塑性变形，这主要归因于 BCC 和 B2 相滑移系匮乏而造成的大面积解理断裂[29]。

5.3.2 FCC+Laves 结构共晶高熵合金

Laves 相是拓扑密排相的一种，分子式为 AB_2，结构型有 3 种：$MgCu_2$ 立方结构、$MgZn_2$ 六方结构、$MgNi_2$ 六方结构。受限于上述晶体结构中匮乏的滑移系，Laves 相的室温脆性问题严重，断裂韧性很低，因而具有本征脆性。FCC+Laves 结构共晶高熵合金铸态下均为层片组织，尽管合金的塑性全部由 FCC 相来承担，但合金中的 FCC 相被 Laves 分隔开来，拉伸过程中的塑性变形不充分，相界面位错的塞积和应力集中使得裂纹提早萌生并扩展，因此该类合金的铸态拉伸性能很差，甚至无法加工出拉伸试样。由于压缩性能对裂纹不敏感，且 Laves 往往具有高强度，因而该类合金的压缩性能较为优异，断裂强度在 2000 $\sim$ 2500MPa 之间，伸长率 20%~30%。

尽管室温塑性极差，高温下的 FCC+Laves 结构共晶高熵合金可表现出一定的塑性。此外，粉末冶金工艺亦可有效改善该类合金的力学性能[25]。粉末冶金法制备共晶高熵合金的步骤如下：

（1）以高纯元素为原料，采用气体雾化法制备出对应的高熵合金粉末，该粉末具有和铸态合金相同的层片组织。由于该方法冷却速率极快，因此制备的共晶高熵合金层片间距可达数十纳米。

（2）筛选出一定直径范围内的合金粉末，并进行热挤压工艺，获得双相等轴晶组织。

对于同一成分的 FCC+Laves 结构共晶高熵合金，等轴晶组织比层片组织具有更为优异的塑性变形能力，主要是因为等轴晶组织中的软 FCC 相连为一体，拉伸过程中位错滑移距离较长，因而塑性变形能力较好。此外，高温下等轴晶粒可通过灵活的旋转降低界面处的应力集中，延缓界面裂纹的萌生，亦有助于合金塑性的提升。

5.3.3 FCC+B2 结构共晶高熵合金

目前已报道具有 FCC+B2 结构的共晶高熵合金已有 10 余种，均由 Al、Co、Cr、Fe、Mn、Ni 中的 4 种或 5 种元素组成。如大连理工大学提出的 $AlCoCrFeNi_{2.1}$ 合金以及哈尔滨工业大学提出的 $Al_{0.95}CoFeNi_{2.05}$、$Al_{0.8}CrFeNi_{2.2}$、$Al_{0.9}CoCrNi_{2.1}$、$Al_{1.19}CoCrFeNi_{2.81}$、$Al_{1.19}Co_2CrFeNi_{1.81}$、$Al_{1.19}CoCrFe_2Ni_{1.81}$ 合金等。相较于 BCC+B2 结构和 FCC+Laves 结构共晶高熵合金，FCC+B2 结构共晶高熵合金力学性能最为优异，其中铸态 $AlCoCrFeNi_{2.1}$ 合金除具有优异的室温拉伸性能外，在液氮温度和 700℃ 之间亦具有可观的力学性能，展现出宽温域内优异的力学性能[11, 30]。结合其优异的铸造性能，该类合金具有广阔的工业应用前景。

针对 $AlCoCrFeNi_{2.1}$ 合金强化机理的研究已有诸多报道，从断裂形式、原位拉伸、位错演化等多个角度揭示了该合金力学性能优异的本质。南京理工大学赵永好教授课题组[31]发现合金拉伸过程中发生了穿层片韧性断裂，并将其较好的拉伸塑性归因于低硬度 FCC 相和高硬度 B2 相的协同塑性变形，把合金的高强度归因于 B2 相中富 Cr 沉淀颗粒以及 FCC 相和 B2 相之间的半共格相界面。美国北德克萨斯州大学 Muskeri 等人[32]利用聚焦离子束技术，在相界面处切割出直径 2μm、高度 4μm 的微型圆柱，并对其进行单轴压缩实验，发现在较大的压缩应变下，两相均发生了一定的塑性变形，且相界面结合良好，无裂纹产生，表明两相可以协同塑性变形且相界面结合强度较高。浙江大学张泽教授课题组[33]则认为铸态 $AlCoCrFeNi_{2.1}$ 合金的优异的强塑性匹配主要来源于 FCC 相较好的塑性变形、应变硬化能力以及相界面对位错的有效阻碍。

　　除 $AlCoCrFeNi_{2.1}$ 共晶高熵合金外，FCC + B2 结构的 $Al_{0.95}CoFeNi_{2.05}$、$Al_{1.19}CoCrFeNi_{2.81}$、$Al_{1.19}Co_2CrFeNi_{1.81}$、$Al_{1.19}CoCrFe_2Ni_{1.81}$ 共晶高熵合金亦展现出优异的室温拉伸性能，如图5-5所示。通过调整上述几种合金中的 Al 元素含量，均能得到对应的共晶体系，且合金系的强度与塑性均表现出相互制约的倒置关系，其中共晶点成分合金具有优异的综合力学性能。因此，科研人员普遍认为优异的力学性能是FCC+B2结构共晶高熵合金的固有属性。

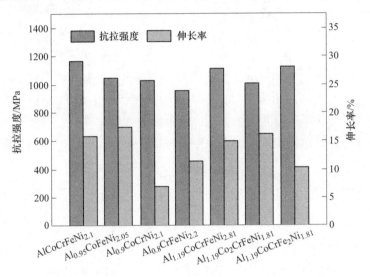

图 5-5　几种 FCC+B2 结构共晶高熵合金的力学性能对比

　　然而，$Al_{0.9}CoCrNi_{2.1}$ 共晶高熵合金的发现表明并非所有 FCC+B2 结构的共晶高熵合金均具有优异铸态力学性能。该合金的铸态拉伸伸长率仅为 6.9%，远低于其他几种共晶合金[12]。此外，美国北德克萨斯大学 Shukla 等人[34]研究发现，即便是力学性能最优的 $AlCoCrFeNi_{2.1}$ 共晶高熵合金，在某些凝固条件下伸长率也会大幅降低至 8%，远低于他人报道的 15%~18%。Shukla 将该合金塑性的降低归因于凝固条件和铸锭尺寸的不同，但其本质原因尚不可知。

　　通过对现有 FCC+B2 结构共晶高熵合金的对比分析，可发现该类合金具有相同的晶体结构、相近的元素组成、显微组织、相体积分数以及共晶层片厚度，表明上述因素并非造成合金力学性能差异的主要原因。断口分析表明，力学性能较差的 $Al_{0.9}CoCrNi_{2.1}$ 合金在拉伸过程中同时存在两种断裂形式：沿层片解理断裂和穿层片韧性断裂，两种断口区域分别占据整个断口面积的一半左右，如图 5-6 所示[12]。而力学性能优异的共晶高熵合金，如 $AlCoCrFeNi_{2.1}$ 合金与 $Al_{0.95}CoFeNi_{2.05}$ 合金等断裂形式均为穿层片韧性断裂[31]。显然，断裂形式的不同是造成合金力学性能差异的直接原因，且断裂形式的不同主要来源于相界面结构的不同。

图 5-6 $Al_{0.9}CoCrNi_{2.1}$共晶高熵合金的拉伸断口 SEM 照片[12]

对相界面结构的研究表明，$AlCoCrFeNi_{2.1}$ 和 $Al_{0.95}CoFeNi_{2.05}$ 合金的相界面为半共格界面，其晶体学位向关系均为：$[111]_{B2}$//$[011]_{L1_2}$ 和 $\{011\}_{B2}$//$\{111\}_{L1_2}$。该位向关系中 $L1_2$ 相与 B2 相的密排面和密排方向均平行，可有效降低位错穿越相界的阻力，促进两相的协同塑性变形，同时避免界面处过高的位错塞积和应力集中导致的界面裂纹。此外，该合金的相界面与两相密排面完全平行，因而具有最低的界面能和较好的界面结合强度。两种因素的共同作用使得合金具有优异的力学性能。

然而，力学性能较差的 $Al_{0.9}CoCrNi_{2.1}$共晶高熵合金中 FCC 相和 B2 相并不具备完美的位向关系，其晶体学位向关系为：$\{111\}_{L1_2}$//$\{110\}_{B2}$ 和 $[110]_{L1_2}$//$[001]_{B2}$，晶带轴有少量偏差。一般而言，共晶合金相邻两相具有特定的晶体学位向关系，该合金反常的位向关系的原因尚不清楚。但可以肯定的是，正是这种不完美的晶体学位向关系，降低了合金的相界面结合强度，并最终导致了沿层片解理断裂的发生。可见，在共晶高熵合金的研究过程中，除合金元素、晶体结构、相组成外，相界面结构也是需要考虑的重要因素。表 5-2 为部分共晶高熵合金中存在的多种相界面位向关系。即便对于同一晶体结构的共晶高熵合金，合金的相界面位向关系亦会有所不同，而影响其位向关系的本质原因及调控手段尚不清楚，值得深入研究。

表 5-2　部分共晶高熵合金中存在的多种相界面位向关系

共晶高熵合金	晶体结构	位 向 关 系	参考文献
$AlCoCrFeNi_{2.1}$	FCC+B2	$[111]_{B2}//[011]_{L1_2}$, $\{011\}_{B2}//\{111\}_{L1_2}$	[33]
$Al_{0.9}CoCrNi_{2.1}$	FCC+B2	$[001]_{B2}//[011]_{L1_2}$, $\{011\}_{B2}//\{111\}_{L1_2}$	[12]
$Al_{0.8}CrFeNi_{2.2}$	FCC+B2	$[011]_{B2}//[111]_{FCC}$, $\{111\}_{B2}//\{022\}_{FCC}$	[13]
$Al_{0.95}CoFeNi_{2.05}$	FCC+B2	$[111]_{B2}//[011]_{L1_2}$, $\{011\}_{B2}//\{111\}_{L1_2}$	[35]
$CoCrFeNiZr_{0.5}$	FCC+Laves(C15)	$[01\bar{1}]_{Laves}//[\bar{2}11]_{FCC}$, $(111)_{Laves}//(111)_{FCC}$	[19]
$CoCrFeNiTa_{0.395}$	FCC+Laves(C14)	$[1\bar{2}10]_{Laves}//[0\bar{1}1]_{FCC}$	[18]

5.4　热机械加工性能

如上所述，FCC+B2 结构的铸态共晶高熵合金具有优异的宽温域拉伸性能，可应用于铸造领域。此外，该类合金的力学性能可以通过热机械处理的方式进一步提高。

轧制+退火工艺是改善共晶高熵合金的常用手段。其中轧制包括室温轧制和液氮温度轧制，退火工艺包括等温退火和非等温退火。共晶高熵合金经过冷轧可在 FCC 相和 B2 相中同时引入高密度位错，通过位错强化方式提高合金的屈服强度，同时冷轧可显著碎化共晶层片引入更多相界面，通过界面强化的方式提高合金强度。通过控制冷轧下压量的大小可实现合金强塑性的有效调控。此外，冷轧后经过退火可降低位错密度以及变形应力，通过控制退火温度及时间可获得需要的力学性能。例如，$AlCoCrFeNi_{2.1}$ 共晶高熵合金经 90% 冷轧及 800℃ 退火 1h 后，形成了 FCC 相和 B2 相均匀分布的双相细晶组织，使得合金屈服强度提高至 1100MPa，接近铸态下的抗拉强度，此外还保有 12% 的拉伸伸长率[36]。图 5-7 为该合金热机械处理后的组织照片及拉伸曲线。

Shi 等人[37] 对 $AlCoCrFeNi_{2.1}$ 高熵合金进行冷轧及 500~600℃ 低温退火处理，制备了细晶双相板条结构的高熵合金。如图 5-8 所示，铸态组织经过热机械处理后形成了 FCC 和 B2 相交替分布的板条状结构。该结构将共晶高熵合金的屈服强度和抗拉强度分别提高到 1500MPa 和 1630MPa，而依然可以保持 16% 的拉伸伸长率。实现高强度的原因主要贡献来自两级约束效应和自生微裂纹抑制断裂机制的共同作用。从图 5-8（d）不同拉伸应变阶段的透射电镜照片可以发现，软 FCC 和硬 B2 相屈服之后，软 FCC 片层基体更容易开始塑性变形，而处于弹性阶

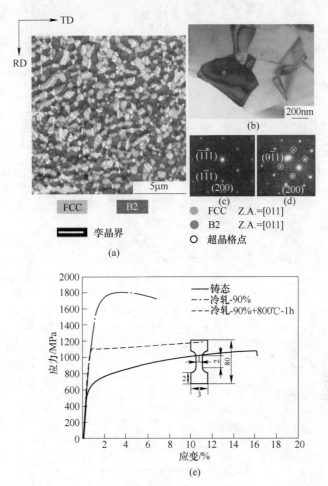

图 5-7 超细晶 AlCoCrFeNi$_{2.1}$共晶高熵合金的电子背散射衍射图像(EBSD)(a),
AlCoCrFeNi$_{2.1}$共晶高熵合金的透射电子图像(b),AlCoCrFeNi$_{2.1}$ FCC 相的衍射花样(c),
AlCoCrFeNi$_{2.1}$B2 相的衍射花样(d)和冷轧、铸态及退火态
AlCoCrFeNi$_{2.1}$共晶高熵合金的工程应力-应变曲线(e)

段的片层 B2 相限制了软 FCC 基体,使之不能发生塑性变形。当拉伸应变达到 13%后,软基体附近存在塑性应变梯度,这些应变梯度会在板条附近储存几何必 要位错,这就产生了背应力使得在 B2 相变形之前 FCC 相很难发生变形。另外, 在变形后期 B2 相板条中也产生了背应力,起到了双重强化作用。在断裂端附近 可以观察到均匀分布的微裂纹,在变形中,这种多重微裂纹可以有效削弱局部高 应力,通过小裂纹的合并抑制大裂纹的产生,从而减小了塑性不稳定性。

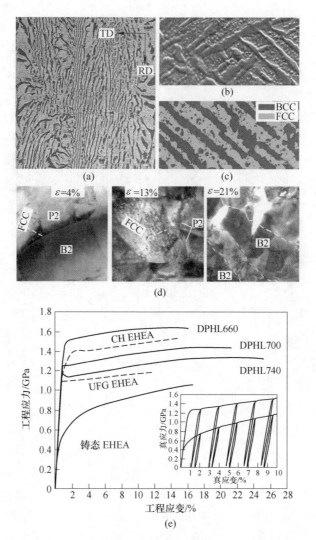

图 5-8　铸态 AlCoCrFeNi$_{2.1}$ 高熵合金的扫描电子图像(a),板条状双相合金的扫描
电子图像(b),板条状组织电子背散射图像(c),不同拉伸应变量的透射电子图像(d)和
双相异质板条高熵合金的工程应力-应变曲线(e)

　　通过控制退火工艺可制备出一种遗传铸态共晶层片的超细晶结构——双相异质层片结构,并同时提高共晶高熵合金的强度和塑性,该合金与其他合金的力学性能对比如图 5-9 所示[37]。

　　此外,对于部分相界面位向关系较差的共晶高熵合金,利用轧制和退火工艺,可破坏其原有的较差位向关系,抑制解理断裂的发生,进而提高合金塑性。而变形后得到的双相细小等轴晶组织亦可通过细晶强化的作用提升合金强度[12]。

因此，对于双相共晶高熵合金，热机械处理是改善其力学性能的有效手段。

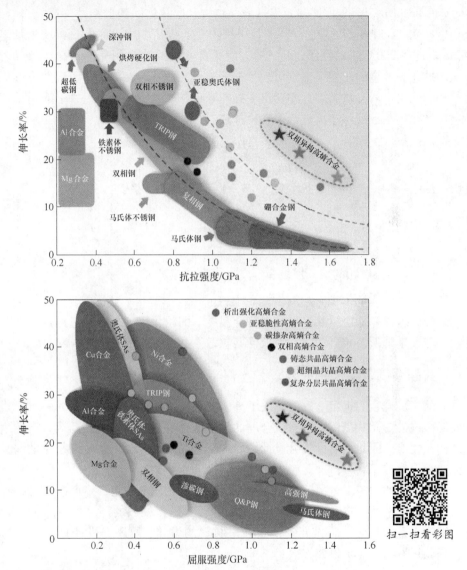

图 5-9 双相异构高熵合金和其他合金的力学性能对比[39]

5.5 高温组织稳定性

共晶复合材料的典型性能能维持多久，要看其组织能保留多久。部分共晶合金在达到 $0.99T_m$ 时仍保有相当高的组织稳定性，而有些共晶体在升温过程中会发生组织粗化或形态改变。高温下影响共晶体组织稳定性的因素主要包括温度和高温服役时间。

　　CoCrFeNiNb$_{0.65}$合金是具有 FCC+Laves 结构和层片组织的典型共晶高熵合金，该合金在 750℃退火 24h 后仍维持层片组织不变，只是层片间距从 250nm 增加至 440nm。而在 900℃退火后合金组织形态发生变化，层片组织完全球化。伴随着组织的球化，合金的压缩强度也出现了显著减低。此外，在 750℃下经过 100h 以上的长时间退火后，共晶层片亦会出现熔断和迁移现象。Graham 和 Kraft 对高温下层片共晶的断层迁移速度进行了理论描述[38]：

$$V = \frac{4D\bar{V}_\alpha\gamma C_\beta}{\lambda_\alpha^2 RT(C_\alpha - C_\beta)\ln(2\lambda/\lambda_\alpha)}$$ (5-3)

式中　　D——溶质元素的扩散系数；

　　　　γ——两相的界面张力；

　　C_α，C_β——α 相和 β 相中的溶质浓度（$C_\alpha > C_\beta$）；

　　　　λ——层片间距；

　　　　λ_α——富溶质相的层片厚度；

　　　　$\bar{V}_\alpha$——富溶质相的偏摩尔体积。

　　显然，若想降低层片共晶组织在特定温度下的粗化速度，可通过添加合金化元素等方式来降低两相界面能，降低元素扩散系数等方式来实现。

5.6　共晶高熵合金展望

　　共晶高熵合金的提出一方面解决了高熵合金铸造性能差的缺点，另一方面也扩展了传统的二元共晶体系，通过合理的元素选择可有效调控共晶高熵合金的组织结构和性能。因此，通过成分设计探寻全新共晶高熵合金体系是该领域的一大研究热点。

　　高熵合金的制备工艺包括感应熔炼、电弧熔炼、粉末冶金、定向凝固等，探究新型制备工艺对共晶高熵合金组织性能的影响是该领域的一个研究方向。此外，微量元素在相界、胞界处的偏聚会对材料的力学、物理等性能产生巨大影响，是该领域的另一个研究方向。

参 考 文 献

[1] Zhang C, Zhang F, Diao H, et al. Understanding phase stability of Al-Co-Cr-Fe-Ni high-entropy alloys [J]. Materials & Design, 2016, 109: 425~433.

[2] Liu W H, Lu Z P, He J Y, et al. Ductile CoCrFeNiMo$_x$ high-entropy alloys strengthened by hard intermetallic phases [J]. Acta Materialia, 2016, 116: 332~342.

［3］ Zhang B, Gao M C, Zhang Y, et al. Senary refractory high-entropy alloy $Cr_xMoNbTaVW$ ［J］. Calphad, 2015, 51: 193~201.

［4］ He F, Wang Z, Cheng P, et al. Designing eutectic high-entropy alloys of $CoCrFeNiNb_x$ ［J］. Journal of Alloys and Compounds, 2016, 656: 284~289.

［5］ Lu Y P, Jiang H, Guo S, et al. A new strategy to design eutectic high-entropy alloys using mixing enthalpy ［J］. Intermetallics, 2017, 91: 124~128.

［6］ Jiang H, Han K, Gao X, et al. A new strategy to design eutectic high-entropy alloys using simple mixture method ［J］. Materials & Design, 2018, 142: 101~105.

［7］ Jin X, Zhou Y, Zhang L, et al. A new pseudo binary strategy to design eutectic high-entropy alloys using mixing enthalpy and valence electron concentration ［J］. Materials & Design, 2018, 143: 49~55.

［8］ Tang B, Cogswell D A, Xu G, et al. The formation mechanism of eutectic microstructures in NiAl-Cr composites ［J］. Physical Chemistry Chemical Physics, 2016, 18 (29): 19773~19786.

［9］ Eleno L, Frisk K, Schneider A. Assessment of the Fe-Ni-Al system ［J］. Intermetallics, 2006, 14 (10~11): 1276~1290.

［10］ Wu Q F, Wang Z J, Hu X B, et al. Uncovering the eutectics design by machine learning in the Al-Co-Cr-Fe-Ni high-entropy system ［J］. Acta Materialia, 2020, 182: 278~286.

［11］ Lu Y, Gao X, Jiang L, et al. Directly cast bulk eutectic and near-eutectic high-entropy alloys with balanced strength and ductility in a wide temperature range ［J］. Acta materialia, 2017, 124: 143~150.

［12］ Jin X, Liang Y, Bi J, et al. Enhanced strength and ductility of $Al_{0.9}CoCrNi_{2.1}$ eutectic high-entropy alloy by thermomechanical processing ［J］. Materialia, 2020: 100639.

［13］ Jin X, Bi J, Zhang L, et al. A new $CrFeNi_2Al$ eutectic high-entropy alloy system with excellent mechanical properties ［J］. Journal of Alloys and Compounds, 2019, 770: 655~661.

［14］ Jin X, Zhou Y, Zhang L, et al. A novel $Fe_{20}Co_{20}Ni_{41}Al_{19}$ eutectic high-entropy alloy with excellent tensile properties ［J］. Materials Letters, 2018, 216: 144~146.

［15］ Tan Y, Li J, Wang J, et al. Seaweed eutectic-dendritic solidification pattern in a CoCrFeNiMnPd eutectic high-entropy alloy ［J］. Intermetallics, 2017, 85: 74~79.

［16］ Jiang L, Lu Y, Dong Y, et al. Effects of Nb addition on structural evolution and properties of the $CoFeNi_2V_{0.5}$ high-entropy alloy ［J］. Applied Physics A, 2015, 119 (1): 291~297.

［17］ Jiang H, Han K, Gao X, et al. A new strategy to design eutectic high-entropy alloys using simple mixture method ［J］. Materials & Design, 2018, 142: 101~105.

［18］ Huo W, Zhou H, Fang F, et al. Microstructure and properties of novel $CoCrFeNiTa_x$ eutectic high-entropy alloys ［J］. Journal of Alloys and Compounds, 2018, 735: 897~904.

［19］ Huo W, Zhou H, Fang F, et al. Microstructure and mechanical properties of $CoCrFeNiZr_x$ eutectic high-entropy alloys ［J］. Materials & Design, 2017, 134: 226~233.

［20］ Jiang L, Cao Z Q, Jie J C, et al. Effect of Mo and Ni elements on microstructure evolution and mechanical properties of the $CoFeNi_xVMo_y$ high-entropy alloys ［J］. Journal of Alloys and Compounds, 2015, 649: 585~590.

[21] Jiang H, Zhang H, Huang T, et al. Microstructures and mechanical properties of $Co_2Mo_xNi_2VW_x$ eutectic high-entropy alloys [J]. Materials & Design, 2016, 109: 539~546.

[22] Guo S, Ng C, Liu C T. Anomalous solidification microstructures in Co-free $Al_xCrCuFeNi_2$ high-entropy alloys [J]. Journal of Alloys and Compounds, 2013, 557: 77~81.

[23] Dong Y, Yao Z, Huang X, et al. Microstructure and mechanical properties of $AlCo_xCrFeNi_{3-x}$ eutectic high-entropyalloy system [J]. Journal of Alloys and Compounds, 2020, 823: 153886.

[24] Yang Z, Wang Z, Wu Q, et al. Enhancing the mechanical properties of casting eutectic high-entropy alloys with Mo addition [J]. Applied Physics A, 2019, 125 (3): 208.

[25] Han L, Xu X, Li Z, et al. A novel equiaxed eutectic high-entropy alloy with excellent mechanical properties at elevated temperatures [J]. Materials Research Letters, 2020, 8 (10): 373~382.

[26] 葛玉会. $AlCoCrFeNi_{2.1}$共晶高熵合金定向凝固组织及性能的研究 [D]. 西安: 西安理工大学, 2019.

[27] Zheng H T, Chen R R, Qin G, et al. Phase separation of $AlCoCrFeNi_{2.1}$ eutectic high-entropy alloy during directional solidification and their effect on tensile properties [J]. Intermetallics, 2019, 113: 106569.

[28] Wang L, Yao C L, Shen J, et al. Microstructures and room temperature tensile properties of as-cast and directionally solidified $AlCoCrFeNi_{2.1}$ eutectic high-entropy alloy [J]. Intermetallics, 2020, 118: 106681.

[29] 王艳苹. AlCrFeCoNiCu 系多主元合金及其复合材料的组织与性能 [D]. 哈尔滨: 哈尔滨工业大学, 2009.

[30] Lu Y, Dong Y, Guo S, et al. A promising new class of high-temperature alloys: eutectic high-entropy alloys [J]. Scientific reports, 2014, 4: 6200.

[31] Gao X Z, Lu Y P, Zhang B, et al. Microstructural origins of high strength and high ductility in an $AlCoCrFeNi_{2.1}$ eutectic high-entropy alloy [J]. Acta Materialia, 2017, 141: 59~66.

[32] Muskeri S, Hasannaeimi V, Salloom R, et al. Small-scale mechanical behavior of a eutectic high-entropy alloy [J]. Scientific Reports, 2020, 10 (1): 1~12.

[33] Wang Q, Lu Y, Yu Q, et al. The exceptional strong face-centered cubic phase and semi-coherent phase boundary in a eutectic dual-phase high-entropy alloy AlCoCrFeNi [J]. Scientific reports, 2018, 8 (1): 1~7.

[34] Shukla S, Wang T H, Cotton S, et al. Hierarchical microstructure for improved fatigue properties in a eutectic high-entropy alloy [J]. Scripta Materialia, 2018, 156: 105~109.

[35] 晋玺. Al-Co-Cr-Fe-Ni 系共晶高熵合金组织结构与力学性能研究 [D]. 哈尔滨: 哈尔滨工业大学, 2020.

[36] Wani I S, Bhattacharjee T, Sheikh S, et al. Ultrafine-grained $AlCoCrFeNi_{2.1}$ eutectic high-entropy alloy [J]. Materials Research Letters, 2016, 4 (3): 174~179.

[37] Shi P, Ren W, Zheng T, et al. Enhanced strength-ductility synergy in ultrafine-grained

eutectic high-entropy alloys by inheriting microstructural lamellae [J]. Nature communications, 2019, 10 (1): 489.

[38] He F, Wang Z, Shang X, et al. Stability of lamellar structures in CoCrFeNiNb$_x$ eutectic high-entropy alloys at elevated temperatures [J]. Materials & Design, 2016, 104: 259~264.

6　面心立方结构高熵合金的表面强化

　　表面工程，是应用物理、化学、机械等手段改变固体材料表面成分和组织，从而获得所需性能，达到提高产品可靠性或延长使用寿命目的的各种技术的总称。表面强化是指在材料表面不添加外来材料的情况下，通过施加外力或者热处理等手段改变材料表面的组织结构，达到提高表面强度、硬度、耐腐蚀性和耐磨性等性能的工艺方法。

6.1　表面化学热处理技术

6.1.1　表面渗氮

　　离子渗氮，又称为辉光渗氮，其原理不同于传统渗氮方式，是利用辉光放电原理进行的。工件进行离子渗氮时，工件放在渗氮炉的阴极盘上，炉体作为阳极，在真空状态下充入含氮气体（NH_3 或者 N_2），在两极间加一般为 $300 \sim 900V$ 直流电源，当气体经过电晕放电区，稀薄气体被电离，形成氮和氢阳离子，并产生辉光放电。在强电场作用下，阳离子高速轰击工件表面，其中一部分动能转化为热能加热工件表面直至所需温度，在高速轰击作用下，使工件表面部分与 N 原子具有良好结合性能的原子被溅射出来与 N 结合形成氮化物，例如 AlN、CrN、Fe_mN 等。此过程还起到净化工件表面的作用。同时，由于吸附和扩散作用使得分解出的活性氮原子继续向工件内部扩散，进而形成氮化层。

　　离子渗氮与传统气体渗氮相比具有以下优点：

　　（1）速度快、周期短，较传统气体渗氮时间缩短 1/3 ~ 2/3 的时间；

　　（2）引起的工件变形小，适用于形状复杂的精密零件；

　　（3）离子轰击可以起到净化表面的作用，无需预先去除材料表面钝化膜，可直接渗氮；

　　（4）易于实现局部氮化，只要设法使不欲氮化的部分不产生辉光即可，非渗氮部位便于保护，采用机械屏蔽、用铁板隔断辉光，即可保护。

　　目前，表面涂层技术已成功地用于提高金属和合金的表面硬度和耐磨性能。例如磁控溅射和激光熔覆由于沉积速率高和沉积方法相对便宜而被广泛应用。特别是等离子渗氮在实际应用中具有独特的优势，有效地促进了零件的表面硬化，提高了零件的耐磨性、耐蚀性和疲劳寿命。氮化层是由氮原子渗透和扩散到基体上形成的。

图 6-1 是 $Al_{0.25}CoCrFeNi$ 和 $Ni_{45}(FeCoCr)_{40}(AlTi)_{15}$ 高熵合金渗氮前后的 XRD 图谱[1~3]。从图 4-1（a）中可以看出，退火态的 $Al_{0.25}CoCrFeNi$ 高熵合金是单一的 FCC 结构，渗氮后的高熵合金依然存在 FCC 峰，同时表面主要由 Fe_mN、AlN 和 CrN 等金属氮化物等构成。铸态 $Ni_{45}(FeCoCr)_{40}(AlTi)_{15}$ 合金也是由单一的 FCC 相组成，氮化后，FCC 相的衍射峰强度急剧降低，表明 FCC 相含量减少，同时，AlN、CrN、Fe_3N 和 TiN 相的衍射峰出现。较低的形成焓表明该化合物容易生成，较高的键能表明该化合物具有较好的稳定性。表 6-1 列出了几种金属氮化物的生成焓和键能[4,5]，可以看到 AlN、CrN 和 Fe_mN 的生成焓是负值，形成过程为放热反应，以及 N 元素与 Al、Cr 和 Fe 元素之间具有较大的结合能，说明在相同的情况下，N 元素更容易与 Al 和 Cr 元素结合生成氮化物；Ni 元素与 N 的生成焓是正的，所以形成镍氮化合物的难度较大，与 XRD 和热力学分析结果一致。

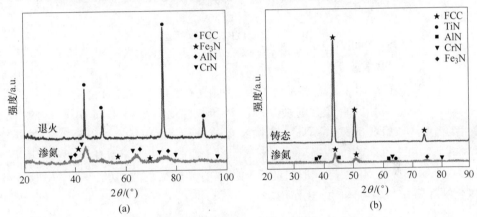

图 6-1   高熵合金 XRD 图谱

（a）$Al_{0.25}CoCrFeNi$[2]；（b）$Ni_{45}(FeCoCr)_{40}(AlTi)_{15}$[3]

表 6-1   几种金属氮化物的生成焓和键能

氮 化 物	生成焓/kJ·mol⁻¹	键能/kJ·mol⁻¹
AlN[4]	−318	−92
CrN[4]	−125	−107
Fe_4N[5]	−2.2	−87
Ni_3N[5]	+0.2	—

图 6-2 是两种高熵合金渗氮后的表面形貌图[6]。渗氮处理后试样表面形成许多颗粒状结构。在离子渗氮过程中，经受高温的样品表面受到高速氮离子的轰击，由于炉内气体中有 NH_3 分解，使炉内气氛中氢的含量增加，导致了更多与 N 原子结合能强的金属原子发生溅射，形成更多的氮化物。细小的颗粒表示氮化物

的尺寸很小，这解释了 XRD 图谱中氮化物相具有较宽的衍射峰的原因。

图 6-2　渗氮试样表面形貌图

(a) $Al_{0.25}CoCrFeNi$；(b) $Ni_{45}(FeCoCr)_{40}(AlTi)_{15}$[3]

图 6-3 (a) 显示了铸态和氮化合金表面纳米硬度，两种合金呈现相同的结果。铸态 $Al_{0.25}CoCrFeNi$ 合金的硬度为 3.2GPa，渗氮后增加到 13.5GPa，增加了 3 倍以上。$Ni_{45}(FeCoCr)_{40}(AlTi)_{15}$ 高熵合金的表面硬度由铸态的 (8.8 ± 0.2)GPa 增加到 (14.9 ± 0.2)GPa，提高约 1.6 倍。这主要归因于大量氮化物的弥散强化，因为 Al、Cr、Fe、Ti 等与 N 形成的氮化物本身具有很高的硬度，并且 N 原子对氮化层非氮化物固溶体的强化作用。

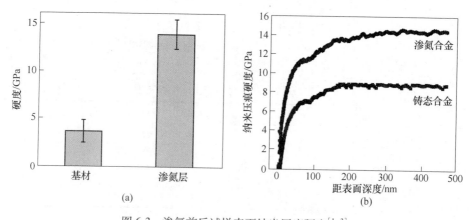

图 6-3　渗氮前后试样表面纳米压痕硬度[1, 3]

(a) $Al_{0.25}CoCrFeNi$；(b) $Ni_{45}(FeCoCr)_{40}(AlTi)_{15}$

对铸态和氮化 $Ni_{45}(FeCoCr)_{40}(AlTi)_{15}$ 高熵合金不同深度的硬度值进行测试发

现，铸态样品在距离表面不同深度的区域，硬度在较小范围内波动，约为 8.8GPa，这与铸态合金的表面硬度差不多。在厚度为 11.5μm 的氮化物层的不同深度位置的硬度相似，约为 14.9GPa。然而，在接近基体时，硬度急剧降低，直到氮化物层下方的基体的硬度为 8.8GPa 为止，这与铸态样品的截面硬度一致。氮化物层硬度稳定，N 元素的分布均匀，说明在等离子氮化过程中形成了具有高硬度的均匀而稳定的氮化物层，这是耐磨性提高的重要原因。

对 $Al_{0.25}CoCrFeNi$ 高熵合金渗氮后截面中的 Al、Co、Cr、Fe 、Ni 和 N 元素分布进行分析，可以得出所有金属元素都是随机分布的，没有元素偏析现象。而氮元素分布不均匀，靠近表层的含量高，随后氮含量逐渐降低。此外，氮元素在晶界和晶内分布相同。渗氮可以提高合金的耐腐蚀性能。将铸态和氮化 $Ni_{45}(FeCoCr)_{40}(AlTi)_{15}$ 高熵合金在酸雨中浸泡 5h 后，经检测，铸态合金表面出现明显的腐蚀现象，例如腐蚀坑和暗区，而氮化合金的表面光滑，没有明显的腐蚀，因此，氮化合金的耐蚀性显著提高。

6.1.2　表面渗硼

渗硼，是一种表面化学热处理工艺。常用方法为将待加工金属工件放在一定温度（常用温度为 850~1050℃）的含硼介质（例如，硼粉或 FeB 合金粉）中加热或电解（常用电解液为熔融硼砂），产生活性硼原子渗入工件表面，以提高表面硬度和耐磨性，改善红硬性和耐腐蚀性。渗层最表面是 FeB 层，硬而脆；内层是 Fe_2B，也很硬，但韧性较好[7, 8]。常见的渗硼方法有固体渗硼、盐浴渗硼和气体渗硼。

渗硼主要用于耐磨和耐蚀性方面，用于模具和阀件。如钻井用的泥浆泵零件、滚压模具、热锻模具等。近年来，渗硼工艺还逐渐应用到硬质合金、有色金属和难熔金属等方面，如渗硼难熔合金已经在航天设备中得以应用。此外，渗硼还可用于各种活塞、离合器轴、凸轮、止推板、压铸机料筒与喷嘴、油封滑动轴、块规、轧钢机导辊、闸阀和各种拔丝模等[7~9]。

图 6-4（a）和图 6-4（b）分别显示硼化 $Al_{0.25}CoCrFeNi$ 高熵合金在 900℃下保温 3h 和 6h 的横截面 SEM 显微图片[10]。从图中可以观察到硼化层厚度逐渐增大，即渗硼时间越长，扩散越好，从而导致硼化层越厚。最终，硼化 9h 后，获得了 50μm 的厚度层，如图 6-4（c）所示，通过对化学元素浓度随表面距离变化的研究表明，硼化层界面与基体之间存在 Al 的偏析，可以假设没有生成硼铝化合物。通常，因为多组分元素之间的电负性要低得多，Al 的偏析导致富 Ni-Al B2 相出现在高熵合金中。硼化层的扫描图如图 6-4（d）所示，在合金表面硼化产生直径约 3μm 的等轴硼化晶粒。硼化物表面的平均成分为 $Ni_{33.9}Co_{32.2}Fe_{28.5}Cr_{5.4}$（原子分数,%），其中 B 的含量不宜采用 EDS 来确定。

用原子力显微镜（AFM）测定了硼化物层的表面形貌，如图 6-4（e）所示[10]。根据统计，所有点的高度呈正态分布，如图 6-4（f）所示。在上述 AFM 图像的基础上，可以计算平均粗糙度、根均值粗糙度和平均高度，硼化合金样品的数据分别为 130.8nm、162.4nm 和 463.3nm，这反映了硼化后出现了相对粗糙的表面。

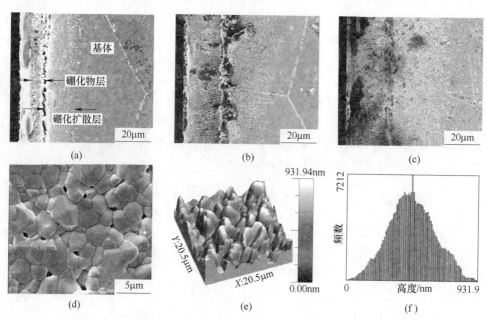

图 6-4　硼化时间为 3h（a）、6h（b）、9h（c）的 Al$_{0.25}$CoCrFeNi 合金横截面 SEM 图像，
硼化层表面 SEM 图（d）；AFM 对硼化层的三维表面形貌（e）和
硼化层不同高度值的统计图（f）[10]

图 6-5（a）为截面结构的 XRD 图谱[10]。结合 EDS 分析和 XRD 图谱，可以总结如下：（1）硼化层的 XRD 图谱显示硼化高熵合金的强（Fe，Co，Ni）$_2$B 衍射峰和硼化后相对较弱的 CrB 相衍射峰；（2）硼化层显示出较弱的（Fe，Co，Ni）$_2$B 和 Ni-Al B2 相衍射峰以及较强的 FCC 峰；（3）硼化高熵合金的 FCC 峰与未处理的合金相衍射峰相比向较低的角度移动，这表明了形成大量固溶体，且对 B 的吸收达到饱和。

均匀化后的 Al$_{0.25}$CoCrFeNi 高熵合金的表面硬度为 188HV，硼化层厚度随着硼化时间的增加而增加，也导致硬度的增加，如图 6-5（b）和（c）所示。硼化 9h 后，硬度为 1136 HV，比未处理样品高 6 倍。硼化合金中硬度的增加是由于硼化层中存在硬质相和合金基体中的固溶强化所致。

从硼化物层的截面图可以看出致密的硼化层与基体紧密连接，无明显界线，并且无明显的缺陷，说明硼化物层与基体的结合力良好。另外，对截面元素分析

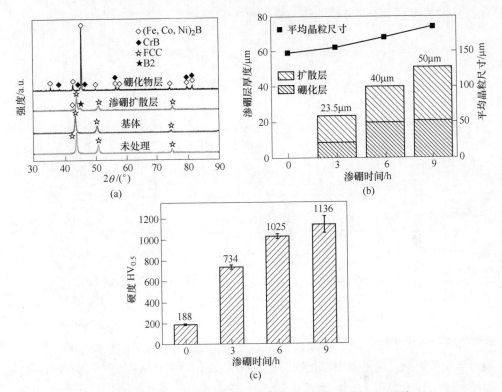

图 6-5　硼化物表面、硼化层、合金基体和未处理合金的 XRD 图谱（a），

硼化物厚度和晶粒尺寸随硼化 HEAS 时间的变化（b）和

硼化 HEAS 表面显微硬度随硼化时间的变化（c）[10]

显示 B 元素浓度由表面到内部逐渐降低，这表明硼原子从表面逐渐扩散到内部，并且在表面与合金元素形成硼化物。Co、Fe 和 Ni 元素在硼化物层区域浓度较大，在扩散层区域浓度较小，这表明在这两个区域中生成了不同的化合物相。Cr 元素在整个硼化层中浓度较为均匀，而 Al 元素则分布较少，这是由于 Al 元素和 B 元素化学亲和力较小以及基体中 Al 元素浓度较低造成的。

$Al_{0.1}CoCrFeNi$ 高熵合金渗硼表面同样为颗粒状等轴晶粒结构，颗粒尺寸大约为 $2\sim5\mu m$，并且检测出各元素分布较为均匀，这说明硼化物层中各元素分布均匀，没有明显的元素偏析。

从 XRD 图（如图 6-6 所示）中可以看出硼化物层与扩散层相组成存在差异。硼化物层主要由 $(Co，Fe)B$、NiB 和 CrB 组成，而内部扩散层主要由 $(Co，Fe，Ni)_2B$、Cr_2B 和 CrB 组成。在钢和铸铁渗硼过程中，外部硼化物层往往主要由 FeB 相组成，内部扩散层主要由 Fe_2B 组成。由于 Co、Ni、Cr 元素与 Fe 元素的原子尺寸和化学活性相似，在合金中可以替代 Fe 元素形成替代固溶体。因此，本书将这些硼化物分为 MeB 型硼化物和 Me₂B 型硼化物。

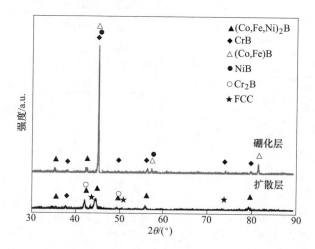

图 6-6　Al₀.₁CoCrFeNi 高熵合金硼化物层及扩散层 XRD 图谱

随着渗硼时间的增加，渗硼硼化层厚度由 2h 的 12.80μm，逐渐增加到 8h 的 49.78μm。随着渗硼时间的增加，渗硼层厚度增加。在 6h 后硼化物层和扩散层中间出现了裂缝，这是由于硼化物层的 MeB 型硼化物与扩散层的 Me₂B 型硼化物的热膨胀系数差距较大，在高温渗硼和冷却的过程中，界面产生了较大的残余应力。

退火态、硼化高熵合金的维氏硬度比较如图 6-7 所示，由图 6-7 可知，随着渗硼时间的增加，硬度也在不断增大，硬度由退火态的 212HV，增加到渗硼 8h 后的 1320HV，增加了大约 6.5 倍。这是因为随着渗硼时间的增加，硼化层厚度

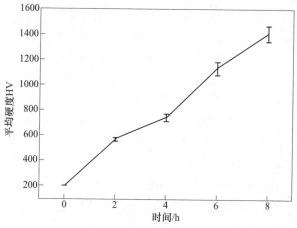

图 6-7　不同渗硼时间的合金表面硬度变化

增加，硬质硼化物相增加，以及固溶强化的效果。这会大大增加硼化高熵合金的耐磨性。

Thomas 等人[11]研究了粉末硼化对 FCC 相高熵合金的表面硬化的影响。利用颗粒尺寸小于 850μm，具体成分为 5%B₄C + 5%KBF₄ + 90%SiC 的渗硼剂进行渗硼。图 6-8 中的扫描图对比说明了不同的渗层，可以证明两种合金之间在层形成方面存在明显差异。在含锰合金的表面上，发现了一个 2μm 的薄层，该表面层包含两个具有明显二次电子对比度的主相域。该层用辉光放电发射光谱仪（GD-OES）可以识别为富硅层（SL），在该层下面可以观察到更致密的结构，其对应于富硼层（BL），在两个上层之间存在清晰的轮廓，BL 层不会出现典型的锯齿结构。特别是在扩散区（DZ）下方的过渡区域中，出现了嵌入富硼层中的大量元素，这些元素与周围的 DZ 之间形成明显的对比。由于侧面没有带电效应，可以排除孔隙。具有针状结构的扩散区的厚度约为 20μm，具有最大的延伸范围。根据 GDOS 结果，两种合金的镀层总厚度约为 35μm。但是，两种合金之间富硅和富硼层的形成不同。

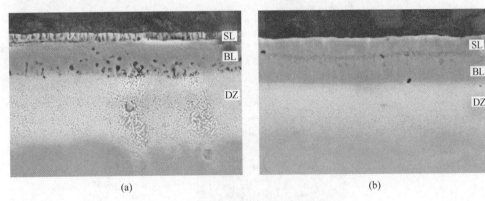

(a)　　　　　　　　　　　　　(b)

图 6-8　硼化高熵合金截面 SEM 图[10]

(a) CoCrFeMnNi 高熵合金；(b) CoCrFeNi 高熵合金

6.1.3　表面渗碳

渗碳是金属表面处理的一种方法，将待处理钢材工件置入具有活性渗碳介质中，加热到 900~950℃环境，保温足够时间后，使渗碳介质中分解出的活性碳原子渗入原件表层，从而获得表层高碳，心部仍保持原有成分。工件渗碳后可以得到高的表面硬度、高的耐磨性和疲劳强度，并保持心部的强韧性，使工件能承受足够冲击载荷。渗碳工艺广泛用于飞机、汽车和拖拉机等的机械零件，如齿轮、轴、凸轮轴等[7, 12, 13]。

Zhang 等人[14]研究了固体渗碳对等原子 CoCrFeNi 高熵合金表面组织和力学

性能的影响。图6-9（a）显示了渗碳的 CoCrFeNi 高熵合金的横截面 SEM 图像。显然，固体渗碳后会在表面形成大量沉淀。根据这些沉淀物的形态和分布，渗碳区域可分为三个区域，标记为 I-Ⅲ。在区域 I 和区域 Ⅱ 之间有明确的边界。在区域 I 中，高倍放大图中显示了厚度约为 1mm 的短棒状析出物。区域 I 的厚度约为 45μm。在区域 Ⅱ 中，大量小沉淀物分散地分布在基质中，沉淀物的大小随与表面的距离增加而增加，而分布密度减小。该区域的厚度约为 140μm。将区域 Ⅲ 视为不含沉淀物的金属基质。SEM 结果表明，在渗碳 CoCrFeNi 合金表面上形成了厚度约 185μm 的渗碳层。

图6-9（b）示出了不同区域的 XRD 图[13]。除了基体合金的面心立方（FCC）相衍射峰外，M_7C_3 相和 $M_{23}C_6$ 相（其中 M 代表过渡金属原子）的衍射

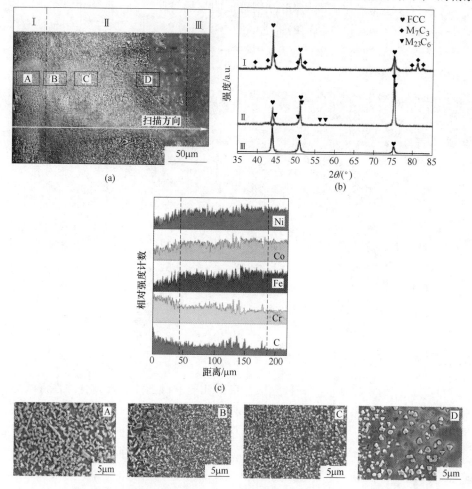

图6-9　渗碳样品的横截面 SEM 图像（a），局部放大图像分别以 A、B、C 和 D 表示，
渗碳 CoCrFeNi 高熵合金 XRD 图谱（b）和沿（a）中箭头方向的 EDS 线扫描剖面（c）[14]

峰分别出现在区域Ⅰ和区域Ⅱ中。通过 EDS 点分析确定了区域Ⅰ和区域Ⅱ中不同相的化学成分。区域Ⅰ中的沉淀相总共包含原子分数为 67.2% 的 Co、Cr、Fe、Ni 和原子分数为 32.8% 的 C，与 M_7C_3 型结构的 7∶3 化学计量一致。$M_{23}C_6$ 沉淀物（Ⅱ区）也可以鉴定为 $(Co, Cr, Fe, Ni)_{23}C_6$ 相。可以注意到，M_7C_3 和 $M_{23}C_6$ 相中的 Cr 浓度高于其他过渡金属元素。EDS 线扫描的结果（图 6-9（c）沿着图 6-9（a）中箭头方向进行的）显示，与区域Ⅱ和区域Ⅲ相比，区域Ⅰ包含更高含量的 Cr 和 C。这些行为可以从以下两个方面进行解释。首先，Cr-C 的负混合焓（−61kJ/mol）表明 Cr 与 C 原子的原子亲和力比其他金属元素强（Co-C：42kJ/mol；Fe-C：50kJ/mol；Ni-C：39kJ/mol）[15]。其次，在 CoCrFeNi 合金中，Cr 的迁移活化能最低（0.84eV），其次是 Co（1.07eV）和 Fe（1.32eV），然后是 Ni（1.36eV）。Cr（−0.55eV）的负空位形成能以及 Fe（1.95eV）、Ni（1.78eV）和 Co（1.70eV）的正值将导致 Cr 从 CrCoFeNi 合金中析出[16]。

Li 等人[17]研究了固体渗碳对 CuCoCrNiFe 高熵合金组织和硬度的影响。退火后的合金组织为两种晶格常数接近的不同 FCC 相组成，分别为 FCC1 相，其晶格常数为 0.3601nm；FCC2 相，其晶格常数为 0.3574nm，并从衍射峰强度可以看出，FCC2 的衍射峰更强，表明 FCC2 的体积含量更高。

在实验中采用 500 目（20μm）的活性炭粉末，在炉内加热至 850℃，保温 5h，随后降温至 550℃后取出试样进行空冷。渗碳处理后，FCC2 相衍射峰消失，出现了新相的衍射峰，其中一相检测为 $CrFe_7Co_{0.45}$，由于此衍射峰位置与 FCC1 相只相差 0.1°~0.2°，因此它可能是两相衍射峰叠加所致。另一组衍射峰检测为 Fe_7Ni_3 和 CoFe，这是由原 FCC2 相形成碳化物后分解产生的相，峰强较高。综上所述，高熵合金经渗碳处理后，表层的组织结构发生了变化。退火态合金中的 FCC2 相已不可见，表层大部分是渗碳形成的 $CrFe_7Co_{0.45}$、Fe_7Ni_3 和 CoFe 相，这表明碳原子在 CuCoCrNiFe 合金中的扩散含有反应扩散过程。

退火后的 CuCoCrNiFe 合金的扫描图片如图 6-10 所示，可以发现微观组织为

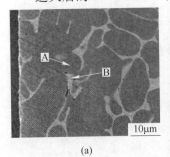
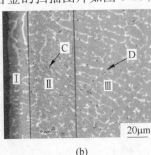
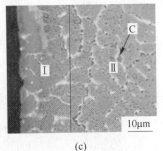

图 6-10　退火及渗碳后 CuCoCrNiFe 合金的背散射照片[17]

（a）退火态；（b）渗碳后低倍；（c）渗碳后高倍

典型的树枝晶。其中深色区域为枝晶 A，白色区域为枝晶间组织 B。因为枝晶 A 的体积远大于枝晶间组织 B，结合 XRD 的分析可得，枝晶 A 对应的就是 FCC2 相，枝晶间组织 B 为 FCC1 相。

与退火态时相比，合金在基体组织上析出了黑色的碳化物。图 6-10（b）中可以看出碳化物的分布并不均匀，根据分布情况，可以将渗碳区域分为 3 个部分，分别标记为Ⅰ、Ⅱ、Ⅲ。其中Ⅰ区靠近试样表面，此处碳化物呈细小的颗粒状，大量弥散地分布在枝晶上，而枝晶间则很少有碳化物。根据 XRD 结果分析，这些细小的碳化物应是 $CrFe_7Co_{0.45}$。Ⅱ区与表面的距离增加，枝晶上析出的碳化物尺寸变大，分布密度下降，且随距离的增加有逐渐变小趋势。同时枝晶间组织上开始出现尺寸比枝晶内的碳化物大的不连续的碳化物。Ⅲ区距表面大于 80μm，仅在枝晶间发现少量碳化物，枝晶内基本没有碳化物出现。

固体渗碳的一般机制如下[18]：渗碳剂在合金表面的催化作用下产生活性碳原子，并吸附在试样表面，向合金基体内部扩散。在 CuCoCrNiFe 合金中，碳原子会沿着两种途径扩散，一是沿着合金的晶格间隙扩散，即主要从枝晶组织的 FCC 晶格间隙扩散；二是沿着晶界扩散。在Ⅰ区范围内，因为距离表面很近，扩散路径短，与合金内部构成了很大的浓度梯度，且表面处碳原子的浓度很高，在一定时间内，扩散到枝晶组织中的碳的浓度较高，当碳原子在枝晶内浓度达到饱和后，会与 Cr 和 Fe 元素形成碳化物析出[19, 20]。所以，该区域枝晶上的碳化物分布地十分密集。同时碳原子也会沿着晶界扩散，虽然其沿晶界扩散的速度高于晶内，但枝晶间 Cr 和 Fe 含量很少，形成碳化物需要借助枝晶内的 Cr 和 Fe 元素。此时枝晶内已形成了大量碳化物，使晶界处两种元素的浓度降低，无法形成碳化物。因此，晶界处少有碳化物析出。

随着渗碳过程的进行，Ⅰ区内的碳原子除形成碳化物外，继续向Ⅱ区扩散。Ⅱ区距离表面更远，碳的扩散路径更长，枝晶内扩散来的碳原子的浓度也会降低，使得枝晶上形成的碳化物减少。距离表面越远，密度越小。枝晶内扩散来的碳原子能够使已形成的碳化物长大，因此碳化物尺寸较Ⅰ区有所增加。同时，由于枝晶内碳化物密度减少，靠近晶界处 Cr 和 Fe 元素浓度升高，沿晶界扩散来的碳原子能够形成碳化物，且碳的扩散很快，使其长大速度快于晶内的碳化物。碳化物在晶界处形成后，很少向枝晶内生长，总在枝晶间长大，这可能是由于枝晶组织的晶格畸变大，晶界处的碳原子难以进入。枝晶间 Cr 和 Fe 含量很低，因此碳化物的长大必然伴随着枝晶内 Cr 和 Fe 元素越过晶界向枝晶间扩散的过程。

Ⅲ区距离表面最远，此处只有枝晶间存在碳化物，枝晶内已观察不到。这是碳原子在晶内和晶界处扩散速率不同所致。高熵合金由多种原子组成，原子半径的差异导致晶格畸变很大，与无畸变的晶格相比，碳原子在其中的扩散速率更低；另外扩散路径长，导致枝晶内碳的浓度很低；而碳原子在晶界处扩散很快，碳仍可以达到较高的浓度，所以只在晶界和枝晶间有碳化物析出。

6.2 表面激光处理

图 6-11 显示了 $Al_2CrFeCoCuTiNi_{1.5}$高熵合金的显微组织[21]。图 6-11（a）为金相显微镜的宏观特征。从图中可以看出，激光熔覆的几何形状呈圆弧形。$Al_2CrFeCoCuTiNi_{1.5}$高熵合金的熔覆层由熔覆区（如图 6-11（b）所示）、边界区（如图 6-11（c）所示）和受热区（如图 6-11（c）所示）组成。熔覆区微观组织比较简单，主要由等轴晶和等轴晶上分布的细小纳米晶体组成，元素的种类越多，合金的凝固组织就越容易发生过饱和以及较大的晶格畸变，原子的扩散过程变得非常困难，因此，纳米晶通常容易出现。熔覆区散布着白色的晶体（放大倍数如图 6-11（d）所示）。边界区域是熔覆层粉末和基体之间的过渡部分，从图 6-11（c）中可以看出，熔覆和基体结合良好。边界区域附近有更多的纳米晶体。受热区是基板靠近边界区的区域，通过该部分的快速激光加热和快速冷却作用，微观结构也会发生变化。图 6-11（b）中的 A 区域、图 6-11（c）中的 B 区域，以及图 6-11（d）中的 C 区域的光谱分析结果列于表 6-2。

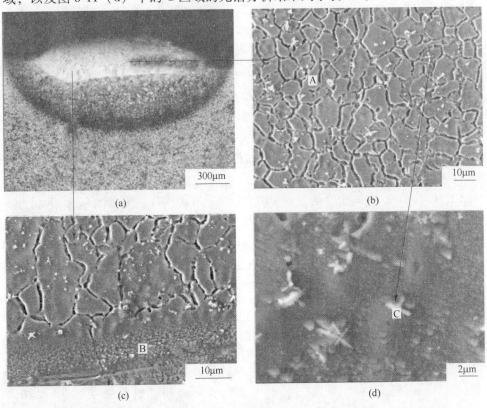

图 6-11 $Al_2CrFeCoCuTiNi_{1.5}$高熵合金的显微组织形貌[21]

（a）宏观特征；（b）熔覆区；（c）边界区；（d）熔覆区的高倍率特征

表 6-2　$Al_2CrFeCoCuTiNi_{1.5}$ 高熵合金的 EDS 原子分数分析结果[21]　　　　（%）

区域	Al	Cr	Fe	Ti	Co	Cu	Ni
理论含量	17.65	11.76	11.76	11.76	11.76	11.76	23.53
A 区域含量	11.79	13.40	16.19	14.28	14.51	11.00	18.83
B 区域含量	11.70	15.84	15.56	12.07	14.64	8.49	19.70
C 区域含量	9.51	6.85	16.83	40.77	8.67	4.64	12.73

　　EDS 分析表明，A 和 B 面积的元素量大致相等，Fe 含量高于理论含量，这是因为在高能激光束的快速加热下，基体钢 Q235 的表面熔化了一层薄层，然后与熔覆层一起凝固，因此 Fe 含量增加了。Al 元素含量低于理论含量，这是因为 Al 元素的熔点低，在高能激光束的作用下，Al 粉会被部分燃烧和蒸发，这就是 Al 元素的摩尔比是其他元素 2 倍的原因。Cu 元素接近理论含量，并且没有晶间偏析现象。C 区域 Ti 含量明显高于 C 区的理论含量，这表明 Ti 元素在合金中存在偏析。

　　根据吉布斯相率，对于 n 种元素合金，平衡相数 $p = n+1$，非平衡凝固相数 $p > n+1$。由于高熵效应，$Al_2CrFeCoCuTiNi_x$ 合金的微观结构形成简单的面心立方（FCC）和体心立方（BCC）相，而不易形成脆性的金属间化合物，且相数远少于 8 个。七元素合金，其混合熵 $\Delta S_m = R\ln(n) = R\ln 7 = 1.95R$，$R$ 为气体常数，值为 8.314J/（mol·K），n 为元素数。$Al_2CrFeCoCuTiNi_x$ 七个元素合金的混合熵较高，大于形成金属间化合物时的熵变，抑制了脆性金属间化合物的出现，并促进了元素间的混合，形成了简单的面心立方（FCC）和体心立方（BCC）结构。

　　$Al_2CrFeCoCuTiNi_x$ 高熵合金样品的硬度分布呈"三阶梯"形，分别对应于熔覆区、受热区和基体区。边界区范围太窄，无法在曲线中显示。$Al_2CrFeCoCuTiNi_x$ 高熵合金的表面显微硬度高达 1102 HV，是基体 Q235 钢的大约 4 倍。其原因是在激光束的快速加热和快速冷却的作用下，微结构变得细小且致密。此外，元素原子半径之间的差异使晶格畸变更加严重，从而增强了固溶强化效果。随着 Ni 含量的增加，硬度增加。这是因为 FCC 晶体结构的显微硬度低于 BCC 晶体结构，随着 Ni 含量的增加，合金中 BCC 晶体结构的含量增加，因此硬度增加。

　　Chang 等人[22]研究了 $FeCr_xCoNiB$ 高熵合金激光熔覆涂层的热稳定性和抗氧化性。经检测，涂层主要由简单的 FCC 固溶体和第二相硼化物组成。当 $x = 0.5$ 时，在涂层中出现明显的第二相衍射峰，其被定义为具有四方结构的 Fe_2B 相（JCPDS：39-1314）。然而，当 $x > 0.5$ 时，第二相衍射峰强度（$40° \leqslant 2\theta \leqslant 50°$）明显降低并且基本保持一致。可以定义为 M_2B 相（即 M 代表 Cr、Fe、Ni、Co 和 Mn）。为了进一步分析第二相 M_2B 的结构，用 TEM 和 SAED 观察分析了

FeCr$_x$CoNiB涂层（如图6-12所示）。在Cr-0.5涂层中检测到了硼化物和FCC相的独特共晶形态。根据对该硼化物的SAED分析，该相被进一步确定为Fe$_2$B相。然而，在Cr-1.5涂层中，硼化物内会发现大量的定向条纹，并且通过SAED确定在定向条纹中的相为Cr$_2$B。Lin等人[23]在研究Fe-Cr-Mo-B-Si合金的高温退火时，也将这些条纹视为Cr$_2$B相发展的象征。因此，结合XRD结果和SAED分析，如图6-12（b）所示，当$x > 0.5$时，在本实验中产生的硼化物可以视为Cr$_2$B相（JCPDS：38-1399）。XRD中Cr$_2$B相的衍射峰强度较低，与Ma等人[24]的结果一致，这可能与Cr$_2$B相中的堆垛层错缺陷有关。

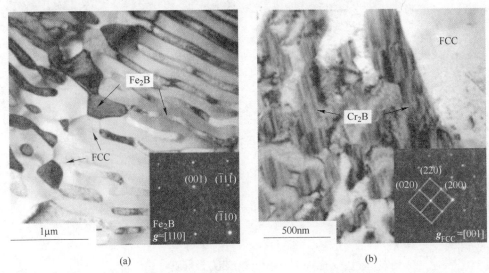

图6-12　明场TEM显微照片和相应的FeCr$_x$CoNiB涂层的选区衍射图[22]

(a) Cr-0.5；(b) Cr-1.5

对于FeCr$_x$CoNiB高熵合金涂层的显微硬度研究发现，Cr-0.5涂层具有最高的显微硬度（860HV），其余四个涂层的显微硬度明显较低。Cr-1、Cr-1.5、Cr-2和Cr-3涂层的显微硬度基本相同。退火后，Cr-0.5涂层的显微硬度降低最多，即降低了约23%，剩余涂层的显微硬度降低逐渐减小。Cr-3涂层的显微硬度降低了约6%，这表明它具有最佳的耐高温软化性。

图6-13显示了在900℃下氧化50h后Cr-0.5涂层的氧化膜截面的SEM。图6-13（b）显示了在氧化的Cr-0.5涂层中存在较大的内部氧化区域。涂层和内部氧化区域之间的区域G是无硼化物的区域。这表明（Fe,Cr）$_2$B相在高温下扩散到内部氧化区域并被氧化成FeO、Cr$_2$O$_3$和B$_2$O$_3$[25]。低熔点（450℃）和高挥发性的B$_2$O$_3$导致氧化层内部形成孔洞和裂纹（如图6-13（c）所示）。而且，内部氧化区域基本上由两种颜色组成。白色区域2由富含Ni、Co和Fe的合金组成，

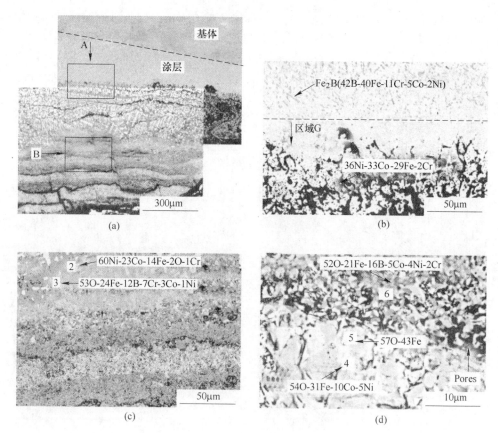

图 6-13 FeCr$_{0.5}$CoNiB 涂层的氧化物截面形貌和 EDS 分析[22]

（a）低倍图；（b）图（a）中的 A 区域；（c）图（a）中的 B 区域；（d）图（c）高倍率图

灰色区域 3 由氧化物组成。根据 EDS 结果，氧化物可能是 4FeO · Cr$_2$O$_3$ · B$_2$O$_3$，这与在氧化膜的 XRD 中发现的 Fe$_2$Cr(BO$_3$)O$_2$ 结构保持一致。从外部氧化膜观察到多层重复结构，这可能是由涂层的五次循环氧化引起的。在放大图像中观察到两个不同晶粒尺寸的区域，晶粒较小的区域主要包含 4FeO · Cr$_2$O$_3$ · B$_2$O$_3$ 和 Fe$_2$O$_3$，其他主要包含 Fe$_2$O$_3$ 和 CoFe$_2$O$_4$，这符合 XRD 分析。

6.3 表面镀膜强化

相比于其他类型的高熵合金，具有面心立方结构的高熵合金拥有良好的塑性，综合性能优异，但是其强度问题极大地限制了该合金的工程应用，研究表明，FCC 结构高熵合金的室温塑性很高，而平均强度仅有 500MPa 左右。表面修饰是提高基体材料综合性能、耐久性和装饰性的有效方法之一。即使在恶劣环境中，表面涂层也能保护内部材料免受侵蚀，提高基体材料的综合性能，延长其使用寿命。因此，通过化学镀膜可以有效地提高面心立方高熵合金的强度和耐腐蚀性，拓展面心立方高熵合金的应用前景。

6.3.1 力学性能

Xia 等人[26]利用电弧熔炼法制备出面心立方 Al$_{0.3}$CoCrFeNi 高熵合金，其室温屈服强度为 246MPa，塑性为 77.4%。通过化学沉积法将 Ni-P 非晶涂层沉积到 Al$_{0.3}$CoCrFeNi 高熵合金表面，形成硬-软-硬层状合金结构。室温拉伸试验表明，随着涂层厚度（镀膜时间）的增加，样品的强度逐渐增加，当镀膜时间为 5h 时，样品的屈服强度和抗拉强度分别为 400MPa 和 732MPa，相比基体合金分别提高了 62% 和 16%，如图 6-14 所示。镀膜高熵合金的维氏硬度由 172HV 提高到 381HV，相比于基体增加 121%。化学镀膜利用氧化还原反应将 Ni、Mo 和 P 元素共同沉积到面心立方 CoCrFeNi 高熵合金表面形成非晶 Ni-Mo-P 涂层。CoCrFeNi 高熵合金基体的屈服强度和抗拉强度分别为 170MPa 和 560MPa，镀膜时间为 1h 的高熵合金屈服强度和抗拉强度分别为 260MPa 和 570MPa，相比于纯基体分别提高了 53% 和 14%[27]。镀膜时间为 2h 的样品在屈服点附近出现了较大的应力波动（锯齿），这是由于剪切带在非晶涂层中快速扩展所致[28]。基体的限制作用可以有效地抑制非晶涂层中剪切带的扩展及局部应变[29]，随着涂层厚度的增加，基体对非晶涂层的限制作用降低，较厚涂层中剪切带的快速扩展使样品在屈服点附近的应力波动加剧，使锯齿现象出现于较厚的非晶涂层样品中[30]。将镀膜高熵合金置于 400℃ 下热处理 1h，涂层与基体之间的结合力上升，涂层由非晶态变为晶态，硬度和屈服强度分别提高 121% 和 53%[31]。化学镀膜可以有效地提高高熵合金的力学性能，开辟了应用新思路。

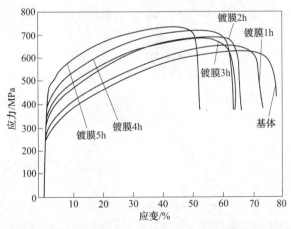

图 6-14 Al$_{0.3}$CoCrFeNi 高熵合金表面沉积 Ni-P 非晶涂层的工程应力-应变曲线图[26]

6.3.2　形貌特征

在化学沉积 Ni-P 薄膜过程中，涂层遵循岛状生长模式，表面出现大量直径大小不一的胞状物，镍单质先行沉积到基体表面，形成新的催化中心，无数个催化中心不断地长大、扩展，最终相遇形成胞状结构[32]，如图 6-15（a）所示。图 6-15（b）是镀膜高熵合金样品的截面图，在涂层与基体界面处并未发现裂纹和缝隙出现，且分界线细而长，预示着涂层与基体之间具有较好的结合力。

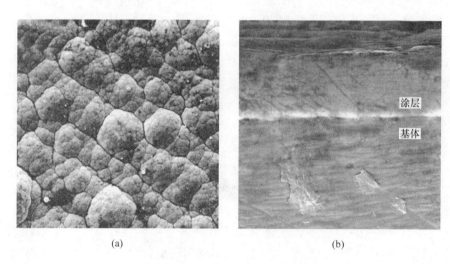

(a)　　　　　　　　　　　　　　　(b)

图 6-15　Ni-P 非晶涂层表面（a）及截面（b）形貌图[30]

当涂层较薄时，薄膜中裂纹方向与拉伸方向呈 45°角。随着涂层厚度增加，裂纹的方向与拉伸方向由 45°变为 90°角，这是典型的解理断裂特征。室温拉伸后，未镀膜高熵合金基体的截面上出现大量的韧窝，而涂层的存在改变了基体的断裂方式。涂层与基体的界面处出现河流状花纹和解理平台的形貌特征，这是典型的解理断裂方式。断裂形貌分析表明，相比于单相 FCC 高熵合金基体，非晶涂层的存在使基体的断裂方式发生改变，具体表现为从界面处向基体内部延伸，基体的断裂方式从解理断裂到准解理断裂再到塑性断裂（韧窝），如图 6-16所示。

6.3.3　强化机制

Xia 等人[26]研究表明，涂层-基体合金体系的变形行为可以分为两个阶段。第一阶段，基体和涂层在应变初始时均处于弹性阶段，称为弹性-弹性阶段。涂层与基体之间具有良好的结合力及匹配的弹性模量，二者在变形过程中可以协调

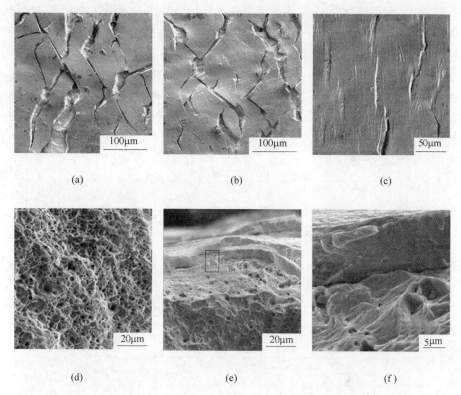

图 6-16 镀膜时间分别为 0.5h、1h 和 2h 试样在室温拉伸后的表面形貌图（(a)~(c)），
CoCrFeNi 基体试样拉伸后的截面图（d），镀膜时间为 1h 的截面图（e）和
图（e）中方框区域的放大图（f）[30]

变形而不致弯曲或脱落。随着应变进一步增加，高熵合金基体首先屈服进入塑性阶段，此时非晶涂层依旧处于弹性阶段[33]，该阶段称为弹性-塑性阶段。

研究结果表明[34]，若涂层的剪切模量大于基体的剪切模量，基体中将会产生反镜像力（τ_i），力的方向与裂纹扩展的方向相反。一方面，涂层作为"天然屏障"，可以抑制涂层与基体界面处位错的发射；另一方面，反镜像力的存在可以抵消部分加载应力从而降低位错的驱动力，抑制位错的产生与扩展，提高基体的屈服强度。根据 Rice 和 Thomson 的研究[35]，位错扩展的总应力如下：

$$\tau = \tau_a - \tau_i - \sum \tau_k \tag{6-1}$$

式中，τ_a 为加载切应力，τ_i 为镜像力，τ_k 为阻碍位错运动的其他应力。当 τ 为正值时，位错便会发射与扩展，反镜像力 τ_i 的存在可以在一定的程度上抵消位错扩展的总应力 τ。因此，硬质非晶 Ni-Mo-P 涂层可以有效地强化高熵合金基体，并且涂层越厚，强化效果越明显。

随着应变逐渐增加，位错沿着滑移线不断地向基体表面滑移，涂层与基体界面处形成高密度位错区。高密度位错对基体的塑性变形产生较大的影响，一方面，高密度位错区会产生长程背应力（τ_p）[36]，大小随着应变的增加而增大。在应变早期，背应力可以抑制位错的产生与扩展，起到一定的强化作用[37]。另一方面，高密度位错容易使解理裂纹形核[38]，促进解理裂纹的生成。综上，高密度位错区产生的背应力一方面可以抑制基体的塑性变形，另一方面促进解理裂纹的产生，使基体的断裂方式从韧性断裂转变为脆性断裂，降低了基体的塑性。强化机制示意图如图 6-17 所示。

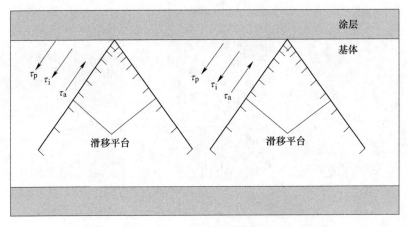

图 6-17　试样室温拉伸过程中的强化机制示意图

6.3.4　断裂机制

硬质非晶涂层的存在使基体产生解理裂纹，降低高熵合金基体的延展性。若非晶涂层中裂纹扩展速度足够大，可以穿入到基体中影响高熵合金基体的伸长率，降低界面处位错的数量。裂纹扩展所需要的动态断裂能随着裂纹扩展速度的增大而减小，表明裂纹表面处位错的塑性能量释放率降低[39]。当裂纹扩展到基体和涂层界面时，基体的局部应变率瞬时增加，促进涂层中裂纹持续扩展，使基体的局部塑性变形受到抑制，促进合金基体发生韧脆转变现象[40]。

涂层中裂纹随着应变的增加扩展到基体内部，扩展深度与涂层厚度紧密相关。若涂层中裂纹的扩展速度大于基体中位错的扩展速度，基体中位错将无法阻碍裂纹扩展，消失于裂纹产生的新表面内（称之为"屏蔽作用"）[41]。较高的裂纹扩展速度和较小的阻力使非晶涂层中裂纹可以更深地穿入到基体中。裂纹扩展到基体时的初速度可以用下式表示[42]：

$$v_c = \sqrt{\frac{7.9(1 - \mu_c)}{\rho_c k_c} - \frac{4\gamma_c E_{Y,c}}{\rho_c k h \sigma_{f,c}^2}} \tag{6-2}$$

式中，v_c 为裂纹初始传播速度；ρ_c 为涂层密度；k 为无量纲常数；γ_c，μ_c 和 $E_{Y,c}$ 分别为涂层的断裂应力、泊松比和杨氏模量；h 和 $\sigma_{f,c}$ 分别为涂层的厚度及断裂应力。由上式可得，薄膜厚度增加，裂纹穿透薄膜时的速度将会增大，裂纹扩展到基体中的深度越深，导致基体塑性降低越多，这和工程应力-应变曲线的实验结果一致。由于试样在拉伸过程中发生应力波动变化，拉伸应力-应变曲线中出现锯齿现象。在拉伸过程中，当拉应力达到裂纹扩展所需要的临界值时，薄膜中将会产生第一个裂纹，随即裂纹数量逐渐增加直至饱和，该过程伴随着应力降（锯齿）的出现。涂层中部出现最大拉应力，边缘具有最小拉应力，而界面处剪切应力呈相反分布状态[43, 44]。

6.4 表面处理后的摩擦磨损性能

机器运转时，各零部件因发生相对运动而产生的摩擦磨损不仅影响零件的使用寿命，还将增加消耗，造成环境污染。目前，表面涂层技术已成功地用于提高金属和合金的表面硬度和摩擦学性能。

6.4.1 渗氮处理对摩擦磨损性能的影响

从图 6-18 中可以看到，铸态和氮化 $Ni_{45}(FeCoCr)_{40}(AlTi)_{15}$ 高熵合金的摩擦系数在空气中表现出周期性波动，这是由于磨损表面磨损碎片的周期性消除和积累所致。此外，氮化合金的摩擦系数明显高于铸态合金。

根据修正黏着理论[31]，得到了如下摩擦系数：

$$f = \frac{\tau_f}{\sigma} = \frac{c}{\left[\alpha(1 - c^2)\right]^{\frac{1}{2}}} \tag{6-3}$$

式中，当 α 常数大于 1 时，σ 是正常载荷产生的压应力；τ_f 是表面膜的抗剪强度极限；$\tau_f = c\tau_b$ 系数 c 小于 1；τ_b 是基体的抗剪强度极限。根据公式（6-3）的说法，在相同载荷下，随着表面膜（τ_f）极限抗剪强度的增加，摩擦系数（f）可能增加。由于氮化物合金的表面硬度高于铸态合金，这意味着在滑动过程中需要克服较高的极限剪切强度。因此，较硬的氮化层导致摩擦系数增加。

结果表明，随着正常载荷从 5N 增加到 7N，摩擦系数从 0.21 增加到 0.42，在 12N 时降至 0.18，如图 6-18（a）所示，切削力在 7N 处产生的磨损碎片大于 5N 处产生的磨损碎片，导致表面粗糙度和摩擦系数增加。随着正常载荷的进一步增加，产生了更多的摩擦热，使摩擦表面更加光滑，降低了摩擦系数。氮化合金在相同环境下的摩擦系数与法向载荷相对稳定，如图 6-18（b）所示，氮化合金在空气和酸雨中的平均摩擦系数分别为 0.6 和 0.4。

图 6-19 给出了 $Ni_{45}(FeCoCr)_{40}(AlTi)_{15}$ 合金在 12N 载荷下的不同环境中磨损

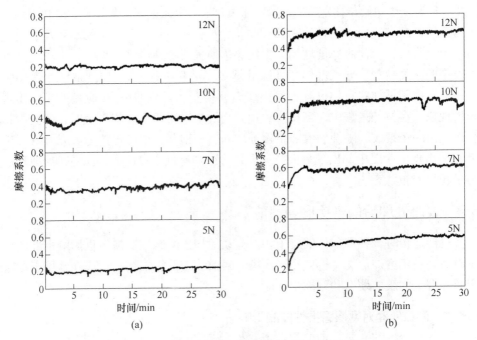

图 6-18　在空气中干磨的摩擦系数随时间变化趋势
（a）铸态合金；（b）氮化合金

表面的 SEM 图像。图中可看出氮化合金磨损表面整体较铸态合金表面平整光滑，铸态合金在空气中产生大量的氧化物碎片，观察到磨损表面在不同的载荷下分层，沿沟槽可发现明显的塑性变形，如图 6-19（a）所示。两个弹塑性固体在较低载荷下的接触过程中，表面弹性变形，最大剪应力 τ_{max} 出现在接触区中心的表层以下位置。当 τ_{max} 超过临界剪应力时，塑性在弹性区产生，接触压力随负荷的增加而增大，最终，塑性变形扩展到表面[45]。磨损表面有大量的分层和磨损碎片，存在大量的暗区，揭示了分层和黏着磨损。

　　如图 6-19 所示，由于酸雨的清洁、润滑、冷却和腐蚀，在相同载荷下酸雨中铸态合金的摩擦系数通常低于空气中的摩擦系数。力驱使液体流动，并从磨损表面携带磨屑流出，从而降低了表面粗糙度和摩擦系数，摩擦系数曲线上的波动变小。另外，由于酸雨的腐蚀，合金的表面在某种程度上软化。在连续摩擦过程中，较软的碎屑会破碎成小颗粒，将小颗粒研磨并填充到合金表面划痕凹槽内，使表面更光滑。另外，腐蚀产物的严重塑性变形降低了摩擦系数，这也解释了酸雨中较低的摩擦系数。

　　如图 6-19（b）所示，磨损表面较光滑，磨损碎片较小且较少。在液体环境中，局部应力、热集中和剪切摩擦减小，从而抑制了裂纹的产生。同时，该液体避免了空气和合金之间的直接接触，因此在表面上没有发生严重的氧化。但是，

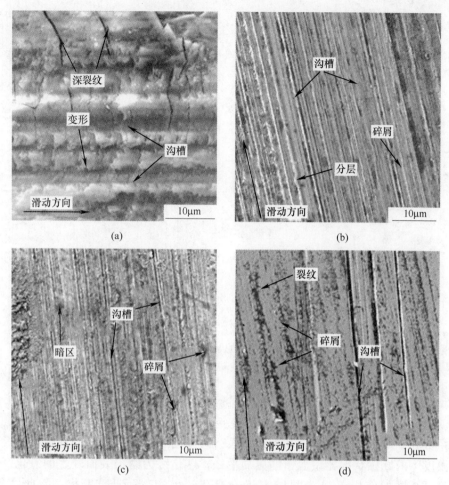

图 6-19　在 12N 载荷下不同环境中磨损表面的 SEM 图像
（a）铸态合金，在空气中；（b）铸态合金，在酸雨中；（c）氮化合金，在空气中；
（d）氮化合金，在酸雨中

溶解在液体中的少量氧气与合金中的活性金属反应形成氧化物[45]，例如 Al_2O_3 和 Cr_2O_3，表明轻微氧化在这种环境下发生磨损。在图 6-19（b）中观察到浅而窄的凹槽，大量的宽槽和深槽，同时出现了轻微的分层，表明酸雨中铸态合金的磨损机理是磨料和分层磨损。此外，在磨损表面上发现许多暗区，表明黏着磨损。在酸雨中，大量的 H^+ 和少量的 Cl^- 被电离[46]，磨损机理伴随着氢和氯离子的腐蚀。

图 6-20 为铸态合金和氮化合金在酸雨中干磨的摩擦系数随时间变化趋势。

图 6-21 是 $Al_{0.25}CoCrFeNi$ 高熵合金在不同温度下摩擦系数随滑动时间的变化曲线[6]。由图 6-21（a）可以看出，室温下铸态高熵合金的摩擦系数由初始的

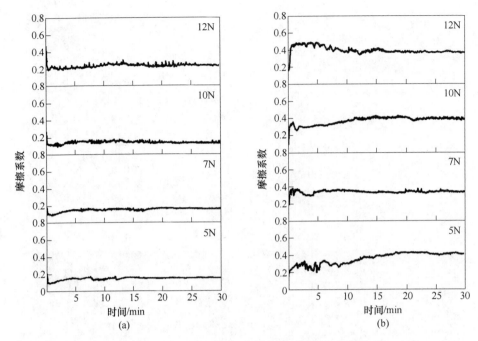

图 6-20　在酸雨中干磨的摩擦系数随时间变化趋势

(a) 铸态合金；(b) 氮化合金

0.55 增加到 400s 后的 0.77，说明磨损行为变得严重。在较低温度（100℃和 200℃）的实验温度下的摩擦系数曲线变化相似：在前期阶段，曲线平滑，摩擦系数在 0.6 上下波动；而在后期阶段，两条曲线均呈略微上升趋势。在这两个温度下的摩擦状况比室温下的更加平稳，这是因为磨损表面发生的氧化反应起到了减摩的作用[47, 48]，尽管它还不能有效承受载荷抵抗磨损。除此之外，摩擦情况的改善也可能是由于接触界面处的摩擦反应动力学，随着温度升高，摩擦副接触界面处的原子间脱拉力降低[49, 50]。这种现象在传统金属材料中被研究过，在中低温氛围内，纳米尺度上的黏合力（原子间的脱拉力）对温度是非常敏感的，即在一定的范围内随温度增加黏合力逐渐增加，但超过临界温度值，黏合力降低。

图 6-21 (a) 中 300℃、400℃和 500℃的摩擦系数曲线，这三条曲线的变化趋势类似，都是平滑的，且与横坐标轴几乎平行。平滑的曲线意味着稳定的摩擦过程。然而，当温度升到 600℃时，摩擦系数从最初的 0.6 减小到 0.5，最后在 0.52 上下波动。摩擦系数的降低是由于高温促使氧化作用加剧，氧化膜生成速率加快，厚的氧化膜具有更好的减摩作用。但与此同时，脆性氧化膜不稳定，更易从表面剥落[51]，周期性局部断裂和剥落可能是导致摩擦系数波动的原因[47, 52]。

氮化以后的高熵合金（如图 6-21（b）所示）对比没有氮化的合金摩擦系数显著降低。

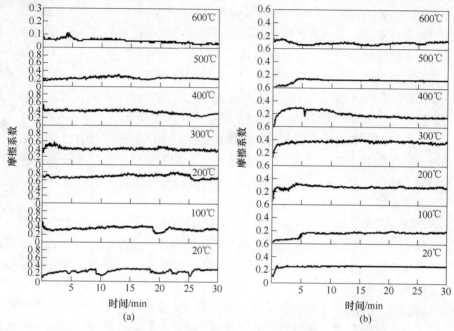

图 6-21 Al$_{0.25}$CoCrFeNi 高熵合金摩擦系数随滑动时间的变化

（a）铸态合金；（b）氮化合金

磨损率是评价材料耐磨性能的最直观的指标，磨损率越大意味着耐磨性越差，被磨损掉的体积更多。图 6-22 表现的是 Al$_{0.25}$CoCrFeNi 高熵合金在不同温度

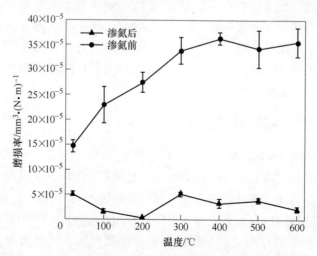

图 6-22 Al$_{0.25}$CoCrFeNi 高熵合金渗氮前后不同温度下的磨损率

下的磨损率以及磨损率随温度的变化趋势，整体上铸态合金的磨损率的变化主要有两个阶段：第一阶段是 20℃到 300℃之间，磨损率随温度上升而增大；第二阶段是 300℃到 600℃磨损率基本保持不变。当温度升高时，合金的硬度降低，则合金的耐磨性变差，表现为磨损率上升。磨损率升高还可能归因于温度使摩擦副之间的黏附性增加而导致黏着磨损严重。

渗氮后高熵合金的磨损率随温度的变化可以分为三个阶段：第一阶段，室温到 200℃间磨损率随温度升高而降低；第二阶段是 200℃到 300℃，磨损率骤然增大；第三阶段是 300℃到 600℃，磨损率随温度升高而降低。

第一阶段，渗氮层没有明显的高温软化迹象，所以磨损碎屑对试样表面产生的伤害不会有很大差异，而由于氧化膜的减摩作用和温度上升使摩擦副接触界面纳米尺度上的黏合力（原子间的脱拉力）减小，使得黏着磨损机制减弱，总的磨损实际上是减弱的，所以磨损率降低。

第二阶段，磨损率的上升主要是因为磨损机制的变化。随着温度的升高，氧化膜继续生成，摩擦系数周期性地波动，表明摩擦过程不稳定，氧化膜的生成速率和磨损速率处于相互竞争状态，氧化膜处于不断生成、剥落、生成的循环过程，使得磨损率骤然上升。

第三阶段，磨损率下降主要是因为氧化膜的减摩抗磨作用。摩擦系数曲线平稳，说明摩擦过程稳定，此时生成的氧化膜足够厚。氧化膜可以降低界面的抗剪强度，从而抑制了循环载荷下的塑性变形[51, 53]，由此降低了磨损量。此外，氧化膜使摩擦副之间的原子结合力或离子结合力被较弱的范德华力所代替，因而降低了表面分子作用力[51]，从而减小了摩擦力，表现为摩擦系数降低，所以摩擦力做功减少，磨损率降低。

渗氮处理后，$Al_{0.25}CoCrFeNi$ 高熵合金的耐磨性有了显著提升。室温下，氮化高熵合金的耐磨性是未氮化的 3 倍；当温度在 300℃后，渗氮合金的耐磨性是未渗氮的 7 倍。温度对渗氮后的 $Al_{0.25}CoCrFeNi$ 高熵合金的耐磨性影响不大，也就说明了渗氮后的 $Al_{0.25}CoCrFeNi$ 高熵合金在高温下依然有着不弱于室温时的耐磨损性能。

6.4.2　渗硼处理对摩擦磨损性能的影响

图 6-23 中可以看出退火态 $Al_{0.1}CoCrFeNi$ 高熵合金的磨损率最高，渗硼后合金磨损率大幅降低，随着渗硼时间的增加，磨损率逐渐降低。这是由于随着渗硼时间的增加，合金硬度逐渐增加，导致材料耐磨性大大增加。

从图 6-24 中可以看出退火态 $Al_{0.1}CoCrFeNi$ 高熵合金的摩擦系数很大，在磨损前期，摩擦副和样品之间接触面粗糙，摩擦力大，接触面积小，随着摩擦时间增加，表层逐渐光滑，摩擦系数又降低，最后稳定在一个范围上下浮动。

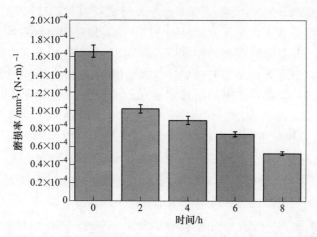

图 6-23　不同渗硼时间下的 $Al_{0.1}CoCrFeNi$ 高熵合金的磨损率

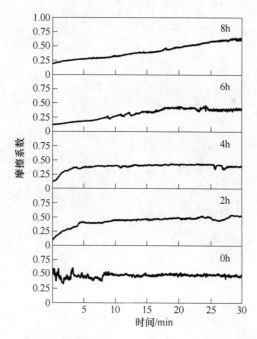

图 6-24　不同渗硼时间下的 $Al_{0.1}CoCrFeNi$ 高熵合金的磨损率

渗硼后摩擦系数初始值和稳定值均低于铸态的初始值，这说明渗硼增加了试样的耐磨性。并且随着渗硼时间的延长，摩擦系数稳定值逐渐降低，磨合期逐渐增加。这是由于渗硼时间增加，硼化层厚度逐渐增加，其硬度也逐渐增加，导致表面的初始粗糙度引起的颗粒状微凸物被磨损所需的时间增加，使得磨合期逐渐增加。

硼化 $Al_{0.1}CoCrFeNi$ 高熵合金摩擦磨损表面形貌如图 6-25 所示，可以看出退火态样品塑性变形较大，出现大面积的分层，这是犁耕现象导致的，说明退火合金磨碎机制主要是黏着磨损和塑性变形。渗硼 2h 合金磨损表面出现许多局部分层，此外还随机分布着许多磨屑颗粒，这表明渗硼 2h 合金磨损机制主要为分层磨损和磨粒磨损。随着渗硼时间增加到 4~6h，磨损表面逐渐平滑，分层现象越来越浅，出现了较浅的沟槽，磨屑颗粒也逐渐变细变亮，这说明发生了氧化磨损[47]，此时磨损机制主要是磨粒磨损，磨损介质为表面生成的氧化物。在渗硼 8h 时，表面出现了裂纹，这是由于硬度增加，Si_3N_4 球在摩擦过程中产生接触疲劳，此时硼化层塑性较低，从而产生裂纹，此时磨损机制主要为疲劳磨损[54]。结果表明合金的耐磨性随着渗硼时间增加逐渐提高。

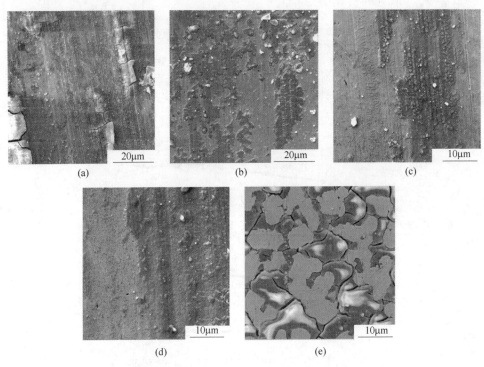

图 6-25　不同渗硼时间 $Al_{0.1}CoCrFeNi$ 高熵合金的磨损表面 SEM 图

(a) 退火态；(b) 2h；(c) 4h；(d) 6h；(e) 8h

6.5　其他表面处理方法

表面硬化方法是表面工程的核心内容，是决定强化表层的成分、结构、组织和性能的关键技术。作为最具前景的新型合金研究领域之一，全球越来越多学者参与研究高熵合金。面心立方结构的高熵合金拥有良好的塑性、优异的综合性能，通过渗硼、渗氮、渗碳等表面处理技术，可以有效提高合金表面性能，且以上技术本质为扩散过程，会生成强有力的扩散层与基体连接，使得表面涂层与基体有良好的结合性能。通过以上方式处理后，合金表面形变量小，可以保持原有形状及应用要求。此外，非金属化处理（喷塑、黏涂等）、冶金处理（堆焊、热喷涂等）、高能束表面处理等技术都有望用于高熵合金的表面强化以提高其表面特性。现阶段，形变强化中的喷丸强化在高熵合金上的应用已有相关报道。

喷丸处理就是将高速弹丸流喷射到零件表面，使零件表层发生塑性变形，而形成一定厚度的强化层，强化层内形成较高的残余应力，由于零件表面压应力的存在，当零件承受载荷时可以抵消一部分应力，从而提高零件的疲劳强度。喷丸过程中的弹丸流对靶材表面的冲击是间断性的，每经历一次弹丸的冲击，靶材表面就要承受一次加载与卸载。在此过程中的，表面主要承受压-压脉动载荷，而不是拉-拉和拉-压脉动载荷。在每一次的载荷作用下迫使表层材料发生循环塑性变形，此过程如同冷作硬化。材料固有的循环塑性应变特性决定其喷丸处理后表面是否发生硬化。具有循环塑性硬化特性的材料，喷丸处理后表面发生循环应变硬化，导致显微硬度增加。

Pandey 等人研究得出超声喷丸工艺成功地诱导了 7075 铝合金表面区域的纳米结构层[55]。表面粗糙度和压缩残余应力随喷丸时间的增加而增加，样品的表面区域形成了纳米结构，位错密度和微应变增加，平均晶粒尺寸随持续时间的增加而逐渐减小。喷丸样品与未处理试样相比表现出更佳的耐蚀性，这是由于表层纳米结构引起的较高的钝化、较低的塑性变形、较少的微应变、较低的位错密度和压应力，促进了致密、稳定、坚韧的氢氧化铝钝化膜的形成。

Bagherifard 等人发现尽管镁合金在室温下的变形能力有限，但提高喷丸过程的动能可使顶部表面层的晶粒细化到纳米级，此外，严格的喷丸处理提高了表面粗糙度（高达 150%）、显微硬度（高达 133%）和表面润湿性（高达 20%），并在较深的表面层（最大压缩应力 -56MPa）引起压缩残余应力[56]。

参 考 文 献

[1] 杜黎明. Al_（0.25）CoCrFeNi 高熵合金渗氮层的高温摩擦磨损性能研究 [D]. 太原：太原理工大学，2019.

[2] Du L M, Lan L W, Zhu S, et al. Effects of temperature on the tribological behavior of $Al_{0.25}CoCrFeNi$ high-entropy alloy [J]. Journal of Materials Science & Technology, 2019, 35（5）：917~925.

[3] Lan L W, Wang X J, Guo R P, et al. Effect of environments and normal loads on tribological properties of nitrided $Ni_{45}(FeCoCr)_{40}(AlTi)_{15}$ high-entropy alloys [J]. Journal of Materials Sci-

ence & Technology, 2020, 42: 85~96.

[4] Lynch C T. CRC handbook of materials science, Vol. I, general properties [J]. Cleveland Crc Press, 1974.

[5] Boer F R D, et al. Cohesion in Metals: Transition Metal Alloys [J]. Amsterdam: North-Holl and, 1988.

[6] 陈有民. 园林植物与意境美 [J]. 中国园林, 1985 (4).

[7] Ozbek I, Bindal C. Mechanical properties of boronized AISI W4 steel [J]. Surface & Coatings Technology, 2002, 154 (1): 14~20.

[8] Kong D J, Xie C Y. Analysis of surface-interface of boronized layer on $Cr_{12}MoV$ cold-worked die steel [J]. Binggong Xuebao/acta Armamentarii, 2015, 36 (3): 571~576.

[9] Wang H Y, Wu Z K, Yuan X M, et al. Effects of laser irradiation on microstructure and proper-ties of boronized 65Mn steel [J]. Cailiao Rechuli Xuebao/transactions of Materials & Heat Treat-ment, 35 (5): 176~180.

[10] Hou J, Zhang M, Yang H, et al. Surface strengthening in Al_(0.25)CoCrFeNi high-entropy al-loy by boronizing [J]. Materials Letters, 2019, 238 (MAR. 1): 258~260.

[11] Lindner T, Lobel M, Sattler B, et al. Surface hardening of FCC phase high-entropy alloy system by powder-pack boriding [J]. Surface & Coatings Technology, 2019, 371: 389~394.

[12] Preciado M, Bravo P M, Alegre J M. Effect of low temperature tempering prior cryogenic treat-ment on carburized steels [J]. Journal of Materials Processing Tech, 2006, 176 (1~3): 41~44.

[13] Chiu L H, Wu C H, Chang H. Wear behavior of nitrocarburized JIS SKD61 tool steel [J]. Wear, 2002, 253 (7~8): 778~786.

[14] Zhang L, Jiang Z K, Zhang M, et al. Effect of solid carburization on the surface microstructure and mechanical properties of the equiatomic CoCrFeNi high-entropy alloy [J]. Journal of Alloys and Compounds, 2018, 769: 27~36.

[15] Takeuchi A, Inoue A. Classification of bulk metallic glasses by atomic size difference, heat of mixing and period of constituent elements and its application to characterization of the main allo-ying element [J]. Materials Transactions, 2005, 46 (12): 2817~2829.

[16] Middleburgh S C, King D M, Lumpkin G R, et al. Segregation and migration of species in the CrCoFeNi high-entropy alloy [J]. Journal of Alloys & Compounds, 2014, 599: 179~182.

[17] 李哲, 张伟强, 孙日伟, 等. 固体渗碳对 CuCoCrNiFe 高熵合金组织和硬度的影响 [J]. 功能材料, 2016, 47 (6): 190~193.

[18] Deying S. Comparison between normal and polymer cementation agent used in solid carburizing on NiTi alloy [J]. Acta Metallurgica Sinica, 2003.

[19] Wu X, Yang Y, Zhan Q, et al. Structure degradation of HP cracking tube during service [J]. Acta Metallrugica Sinica, 1998, 34 (10): 1043~1048.

[20] Farkas D, Ohla K. Modeling of diffusion processes during carburization of alloys [J]. Oxidation of Metals, 1983, 19 (3): 99~115.

[21] Qiu X, Liu C. Microstructure and properties of $Al_2CrFeCoCuTiNi_x$ high-entropy alloys prepared

by laser cladding [J]. Journal of Alloys and Compounds, 2013, 553: 216~220.

[22] Chang F, Cai B, Zhang C, et al. Thermal stability and oxidation resistance of FeCr$_x$CoNiB high-entropy alloys coatings by laser cladding [J]. Surface & Coatings Technology, 2019, 359: 132~140.

[23] Lin Y, Hu J. Borides in microcrystalline Fe-Cr-Mo-B-Si alloys [J]. Journal of Materials Ence, 1991, 26 (10): 2833~2840.

[24] Ma S, Xing J, Liu G, et al. Effect of chromium concentration on microstructure and properties of Fe-3.5B alloy [J]. Materials Science and Engineering A-structural Materials Properties Microstructure and Processing, 2010, 527 (26): 6800~6808.

[25] Baoch W. Effect of alloying on the oxidation resistance of Ni-Cr-B-Si alloy [J]. Chinese Journal of Materials Research, 1987.

[26] Xia Z H, Zhang M, Zhang Y, et al. Effects of Ni-P amorphous films on mechanical and corrosion properties of Al$_{0.3}$CoCrFeNi high-entropy alloys [J]. Intermetallics, 2018, 94: 65~72.

[27] Song X T, Guo R P, Wang Z, et al. Deformation mechanisms in amorphous Ni-Mo-P films coated on CoCrFeNi high-entropy alloys [J]. Intermetallics, 2019: 114.

[28] Song X T, Shi X H, Xia Z H, et al. Effects of Ni P coating on mechanical properties of Al$_{0.3}$CoCrFeNi high-entropy alloys [J]. Materials Science and Engineering: A, 2019, 752: 152~159.

[29] Qi K, Xie Y, Wang R, et al. Electroless plating Ni-P cocatalyst decorated g-C$_3$N$_4$ with enhanced photocatalytic water splitting for H$_2$ generation [J]. Applied Surface Science, 2019, 466: 847~853.

[30] Guo T, He J, Pang X, et al. High temperature brittle film adhesion measured from annealing-induced circular blisters [J]. Acta Materialia, 2017, 138: 1~9.

[31] 宗白华. 美学与意境 [M]. 北京: 人民出版社, 1987.

[32] Qiao J W, Wang Z, Ren L W, et al. Enhancement of mechanical and electrochemical properties of Al$_{0.25}$CrCoFe$_{1.25}$Ni$_{1.25}$ high-entropy alloys by coating Ni-P amorphous films [J]. Materials Science and Engineering: A, 2016, 657: 353~358.

[33] Teng L, Suo Z. Ductility of thin metal films on polymer substrates modulated by interfacial adhesion [J]. International Journal of Solids & Structures, 2007, 44 (6): 1696~1705.

[34] Takasugi T. Surface strengthening in aluminium single crystals coated with electro-deposited nickel film [J]. Acta Metall, 1975: 1111~1120.

[35] Rice J R, Thomson R. Ductile versus brittle behaviour of crystals [J]. The Philosophical Magazine: A Journal of Theoretical Experimental and Applied Physics, 2006, 29 (1): 73~97.

[36] Cao Q P, Ma Y, Wang C, et al. Effect of temperature and strain rate on deformation behavior in metallic glassy films [J]. Thin Solid Films, 2014, 561: 60~69.

[37] Ma Y, Cao Q P, Qu S X, et al. Stress-state-dependent deformation behavior in Ni-Nb metallic glassy film [J]. Acta Materialia, 2012, 60 (10): 4136~4143.

[38] Gwangwava N, Mpofu K, Tlale N, et al. Concept development for reconfigurable bending press tools' (RBPTs) modules using a novel methodology [J]. IFAC Proceedings Volumes, 2013,

46 (7): 354~359.

[39] Freund L B. Crack propagation in an elastic solid subjected to general loading-Ⅱ. non-unform rate of extension [J]. J Mech Phys Solids, 1972, 20: 141~152.

[40] Khantha M, Vitek V, David P. Strain-rate dependence of the britle-to-ductile transition temperature in TiAl [J]. University of Pennsylvania Scholarly Commons, 2001: N1. 11. 1-N1. 6.

[41] Guo T, Qiao L, Pang X, et al. Brittle film-induced cracking of ductile substrates [J]. Acta Materialia, 2015, 99: 273~280.

[42] Guo T, Chen Y, Cao R, et al. Cleavage cracking of ductile-metal substrates induced by brittle coating fracture [J]. Acta Materialia, 2018, 152: 77~85.

[43] Frank S, Handge U A, Olliges S, et al. The relationship between thin film fragmentation and buckle formation: Synchrotron-based in situ studies and two-dimensional stress analysis [J]. Acta Materialia, 2009, 57 (5): 1442~1453.

[44] Xie C, Tong W. Cracking and decohesion of a thin Al_2O_3 film on a ductile Al-5%Mg substrate [J]. Acta Materialia, 2005, 53 (2): 477-485.

[45] 刘芮希. 禅意空间—"禅"对室内空间意境的塑造 [D]. 重庆: 重庆大学, 2015.

[46] Chen M, Shi X H, Yang H, et al. Wear behavior of $Al_{0.6}CoCrFeNi$ high-entropy alloys: Effect of environments [J]. Journal of Materials Research, 2018, 33 (19): 3310~3320.

[47] Wu J M, Lin S J, Yeh J W, et al. Adhesive wear behavior of $Al_x CoCrCuFeNi$ high-entropy alloys as a function of aluminum content [J]. Wear, 2006, 261 (5~6): 513~519.

[48] Chuang M H, Tsai M H, Wang W R, et al. Microstructure and wear behavior of $Al_x Co_{1.5}CrFeNi_{1.5}Ti_y$ high-entropy alloys [J]. Acta Materialia, 2011, 59 (16): 6308~6317.

[49] Gåård A, Hallbäck N, Krakhmalev P, et al. Temperature effects on adhesive wear in dry sliding contacts [J]. Wear, 2010, 268 (7): 968~975.

[50] Miyoshi K. Considerations in vacuum tribology (adhesion, friction, wear, and solid lubrication in vacuum) [J]. Tribology International, 1999, 32 (11): 605~616.

[51] Wen S, Huang P. Principles of tribology [M]. Macmillan, 2012.

[52] Wu J M, Lin S J, Yeh J W, et al. Adhesive wear behavior of $Al_x CoCrCuFeNi$ high-entropy alloys as a function of aluminum content [J]. Wear, 2006, 261 (5~6): 513~519.

[53] 布尚 B. 摩擦学导论 [M]. 北京: 机械工业出版社, 2007.

[54] Meric C, Sahin S, Backir B, et al. Investigation of the boronizing effect on the abrasive wear behavior in cast irons [J]. Materials & Design, 2006, 27 (9): 751~757.

[55] Pandey V, Singh J, Chattopadhyay K, et al. Influence of ultrasonic shot peening on corrosion behavior of 7075 aluminum alloy [J]. Journal of Alloys and Compounds, 2017, 723: 826~840.

[56] Bagherifard S, Hickey D J, Fintova S, et al. Effects of nanofeatures induced by severe shot peening (SSP) on mechanical, corrosion and cytocompatibility properties of magnesium alloy AZ31 [J]. Acta Biomaterialia, 2018, 66: 93~108.

7 面心立方结构高熵合金在高应变速率下的力学行为

7.1 面心立方高熵合金的极端力学行为

根据之前章节的详细介绍，面心立方（FCC）高熵合金具有众多优异的性能，其中包括高塑性、低密度、优异的强韧性以及高的性价比等。纵观过往，在新型合金的开发、设计到实际生产应用的过程中，除了考虑其性能因素，合金的服役环境也很重要。预使 FCC 高熵合金获得更广泛的应用前景，尤其需要考虑到材料在工程领域中的各种服役环境，比如高温、高压和高速冲击等。不同于传统合金，FCC 高熵合金有许多独特的力学性能，比如，有些 FCC 高熵合金在低温或高应变速率加载下会出现增强增韧的效果。

7.1.1 力学性能的极端性

在 FCC 高（中）熵合金中，绝大多数合金体系均由以下多种元素组成，即 Ni、Co、Cr、Mn、Fe 和 V。除了这些 3d 过渡金属元素，许多 FCC 高熵合金中还会添加少量的 Al，Al 的加入会使合金更容易形成具有低层错能（SFE）的 FCC 固溶体，通常称这类高熵合金为 TM-M/HEAs（MEAs），比如 NiCoCrFeMn、NiCoCrFe 和 NiCoCr 等，由于它们在低温下的强度和塑性同时得到了增强，克服了与温度效应有关的强度-塑性权衡矛盾，因而备受关注。如图 7-1 所示，当拉伸试验温度从 293K 下降到 77K 时，NiCoCrFeMn 高熵合金的屈服强度、抗拉强度和断裂应变分别为 759MPa、2153MPa 和 0.55，相较室温下分别提高了 85%、96% 和 34%[1]。

对于 FCC 高熵合金，这种优异的低温力学性能主要来源于 TM-M/HEAs 独特的变形机制，即与 TM-M/HEAs 严重的局部晶格畸变、独特的化学结构以及低的层错能有关。在高锰钢和奥氏体不锈钢中，层错能小于 $45mJ/m^2$ 时容易发生孪晶或相变诱导塑性变形，同样在 FCC 高熵合金中也发现了类似的现象。研究发现，室温下 TM-M/HEAs 的层错能一般为 $10 \sim 40mJ/m^2$，而低温下的层错能会更低。然而，研究发现，TM-M/HEAs 中变形孪晶的激活只发生在塑性变形的后期或在低温加载时，并且在等原子比的 TM-M/HEAs 中很难有相变的产生。

面心立方高熵合金除了低温下的特殊性，在高应变速率下也能发现类似的性能。图 7-2 是 NiCoCrFe FCC 高熵合金分别在准静态拉伸和动态拉伸下的应力-应变曲线图[2]。图 7-2（a）和（b）中动态拉伸下的真实应变由于设备原因无法显示

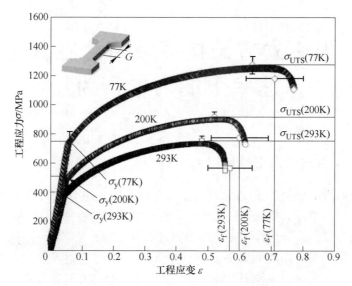

图 7-1　NiCoCrFeMn 高熵合金屈服强度、极限抗拉强度
和断裂应变都随着温度的降低而增加[1]

完全，通过实际测量手段精确计算出实际的真实应变均高于准静态水平。与 NiC-oCrFeMn 高熵合金在低温下的情况类似，NiCoCrFe 高熵合金在动态拉伸下也观察到了强度-塑性均提高的现象。高应变冲击与低温都是相较准静态和室温的极端服役环境，这一领域合金性能的开发具有重要意义。

如图 7-3 所示，图中列举了高性能钢、钛合金、镁合金、铝合金以及高熵合金等在不同应变速率下的强度塑性对比图。由图 7-3 可知，图中的第一、二、三和四象限分别代表金属材料在高应变速率下强度塑性都提高、强度降低塑性提高、强度塑性都降低和强度提高塑性降低。高性能钢大多集中于第一象限和第四象限，即钢在高应变速率下的强度会得到提升，塑性因"钢"而异。镁合金之所以在图中的位置突出，是因为其塑性都在 5% 左右，所以动态下稍微塑性提升都会在图中很敏感的表现。TRIP 钢和 Ti 合金的动态力学性能优异，在高应变速率下强度塑性都得到了提高。TRIP 钢和 Ti 合金在高应变速率下的强度和塑性均提高，因而表现出优异的动态力学性能。

很明显在 BCC 金属中，比如钽、碳钢和 IF 钢等，屈服强度随着应变速率的增加而增加，这归因于高的派-纳势垒阻碍了位错运动。对于某些非 BCC 金属和合金，由于阻碍位错运动的势垒较低，屈服强度对应变速率的敏感性相对较低，比如高强度钢、铝合金、镁合金等。在大多数金属和合金中都发现了与应变速率效应相关的强度-塑性权衡问题，也就是说对于屈服强度应变速率敏感性高的金属，其极限应变会随着应变速率的提高而降低（即 $CR<0$），反之也是如此，特

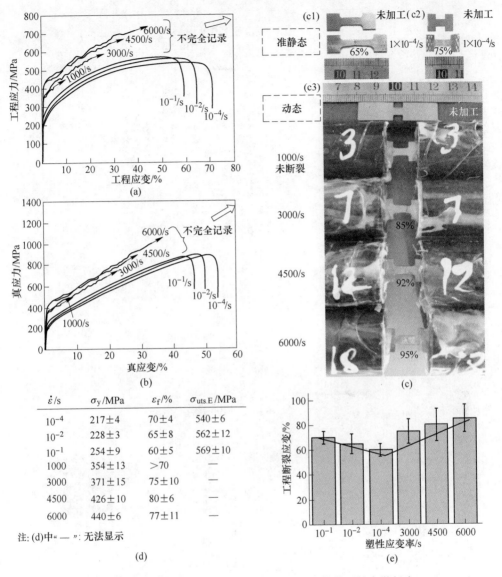

图 7-2 NiCoCrFe 高熵合金在准静态和动态拉伸下的力学行为

（a）、（b）不同应变速率下的工程应力-应变曲线和真应力-应变曲线；

（c）试验后试样的实物图；（d）不同应变速率下的屈服强度和断裂应变；

（e）各应变速率下的工程应变[2]

别是铝合金、镁合金和某些 TRIP 钢。对于在高应变率下强度塑性均提高的金属，无外乎两个原因：（1）铝合金、双相钢（双相不锈钢除外）等应变硬化较弱、颈缩严重的金属，在动态下由于惯性效应，颈缩速度减慢；（2）在动态载荷下发生了孪晶或相变。

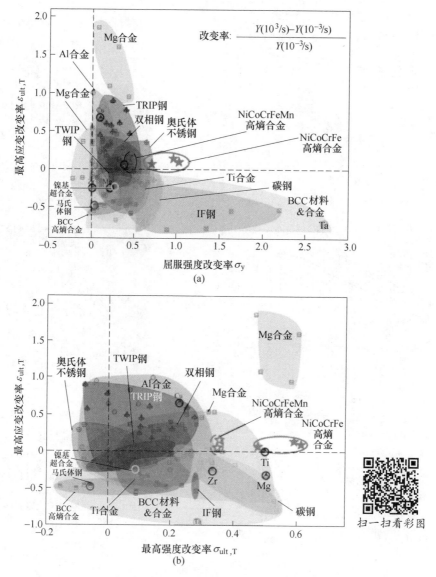

图 7-3　动态下相比准静态下的屈服强度（σ_y）改变量（a）和最高强度
（σ_{ult}）改变量（b）与最大应变（ε_{ult}）改变量之间的关系图[2]，
统计了高性能钢、钛合金、镁合金、铝合金以及 BCC 结构的金属和高熵合金等

7.1.2　低温和高应变速率下的变形机理

在低温加载变形过程中，大量的纳米孪晶作为额外变形机制被激活，纳米孪晶引入的孪晶界（TBs）很大程度上阻碍了位错的运动，产生了增强增韧这样非

常规的加工硬化行为[3]。另外在 NiCoCr FCC 中熵合金中还发现，纳米孪晶网格可以为位错沿孪晶界滑移提供有效的途径，从而提高了宏观塑性。对 NiCoCrFeMn 高熵合金的裂纹扩展研究后发现，在近端裂纹面上形成了纳米孪晶桥，这种现象说明合金具有良好的韧性。对 NiCoCrFeMn 高熵合金进行了单轴拉伸和压缩实验，如图 7-4 所示，并采用高分辨率数字化图像（DIC）和电子背散射衍射（EBSD）测定了孪晶、滑移孪晶的自硬化和潜在硬化模量，以及滑移的相互作用[4]。实验结果表明，孪晶相互作用产生的潜在硬化比与滑移有关的相互作用至少高一个数量级，实验证实了孪晶对应变硬化的显著影响。

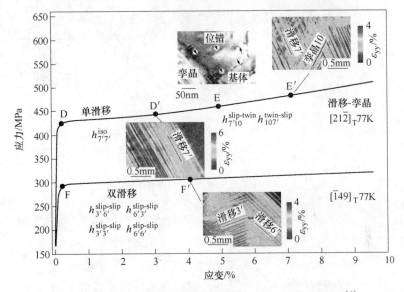

图 7-4　FeMnNiCoCr 高熵合金沿不同取向的单晶力学测试[4]

（包括对滑移和滑移孪晶相互作用的不同应变水平的原位 DIC 应变等值线，TEM 显微照片
显示了滑移和孪晶之间的相互作用）

应变速率和温度是影响材料力学性能的两个主要因素[5]，因此，FCC 高熵合金中潜在的变形机制可以通过调节应变率和温度来激活。例如，$Al_{0.5}CoCrCuFeNi$ 面心立方高熵合金在中温（673~873K）和准静态（$10^{-7} \sim 10^{-3}$/s）压缩呈现锯齿状流变。通过统计学、动力学以及建立多重分型模型可以揭露 $Al_{0.5}CoCrCuFeNi$ 面心立方高熵合金的变形机制。此外研究表明，面心立方结构的 TM-M/HEAs 具有很强的屈服强度温度敏感性，即屈服强度随温度的降低而显著提高[6]。屈服强度的温度敏感性在体心立方结构的金属中普遍存在，但是在 FCC 结构的金属和合金中却十分少见，其中包括某些含氮的奥氏体不锈钢和 TWIP 钢。

在 FCC 高熵合金中，强烈的温度敏感性可以归因于高的晶格摩擦应力，即热激活过程中高的派-纳（Peierls-Nabarro）势垒[6]。此外，研究发现具有强温度敏感性的合金也表现出很大的应变率敏感性（SRS），这证实了热激活机制在 TM-M/HEAs 变形过程中的作用[7]。由温度和应变速率引起的活化体积是最低的，例如 NiCoCr 中熵合金、NiCoCrFe 高熵合金和 NiCoCrFeMn 高熵合金的活化体积在 $50\sim80b^3$ 之间（b 为 Burgers 矢量），但仍大于体心立方结构金属中由晶格摩擦引起的活化体积。因此，研究排除了 Peierls-Nabarro 势垒作为热激活过程中的短程势垒，并提出以溶液-位错相互作用为核心的 Labusch 型溶液强化机制，以位错线的长程弯曲为热势垒控制 TM-M/HEAs 的塑性变形。然而，Labusch 模型不适用于激活体积较小的 TM-M/HEA 中，例如，NiFe 等原子合金的势垒强度会被严重低估，所以热激活过程中的短程势垒效应需要更进一步研究。Hong 等人提出双团簇或短程有序团簇（SRO）可能是 NiCoCrFeMn 高熵合金在热激活过程中的短程障碍，在此过程中，激活体积会随塑性应变增加而增大[8]。

7.2　面心立方高熵合金动态力学行为研究

7.2.1　动态实验方法

动态拉伸实验一般使用分离式霍普金森拉杆（SHTB）进行，一般能达到 $1000\sim10000/s$ 的应变速率。如图 7-5 所示，分离式霍普金森拉杆实验装置主要由子弹、入射杆、透射杆等装置组成，子弹、入射杆与透射杆材料均为高强钢。将动态拉伸样品通过转接头固定，并装到入射杆与透射杆之间，通过调整气瓶内的气压控制应变速率的大小。实验过程中气体迅速膨胀使得子弹以极高的速度与入射杆相撞形成脉冲，即入射波。入射波在传播过程中，一部分返回入射杆成为反射波，一部分通过透射杆成为透射波，黏贴在入射杆与透射杆上的应变片实时记录应变信号，并输入到数字示波器上。应用霍普金森杆进行动态加载实验时，通过测量实验中杆上产生的弹性应变来推导材料应力与应变的关系，避免了对材料应力和应变直接测量的难题。

另外，动态实验过程中产生的加载波形容易调控，可记录加载波形的应力-应变、应变速率-时间、应力-时间和应变-时间等动态曲线。霍普金森杆已成为测量材料动态力学性能的标准实验方法。

黏贴在霍普金森拉杆上的应变片实时记载脉冲经过时的应变信号，其中，$\varepsilon_i(t)$、$\varepsilon_r(t)$ 和 $\varepsilon_t(t)$ 分别为入射波、反射波与透射波的应变信号。根据如下公式可得到应变速率、应变、应力与时间之间的关系：

$$\dot{\varepsilon} = -\frac{2C_b}{L_s}\varepsilon_r(t) \tag{7-1}$$

$$\varepsilon = -\frac{2C_b}{L_s}\int_0^t \varepsilon_r(t)\,\mathrm{d}t \tag{7-2}$$

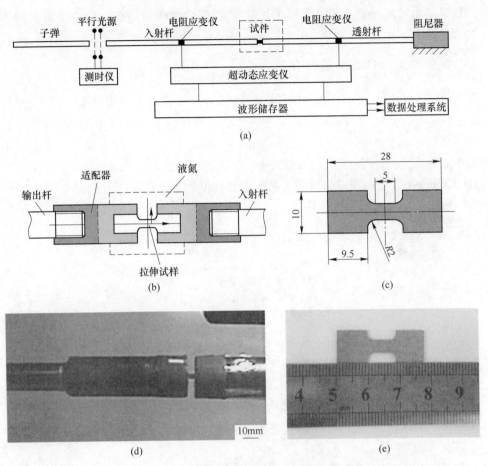

图 7-5 霍普金森杆示意图（a），动态拉伸实验装置示意图（b）（可以使用在液氮温度下），
动态拉伸样品示意图（c），动态拉伸实验装置实物图（d）和动态拉伸样品实物图（e）

$$\sigma = \frac{A_b E_b}{A_s} \varepsilon_t(t) \tag{7-3}$$

式中，A_s 和 A_b 分别为试样和拉杆的截面积；L_s 为试样的标距段长度；E_b 为杆的
杨氏弹性模量；C_b 为压杆中弹性纵波传播速度；t 为透射脉冲应变；r 为反射脉
冲应变。根据以上公式计算出不同应变速率下的应力-应变数据，再用软件进行
处理后便可得到动态冲击下的应力-应变曲线。

7.2.2 动态拉压

一般来说，高应变速率是指加载速率超过 1000/s 的情况，高应变速率会显
著影响材料的力学性能和变形机制，比如铝合金、镁合金、先进高强钢和钛合金
等。到目前为止，对 FCC 高熵合金在高速动态载荷下的力学行为研究非常有限，

尤其是动态拉伸性能。下面列举了几种常见 FCC 结构的高熵合金在动态加载下的力学性能。

7.2.2.1　$Al_{0.1}CrFeCoNi$ 高熵合金

Kumar 等人[9]研究了 $Al_{0.1}CrFeCoNi$ 高熵合金在高应变率压缩下的变形行为。如图 7-6 所示，$Al_{0.1}CrFeCoNi$ 高熵合金的屈服强度随着应变速率的提高而增加，呈现出正的应变速率敏感性（Strain Rate Sensitivity，SRS）。除此以外，还观察了试样变形后的 TEM 微观组织图，对比了准静态和动态变形后的组织图。$Al_{0.1}CrFeCoNi$ 合金在经过高速冲击后的孪晶密度远大于准静态，而且在高速冲击后还形成了二次纳米变形孪晶。

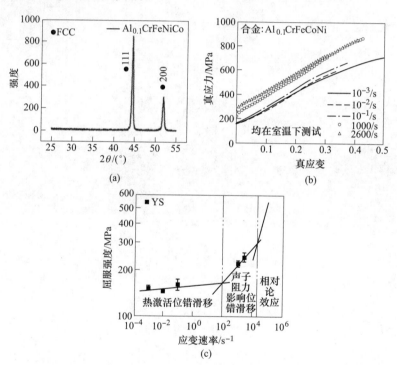

图 7-6　单相 FCC 结构的 XRD 衍射图（a），不同应变速率下的真应力-真应变曲线（b）和
正的应变速率敏感性曲线（c）[9]

7.2.2.2　CoCrFeMnNi 高熵合金

CoCrFeMnNi 高熵合金的动态压缩力学行为也被广泛研究。Park 等人主要研究了应变速率对 CoCrFeMnNi 高熵合金在准静态和动态压缩下变形及组织演变的影响[10]。在 $10^{-4} \sim 4700/s$ 的宽应变速率区间下，合金表现出非常明显的正应变

速率敏感性，并说明是受到黏滞阻力效应的影响。用 EBSD 进行微观结构的分析表明，在这两种条件下都存在大量孪晶，动态变形后的试样观察到强烈的局部变形区（即绝热剪切带）。动态压缩过程是应变硬化、应变率硬化和热软化的竞争过程，采用温度修正的 Johnson-Cook 模型对动态条件下的流变应力进行了分析，修正后的 Johnson-Cook 模型与实验结果吻合较好。CoCrFeMnNi 高熵合金的实验值曲线和 Johnson-Cook 模型拟合值曲线如图 7-7 所示。

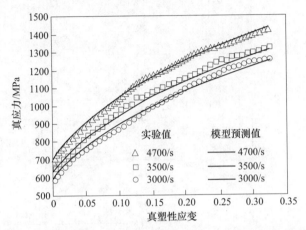

图 7-7　CoCrFeMnNi 高熵合金的实验值曲线和 Johnson-Cook 模型拟合值曲线[10]

He 等人主要研究了 CoCrFeMnNi 高熵合金在动态变形过程中的变形机理，对不同晶粒尺寸的材料进行试验，发现晶粒尺寸和应变速率在变形过程中都起着重要作用[11]。首先是晶粒尺寸效应，当平均晶粒尺寸减小到 12μm 左右时，在 2100/s 的应变速率下，合金的屈服强度增加到 361MPa，几乎比粗晶同类合金（450μm）高出 30%，即使在高应变率下，也遵循霍尔-佩奇（Hall-Petch）关系。其次是应变速率效应，在宽应变速率范围内进行的拉伸试验表明，动态应变率下的抗拉（压）屈服强度和均匀伸长率同时得到了改善，与合金在低温下的力学行为相似。对于潜在的变形机制，在准静态应变率下，位错滑移明显占主导地位；在动态应变率下，孪晶很容易形成，并且对总体塑性应变的贡献很大。在晶粒尺寸较细的材料中，晶界体积的增加可进一步促进孪晶形成或层错形核，这是晶界附近局部应力增强的结果。其应力-应变曲线如图 7-8 所示。

7.2.2.3　NiCoCrFe 高熵合金

如图 7-2 所示，Zhang 等人对 NiCoCrFe 高熵合金的动态拉伸行为进行了详尽的研究，包括力学性能、微观组织和本构方程[2]。其中把孪晶对强度的贡献进行了量化统计，并利用方程本构对拉伸应力进行了预测，如图 7-9 所示。后面将会详细介绍动态下常用到的几个本构方程。

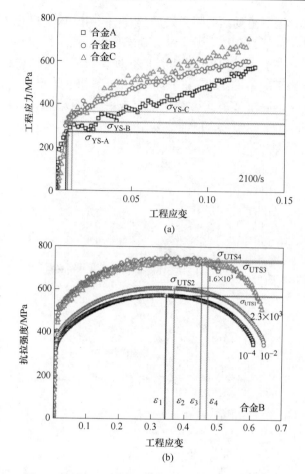

图 7-8　CoCrFeMnNi 高熵合金的应力-应变曲线[11]

(a) 不同状态的 CoCrFeMnNi 高熵合金的压缩应力-应变曲线；(b) 在不同应变速率下的拉伸应力-应变曲线

A—均匀化处理状态；B—均匀化处理后冷轧 50%，其后 1100℃ 再结晶 1h 样品；

C—均匀化处理后冷轧 50%，其后 1000℃ 再结晶 10min 样品

7.2.3　动态剪切

　　材料的动态特性在弹道冲击和子弹穿透的应用中具有重要意义。绝热剪切局部化是材料的一种重要破坏机制，它是在较窄的区域内，尤其是在高应变率变形下，当变形时间小于热扩散时间时，温度升高而产生的。通过动态再结晶的方法在剪切带内形成纳米结构和超细晶粒，这种微观结构机制与严重塑性变形中的变形机制相似，已广泛应用于生产纳米结构金属。

7.2.3.1　CrMnFeCoNi 高熵合金

　　Li 等人研究了单相 CrMnFeCoNi 高熵合金的动态剪切力学行为[12]，通过动态

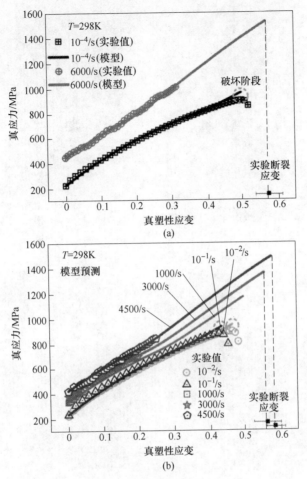

图 7-9 NiCoCrFe 高熵合金[2]

（a）流动应力和相应的拟合曲线；

（b）不同应变速率下真应力-应变关系的实验值与预测值的比较

加载帽形试样，研究了该合金的绝热剪切局部化抗力，并发现绝热剪切带（厚度大约为 10μm）的形成需要很大的外加剪切应变（大约为 7）。在实际应变为 0.2 时，该合金具有较高的加工硬化率 1100MPa。Li 等人还提出将优良的应变硬化能力和适度的热软化效应相结合，可以使合金具有较高的抗剪切局部化能力，延缓剪切局部化，而且在剪切带内部发现一种由再结晶超细晶粒所组成的孪晶结构（直径 100~300nm），如图 7-10 所示，并解释这种结构是由旋转动态再结晶引起的。这种机制是普遍存在于严重塑性变形中的，所形成的特殊纳米结构使得这类合金具有很高的抗冲击性能。

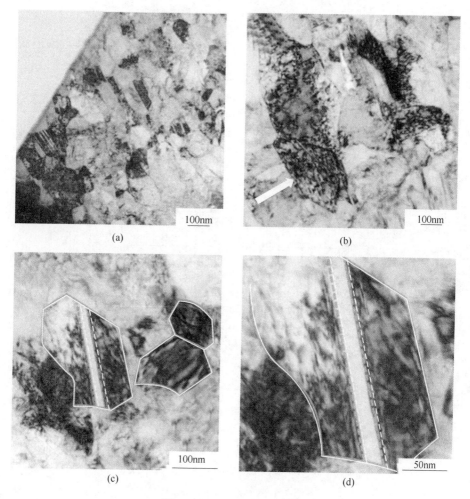

图 7-10　TEM 明场像图[12]

（a）具有位错和孪晶的再结晶晶粒；（b）具有平面位错阵列的再结晶晶粒；
（c）再结晶的等轴晶粒，其虚线表示孪晶边界；（d）再结晶晶粒内的纳米孪晶

7.2.3.2　CrCoNi 中熵合金

　　Ma 等人利用冷轧处理，经不同温度下退火，制备出具有不同异质微观结构的 CrCoNi 中熵合金[13]。采用分离式霍普金森杆（Hopkinson-bar）对试样进行实验，对帽形样品进行了动态剪切实验。结合动态剪切屈服强度和均匀动态剪切应变，对比了其他金属和合金发现其综合性能最好，并且在低温下进行该实验时，甚至会具有比室温更好的动态剪切性能，如图 7-11 所示。

　　动态剪切下的高应变硬化可以归因于动态晶粒细化和变形孪晶，宏观体现在均匀剪切变形阶段。与室温下相比，低温下晶粒细化的效率得到了很大提升。除

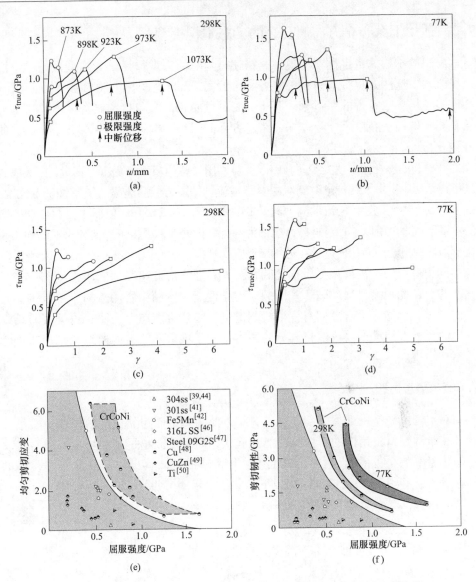

图 7-11 CrCoNi 中熵合金在不同温度下退火的剪切应力-剪切位移曲线

（a）室温下；（b）低温下；各种微观结构的剪切应力-名义剪切应变曲线：（c）室温下；（d）低温下；

（e）该合金的均匀动态剪切应变与动态剪切屈服强度以及其他金属和合金对比；

（f）该合金与其他金属及合金的冲击剪切韧性与动态剪切屈服强度的对比[13]

了晶粒细化，变形孪晶界与位错之间的强相互作用也在一定程度上促进了室温下动态剪切的应变硬化。在低温下，晶粒内部观察到更高的孪晶密度，甚至还有 Lomer-Cottrell 锁和层状 HCP 相转变的痕迹，这些都会有使 CrCoNi 在低温环境下具有更优异的动态剪切性能。

7.3　适用于面心立方高熵合金的动态本构模型

材料的本构关系也称本构模型是描述材料总的力学行为，本构关系是一个或一组方程，这些方程将应力 σ、应变 ε、温度 T、材料的热力学参数 S 以及材料的许多结构参数 A 等联系起来。其中，材料的结构参数包括位错密度、位错本身及其相互作用、晶粒尺寸等。综合诸多方面的因素，本构关系可以用一个统一的方程 $\sigma = f(\varepsilon, T, S, A)$ 表示。

在材料的塑性变形研究中，材料强度可以用材料的塑性流变应力度量，流变应力是指在任何应变率大的任意时刻对材料塑性流动的阻力。而速率的敏感性被定义为：由于应变率的变化导致的流动应力改变的数量，即 $m = \mathrm{d}\sigma/\mathrm{d}\varepsilon$，实际上是材料对失稳的主要阻抗力。所以，针对材料力学行为的速率相关性、温度依赖性和材料的加工硬化行为等的精确预测和描述，在近年来一直受到材料学者和力学研究者的极大关注。

选用适当的本构模型可以描述和预测材料在宽应变速率的屈服强度和应变硬化，甚至还能预测材料的破坏和断裂。力学性能本构模型所涵盖的应用范围非常广，同时，也加深了学者们对变形机制的进一步理解。迄今为止，根据实验结果提出的几种本构模型，可以将其分为两类：基于现象学的本构模型和基于物理学的本构模型。

7.3.1　热激活理论

对本构模型一一列举之前，首先介绍以此为基础而建立模型的位错热激活理论。热激活是指位错借助于自身的能量起伏，而有可能越过某些势垒。通常金属中的热激活势垒包括派-纳力、螺位错、林位错的割阶运动、交滑移及刃位错的攀移等[14]。其中热激活能可以用以下公式所表示[15]：

$$\Delta G = kT\ln \frac{\dot{\varepsilon}_0}{\dot{\varepsilon}} \tag{7-4}$$

式中，k 为玻耳兹曼常数；T 为温度；$\dot{\varepsilon}$ 为应变速率；$\dot{\varepsilon}_0$ 为参考应变速率，可以表示为 $\dot{\varepsilon}_0 = b\rho d\gamma$（$b$ 为伯氏矢量；ρ 为可动位错密度；d 为位错克服障碍移动距离；γ 为位错线振动频率）。根据公式，当应变速率较低时热激活能往往会较高，然而在高应变速率下，温度 T 和应变速率 $\dot{\varepsilon}$ 都会骤然增加，矛盾的是，前者会导致热激活能增加而后者会导致热激活能降低。

实际上，控制热激活机制在不同应变速率下启动的因素是热激活位错线数目，热激活位错线数目 n 与应变速率 $\dot{\varepsilon}$ 的关系可由下式给出：

$$n = \frac{0.005NP(E \geqslant E_1)}{\dot{\varepsilon}} \tag{7-5}$$

式中，N 为材料中位错线数目；$P(E \geqslant E_1)$ 表示当能量 E 高于可产生热激活作用

的最小能量 E_1 的概率。对一般情况而言，位错线平均能量 E_0 是低于可产生热激活作用的最小能量 E_1，只有当能量 E 高于 E_1 才会产生热激活作用，刺激位错开动并跨越势垒。

如图 7-12 所示为热激活位错线数目 n 与应变速率 $\dot{\varepsilon}$ 的关系图，直观描述了在不同应变速率下热激活机制所起到的作用。在区域 I，即低应变速率区，热激活位错线的数目 n 超过了材料在屈服过程中需要借助热激活机制越过的短程势垒数 n_0，在该区域热激活机制得以充分利用，外加应力较小，屈服强度较低，屈服强度对应变速率不敏感。在区域 II，对应高应变速率区，n 小于 n_0，并且随着应变速率的增加热激活位错线数量急剧减小，故而热激活机制起到的作用很微弱，所以需要的外加应力较大，屈服强度较高，且屈服强度对应变速率十分敏感。在区域 III，其应变速率已高达 $10^5/s$，热激活机制早已不起作用，取而代之的是声子阻尼机制等在继续发挥作用[16]。

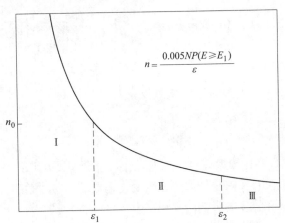

$$n = \frac{0.005NP(E \geqslant E_1)}{\varepsilon}$$

图 7-12   热激活位错线数目 n 与应变速率 $\dot{\varepsilon}$ 的关系[16]

7.3.2 Johnson-Cook 本构模型

针对金属在剧烈应变、高应变率和高温的服役条件，Johnson 和 Cook 在 1983 年提出了 Johnson-Cook 本构模型[17]。J-C 本构模型由于其简单性和各种材料参数的可用性而被广泛认可，它是一个主要用于计算的本构模型，模型的基本形式与计算软件十分契合。Johnson-Cook（J-C）本构模型作为一种黏塑性的本构经验模型，很好地综合了加工硬化、应变率硬化和绝热软化这三者的相互效应。J-C 本构模型的基本形式为：

$$\sigma = (A + B\varepsilon_p^n)\left(1 + C\ln\frac{\dot{\varepsilon}}{\dot{\varepsilon}_0}\right)\left[1 - \left(\frac{T - T_r}{T_m - T_r}\right)^m\right] \tag{7-6}$$

式中，A、B、n、C 和 m 都为常数；σ 为 Von Mises 流变应力；ε_p 为等效塑性应

变；T 为试验温度；T_r 为室温；T_m 为合金熔点（通过混合定律计算）；$\dot{\varepsilon}$ 为实验应变速率；$\dot{\varepsilon}_0$ 为参考应变速率。

材料在高速冲击下会产生瞬时温升效应，实际上是由于变形过程由低应变速率下的等温过程转变成了绝热过程，变形过程中产生的热量无法在短时间内全部扩散到环境中，引起了材料的局部温升，从而导致了绝热软化效应。因此，必须考虑动态塑性变形过程中的温升效应，绝热温升公式为：

$$\Delta T = T - T_0 = \int_{T_0}^{T} \mathrm{d}T = \frac{\beta}{\rho C_P} \int_0^{\varepsilon_p} \sigma \mathrm{d}\varepsilon_p \tag{7-7}$$

式中，ΔT 为温升；T 为冲击过程中温度；T_0 为初始温度（室温 298K）；ρ 为材料密度；C_P 为材料比热容；β 为塑性变形功转化为热能的效率（一般取 0.9）。

将式（7-6）代入式（7-7）中，可以得出引入温度影响后经过修正的 J-C 模型：

$$\sigma = (A + B\varepsilon_p^n)(1 + C\ln\dot{\varepsilon}/\dot{\varepsilon}_0)\exp\left[\frac{-0.9(1 + C\ln\dot{\varepsilon}/\dot{\varepsilon}_0)}{\rho C_P(T_m - T_0)}\left(A\varepsilon_p + \frac{B\varepsilon_p^{n+1}}{n+1}\right)\right] \tag{7-8}$$

对于式（7-6），$(A + B\varepsilon_p^n)$ 这一部分概括了应变的影响，$\left(1 + C\ln\dfrac{\dot{\varepsilon}}{\dot{\varepsilon}_0}\right)$ 概括了应变速率的影响，$\left[1 - \left(\dfrac{T - T_r}{T_m - T_r}\right)^m\right]$ 则概括了温度的影响。

一般来说，J-C 本构模型综合了加工硬化、应变率硬化和绝热软化三者的竞争关系，但这个模型没有反映出任何热或应变速率更加独立的影响。模型的实质是通过应变、应变速率和温度的影响的乘积来表示材料的力学行为。模型形式简单，物理意义清晰，非常适用于对温度敏感的材料。此模型的不足之处是对材料的加工硬化行为描述不足，它不适合描述加工硬化率随应变速率增加而下降或保持常数的材料。换句话说，它非常适合描述 SRS 大于零的 FCC 结构材料，即加工硬化率随应变速率增加而增加。对于许多韧性材料，此模型对屈服强度随应变速率增加而迅速增加的相关性描述也不足，所以修改模型的应变项便可大大拓宽此模型的应用。

7.3.3　Zerilli-Armstrong 本构模型

Zerilli 和 Armstrong 在 1987 年基于位错力学的概念，提出了 Zerilli-Armstrong 材料动力学的本构模型[14]。基于热激活理论的应变硬化、应变速率硬化和热软化效应在 Z-A 本构关系中都有涉及，并针对 BCC 金属和 FCC 金属有不同的表达式。Zerilli-Armstrong（Z-A）本构模型是一种基于位错热激活的物理本构模型，从热力学角度出发，系统地将屈服强度的贡献分为热应力和非热应力两部分，比 J-C 本构模型更具有物理意义。

对 FCC 金属而言，Zerilli-Armstrong 本构模型可表示为：

$$\sigma = \Delta\sigma'_G + c_2 \varepsilon^{\frac{1}{2}} \exp(-c_3 T + c_4 T \ln\dot{\varepsilon}) + kd^{-\frac{1}{2}} \tag{7-9}$$

对 BCC 金属而言，Zerilli-Armstrong 本构模型可表示为：

$$\sigma = \Delta\sigma'_G + c_1 \exp(-c_3 T + c_4 T \ln\dot{\varepsilon}) + c_5 \varepsilon^n + kd^{-\frac{1}{2}} \tag{7-10}$$

式中，σ 为 Von Mises 流变应力；ε_p 为等效塑性应变；$\dot{\varepsilon}$ 为应变速率；T 为绝对温度；$\Delta\sigma'_G$、c_1、c_2、c_3、c_4、c_5、d、n 和 k 是给定材料的相关参数。$\Delta\sigma'_G$ 取决于溶质原子和初始位错密度对材料屈服强度的影响。由于 FCC 金属的流变应力在低温下与多晶体晶粒间塑性流动的传递有关，所以还有一个额外的附加应力，它是由微观结构应力强度 k 和晶粒的平均直径 d 决定，即式（7-10）中的 $kd^{-\frac{1}{2}}$ 这一项，因此，在公式的实际应用中常常会将 $\Delta\sigma'_G$ 和 $kd^{-\frac{1}{2}}$ 合并为一项处理。

7.3.4 Bodner-Partom 本构模型

基于连续介质力学和物理上唯象学的概念，Bodner 和 Partom 在 1975 年建立了一组专门描述材料在严重变形或任意加载阶段下的弹-黏-塑性加工硬化行为的本构方程[18]。该公式的一个基本特点是将总变形率分为弹性和非弹性两部分，这两部分是加载和卸载各个阶段状态变量的函数。该公式与任何屈服标准或加载卸载条件无关，变形率分量可以从当前状态确定。在方程中引入塑性功作为代表状态变量，考虑了加工硬化的问题。该公式体现了各向同性和等温条件的假设，尽管加工硬化会导致各向异性。

此本构模型将总的变形率张量 d_{ij}，分为弹性变形率 d^e_{ij}（可逆）和非弹性变形率 d^p_{ij}（不可逆）两部分，即：

$$d_{ij} = d^e_{ij} + d^p_{ij} \tag{7-11}$$

其中总的变形率张量 d_{ij} 是速度梯度的对称部分，可以表示为：

$$d_{ij} = \frac{1}{2}(v_{i,j} + v_{j,i}) \tag{7-12}$$

式中，v 是位移。根据广义胡克（Hook）定律，弹性变形率 d^e_{ij} 与 Cauchy 应力率之间的关系，可推导得出：

$$d^e_{ij} = \frac{\dot{t}_{ij}}{G} - \frac{\lambda \dot{t}_{kk} \delta_{ij}}{2G(3\lambda + 2G)} \tag{7-13}$$

式中，G 为弹性剪切模量；λ 为弹性 Lame 常数；$\dot{t}_{ij}$ 为 Cauchy 应力率。在涉及有限变形和有限旋转的情况下，Cauchy 应力的客观 Jaumann 率为：

$$\ddot{t}_{ij} = \dot{t}_{ij} - (w_{ik}t_{kj} - t_{ik}w_{kj}) \tag{7-14}$$

w_{ij} 是速度梯度的非对称部分，即：

$$w_{ij} = \frac{1}{2}(v_{i,j} - v_{j,i}) \tag{7-15}$$

非弹性变形率 d^p_{ij} 即塑性变形率则与 Cauchy 应力的偏应力相关，根据 Prantl-

Ruess 方程：

$$d_{ij}^{\mathrm{p}} = \gamma s_{ij}$$

$$s_{ij} = t_{ij} - \frac{1}{3} t_{kk} \delta_{ij} \tag{7-16}$$

式中，s_{ij} 代表 Cauchy 应力的偏应力部分；γ 是与载荷阶段有关的比例系数。根据上式可进一步得到：

$$\gamma^2 = \frac{D_2^{\mathrm{P}}}{J_2}$$

$$D_2^{\mathrm{P}} = \frac{1}{2} d_{ij}^{\mathrm{p}} d_{ij}^{\mathrm{p}} \tag{7-17}$$

$$J_2 = \frac{1}{2} s_{ij} s_{ij}$$

Bodner 将非弹性变形率 D_2^{P} 的二次不变量作为偏应力张量，即 $D_2^{\mathrm{P}} = f(J_2)$，再求二次不变量的指数便可得到 B-P 模型的特殊函数表达式：

$$D_2^{\mathrm{P}} = D_0^2 \exp\left[-\left(\frac{n+1}{n} \right) \left(\frac{Z^2}{3 J_2} \right)^n \right] \tag{7-18}$$

式中，Z 是与加载阶段有关的内状态变量，表示对塑性流变的阻力；D_0 是有限最大应变率；n 是控制材料应变速率敏感性的参数。对于特定材料，式 $D_2^{\mathrm{P}} = f(J_2)$ 最可能的形式是要基于经验分析，且 D_2^{P} 和 J_2 都是单调递增的函数形式。若 Z 是与塑性功相关的函数，则内变量的本构方程为：

$$\dot{Z} = \frac{m(Z_1 - Z) \dot{W}_{\mathrm{P}}}{Z_0} \tag{7-19}$$

$$\dot{W}_{\mathrm{P}} = t_{ij} d_{ij}^{\mathrm{p}}$$

式中，m 为常数；Z_0 和 Z_1 分别为 Z 的初始值和饱和值；W 为塑性功。上式可改写为 Z 的函数表达式，即：

$$Z = Z_1 + (Z_0 - Z_1) \exp\left(-\frac{m W_{\mathrm{P}}}{Z_0} \right) \tag{7-20}$$

在一维情况下，B-P 模型为：

$$\dot{\epsilon}^{\mathrm{e}} = \frac{\dot{\sigma}}{E}$$

$$\dot{\epsilon}^{\mathrm{p}} = \frac{2}{\sqrt{3}} \left(\frac{\sigma}{|\sigma|} \right) D_0 \exp\left[-\frac{n+1}{2n} \left(\frac{Z}{\sigma} \right)^{2n} \right] \tag{7-21}$$

$$Z = Z_1 + (Z_0 - Z_1) \exp\left(-\frac{m \int \sigma \mathrm{d}\epsilon^{\mathrm{p}}}{Z_0} \right)$$

B-P 本构模型中有五个参数，在大多数情况下，通过不同应变速率下的应力-应变曲线便可得到这些参数。D_0 是材料可承受的最大应变速率，Bodner 和 Partom 提到对于准静态建模，D_0 一般取 $10^{-4}/s$；而对于动态模型，D_0 一般取 $10^6/s$。B-P 本构模型从建立到最终形式经历了许多变化和修改，原始的模型对具有强加工硬化行为的材料普适性不强，而且对应变也不敏感，所以此模型被不断修改。原始模型没有考虑温度的影响，增加温度的影响后，越来越多的材料常数在 B-P 模型中出现。

7.3.5 NNL 本构模型

流变应力 σ 可以拆分为两个部分的贡献，即热激活应力部分和非热激活应力部分，在 NNL 本构模型中[19]，热应力 τ^* 与非热应力 τ_μ 可以表示为：

$$\tau_\mu = a_1 \gamma^n$$

$$\tau^* = \tau_0 \left\{ 1 - \left[-\frac{kT}{G_0} \left(\ln \frac{\dot{\gamma}}{\dot{\gamma}_0} + \ln \left(1 + a(T)\gamma^{\frac{1}{2}} \right) \right) \right]^{\frac{1}{q}} \right\}^{\frac{1}{p}} \left(1 + a(T)\gamma^{\frac{1}{2}} \right), (T \leqslant T_c)$$

$$(7-22)$$

T_c 为临界温度，可表示为：

$$T_c = -\frac{G_0}{k} \left[\ln \frac{\dot{\gamma}}{\dot{\gamma}_0} + \ln f(\gamma, T_c) \right]^{-1}$$

$$(7-23)$$

$a(T)$ 是一个经验函数，它有助于定义材料的应变硬化：

$$a(T) = a_0 \left[1 - \left(\frac{T}{T_m} \right)^2 \right]$$

$$(7-24)$$

f 是塑性应变 γ 和温度 T 的函数：

$$f(\gamma, T) = 1 + a(T)\gamma^{\frac{1}{2}}$$

$$(7-25)$$

常数 q 和 p 一般分别取 1.5 和 0.5，所以流变应力 σ 的最终表达式为：

$$\sigma = a_1 \gamma^n + \tau_0 \left\{ 1 - \left[-\frac{kT}{G_0} \left(\ln \frac{\dot{\gamma}}{\dot{\gamma}_0} + \ln \left(1 + a(T)\gamma^{\frac{1}{2}} \right) \right) \right]^{\frac{2}{3}} \right\}^2 \left(1 + a(T)\gamma^{\frac{1}{2}} \right)$$

$$(7-26)$$

7.3.6 PB 本构模型

PB 本构模型与 NNL 本构模型非常类似，均将热应力和非热应力分别计算[20]。流变应力 σ 可以表示为：

$$\sigma = \sigma_a + \sigma^*$$

$$(7-27)$$

σ_a 和 σ^* 分别代表非热流变应力和热流变应力，σ^* 可由下式计算：

$$\sigma^* = \hat{\sigma} \left[1 - \left(-\frac{kT}{G_0} \ln \frac{\dot{\varepsilon}}{\dot{\varepsilon}_0} \right)^{\frac{1}{q}} \right]^{\frac{1}{p}}, (T \leqslant T_c) \tag{7-28}$$

式中，$\hat{\sigma}$ 是在没有热激活的情况下克服势垒的阈值应力；$\dot{\varepsilon}_0$ 是表征应变速率敏感性的参考应变率；参数 k/G_0 代表材料的温度敏感性；参数 q 和 p 的取值与 NNL 本构模型中的一致，分别取 1.5 和 0.5。临界温度 T_c 为：

$$T_c = -\frac{G_0}{k \ln(\dot{\varepsilon}/\dot{\varepsilon}_0)} \tag{7-29}$$

非热应力 σ_a 通常会用以下幂函数来表示：

$$\sigma_a = a\varepsilon^n \tag{7-30}$$

综合公式（7-28）和式（7-30）便可得到 PB 本构模型的流变应力函数：

$$\sigma = \sigma_a + \sigma^* = a\varepsilon^n + \hat{\sigma} \left[1 - \left(-\frac{kT}{G_0} \ln \frac{\dot{\varepsilon}}{\dot{\varepsilon}_0} \right)^{\frac{1}{q}} \right]^{\frac{1}{p}} \tag{7-31}$$

7.3.7 KHL 本构模型

在 KHL 本构模型中[21]，流变应力 σ 可以表示为：

$$\sigma = \left[A + B \left(1 - \frac{\ln\dot{\varepsilon}}{\ln D_0} \right)^{n_1} \varepsilon^{n_0} \right] \left(\frac{\dot{\varepsilon}}{\dot{\varepsilon}^*} \right)^C \left(\frac{T_m - T}{T_m - T_r} \right)^m \tag{7-32}$$

式中，D_0（$10^6/s$）为参考应变率，是任意选择的上限应变速率；A、B、C、n_1、n_0 和 m 都为常数，其意义与 J-C 本构模型一致。

7.3.8 本构模型的运用

J-C 本构模型和 KHL 本构模型是两种经典的现象学模型，并广泛地运用于各种工程材料中。KHL 本构模型可以描述不同应变速率下的加工硬化行为，但 J-C 本构模型不能描述随应变速率增加而降低或不变的加工硬化行为。另一类本构模型，即基于物理学（或微观结构）的本构模型，基于塑性变形的内部微观机制，涉及热激活能、位错动力学和位错密度演化，这类模型就包括 Z-A 本构模型、NNL 本构模型和 PB 本构模型。基于物理的模型都会将流变应力划分为非热应力和热应力，在热应力分量中考虑了温度和应变速率的综合影响，其机理源于位错运动的短程势垒。另外，以上三个基于物理的模型都将位错密度的演变转换为数据上的应变变化。因此，那些基于物理模型中的材料常数并不是通过观察微观组织结构或测量相关参数来确定的，而是通过直接拟合应力-应变曲线（如现象学模型）来确定的。

对于 FCC 金属，Z-A 本构模型可以忽略晶格摩擦应力的影响，阻碍位错运动的短程势垒障碍是林位错，其强度会随着应变的增加而增加，但在屈服阶段可以忽略不计。即对于 FCC 金属，可以忽略应变速率敏感性和屈服强度的温度敏感性。随着应变的增加，位错密度会不断上升，障碍物之间的间距会减小，即热激活体积减小，从而导致应变速率和温度的敏感性增加。相反，也有某些 FCC 合金的屈服强度对应变速率和温度不敏感，例如铝合金 AL-6XN 和镍基合金 Nitronic-50 等。根据研究报道，绝大多数 FCC 高熵合金对温度和应变速率都十分敏感，这与高熵合金的特殊结构存在密切关系。

如图 7-13 所示，图中分别给出了几种本构模型与实验数据的对比图。由于

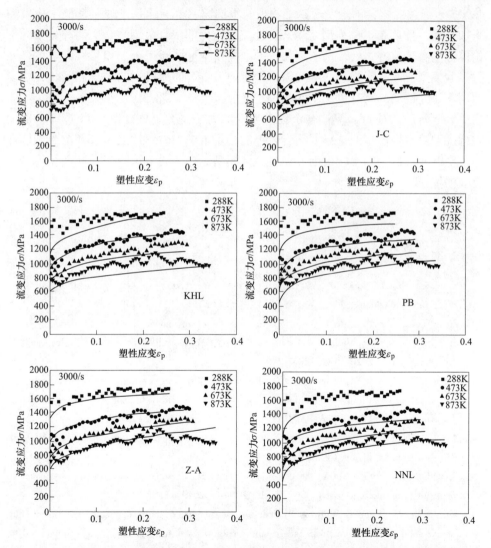

图 7-13　两个基于现象学的本构模型（J-C 和 KHL）和三个基于物理的本构模型（PB、NNL 和 Z-A）对动态流变应力的拟合结果对比[21]

对 FCC 高熵合金的高应变速率研究鲜有报道，对其本构模型的运用更是少之又少。因此，为了对比几种本构模型对实验数据的拟合程度和差异性，列举了对本构模型运用比较完整的双相（BCC+FCC）93W-4.9Ni-2.1Fe 钨基复合材料[21]。根据实验数据，建立了两个基于现象学的本构模型（J-C 和 KHL）和三个基于物理的本构模型（PB、NNL 和 Z-A）来模拟材料的动态塑性流变应力，并对各模型的拟合程度进行了百分比量化，J-C 和 KHL 本构模型的拟合误差分别为 7.81%和 9.45%，PB、NNL 和 Z-A 本构模型的拟合误差分别为 7.62%、7.40% 和 4.90%。通过对比，不难发现基于物理的本构模型普遍比基于现象学的本构模型更加精确，且 Z-A 本构模型对动态塑性流变应力的拟合最为吻合。两种类型的本构模型均有其独特之处，基于现象学的本构模型更多运用于工程领域，更像是一种经验模型；而基于物理的本构模型则更加偏重于变形机制的推导和量化，更多运用于研究领域，具有更深刻的物理意义。

　　综上所述，对 FCC 高熵合金动态流变应力的研究可依据图 7-13 选择合适的本构模型。本构模型的选择要结合合金的微观组织和力学性能，选择出更能体现合金塑性变形机制的本构模型，通过本构模型对合金的组织演变和微观结构提供有效的佐证。

参 考 文 献

[1] Gludovatz B, Hohenwarter A, Catoor D, et al. A fracture-resistant high-entropy alloy for cryogenic applications [J]. Science, 2014, 345 (6201): 1153~1158.

[2] Zhang T W, Ma S G, Zhao D, et al. Simultaneous enhancement of strength and ductility in a NiCoCrFe high-entropy alloy upon dynamic tension: Micromechanism and constitutive modeling [J]. Int J Plast, 2020, 124: 226~246.

[3] Zhang S K, Guo L W, Chen Q, et al. Prevalence of human papillomavirus 16 in esophageal cancer among the Chinese population: a systematic review and meta-analysis [J]. Asian Pacific Journal of Cancer Prevention: APJCP, 2014, 15 (23): 10143~10149.

[4] Wu Y, Bönisch M, Alkan S, et al. Experimental determination of latent hardening coefficients in FeMnNiCoCr [J]. Int J Plast, 2018, 105: 239~260.

[5] Brechtl J, Chen S Y, Xie X, et al. Towards a greater understanding of serrated flows in an Al-containing high-entropy-based alloy [J]. Int J Plast, 2019, 115: 71~92.

[6] Wu Z, Bei H, Pharr G M, et al. Temperature dependence of the mechanical properties of equiatomic solid solution alloys with face-centered cubic crystal structures [J]. Acta Mater, 2014, 81: 428~441.

[7] Wu Z, Gao Y, Bei H. Thermal activation mechanisms and Labusch-type strengthening analysis for a family of high-entropy and equiatomic solid-solution alloys [J]. Acta Mater, 2016, 120:

108～119.

[8] Hong S I, Moon J, Hong S K, et al. Thermally activated deformation and the rate controlling mechanism in CoCrFeMnNi high-entropy alloy [J]. Mater Sci Eng A, 2017, 682: 569～576.

[9] Kumar N, Ying Q, Nie X, et al. High strain-rate compressive deformation behavior of the $Al_{0.1}$CrFeCoNi high-entropy alloy [J]. Materials & Design, 2015, 86: 598～602.

[10] Park J M, Moon J, Bae J W, et al. Strain rate effects of dynamic compressive deformation on mechanical properties and microstructure of CoCrFeMnNi high-entropy alloy [J]. Mater Sci Eng A, 2018, 719: 155～163.

[11] He J, Wang Q, Zhang H, et al. Dynamic deformation behavior of a face-centered cubic FeCoNiCrMn high-entropy alloy [J]. Science Bulletin, 2018, 63 (6): 362～368.

[12] Li Z, Zhao S, Alotaibi S M, et al. Adiabatic shear localization in the CrMnFeCoNi high-entropy alloy [J]. Acta Mater, 2018, 151: 424～431.

[13] Ma Y, Yuan F, Yang M, et al. Dynamic shear deformation of a CrCoNi medium-entropy alloy with heterogeneous grain structures [J]. Acta Mater, 2018, 148: 407～418.

[14] Zerilli F J, Armstrong R W. Dislocation-mechanics-based constitutive relations for material dynamics calculations [J]. J Appl Phys, 1987, 61 (5): 1816～1825.

[15] Armstrong R W. Dislocation Pile-Ups, Material Strength Levels, and Thermal Activation [J]. Metallurgical and Materials Transactions A, 2015, 47 (12): 5801～5810.

[16] 唐长国, 朱金华, 周惠久. 金属材料屈服强度的应变率效应和热激活理论 [J]. 金属学报, 1995, 31 (6): 248～253.

[17] Johnson R, Cook W K. A constitutive model and data for metals subjected to large strains high strain rates and high temperatures. The 7th International Symposium on Ballistics [J]. The Hague, 1983: 541～547.

[18] Bodner S R, Partom Y. Constitutive Equations for Elastic-Viscoplastic Strain-Hardening Materials [J]. Journal of Applied Mechanics, 1975, 42 (2): 385.

[19] Nemat-Nasser S, Li Y. Flow stress of f. c. c. polycrystals with application to OFHC Cu [J]. Acta Mater, 1998, 46 (2): 565～577.

[20] Klepaczko J R, Rusinek A, Rodríguez-Martínez J A, et al. Modelling of thermo-viscoplastic behaviour of DH-36 and Weldox 460-E structural steels at wide ranges of strain rates and temperatures, comparison of constitutive relations for impact problems [J]. Mech Mater, 2009, 41 (5): 599～621.

[21] Xu Z, Huang F. Thermomechanical behavior and constitutive modeling of tungsten-based composite over wide temperature and strain rate ranges [J]. Int J Plast, 2013, 40: 163～184.

8 面心立方结构高熵合金的第一性原理模拟与计算

8.1 第一性原理的简要介绍

第一性原理方法一般指不用唯象或可调的参数，将一些基本的物理常数，如光速、电子电荷、普朗克常数等作为输入参数，并将自然界中更加精确的理论作为基础，最终预测出理论结果的方法，其结果与实验结果有高度的一致性。广义上第一性原理计算包括所有以量子力学为基础的计算。狭义上来讲，第一性原理计算又称从头算（ab initio），是在进行模拟计算时，除了原子类型和原子的初始位置等信息外，不需要任何其他的经验参数，就能够对体系的能量、结构及力学性能等进行预测。第一性原理方法多用于计算在绝对零度下的多电子体系的电子结构，通常可分为两种，一是波函数方法，二是密度泛函理论（DFT）方法。

基于第一性原理的密度泛函理论是目前使用最为广泛的计算方法，在材料的模拟计算中起到了重要的作用，并且能够对材料的设计提供一些理论支持。在量子力学领域，系统哈密顿量的最小特征值是相互作用的粒子系统的基态能量。对于块体材料，原子由两部分组成，带负电荷的核外电子以及带正电荷的原子核，在原子中，原子核质量较大，能够看作是静止不动的点电荷，电子的质量则非常小，可视为电子在原子核周围运动。多体薛定谔波函数可用来描述电子定态，多体波函数由运动位置确定，是哈密顿量的特征向量。体系的薛定谔方程为：

$$H\Psi^{(N)}(r_1, \cdots, r_N) = E\Psi^{(N)}(r_1, \cdots, r_N) \tag{8-1}$$

式中，$\Psi^{(N)}$ 为多体薛定谔波函数。

尽管上面提出的多体相互作用问题理论是完备的，但电子多体波函数在希尔伯特空间很复杂，由于存在很大计算量，在具体计算上非常棘手。Hohenberg 和 Kohn[1] 提出用电子密度 $\rho(r)$ 取代多体波函数为研究的基本量，电子密度 $\rho(r)$ 仅仅是三个变量的函数，无论在概念上还是实际上都更为方便处理。以基态 $\rho(r)$ 为变量，将体系能量最小化之后就得到了基态能量 $E[\rho(r)]$ 最小。Kohn 和 Sham 重新表述体系能量最小化问题，单电子耦合薛定谔方程可以被单独自洽求解：

$$\left(\frac{-h^2}{2m} \nabla_r^2 + V_e(r) + \int dr' \frac{\rho(r')}{|r - r'|} + V_{xc}[\rho(r)] \right) \psi_i(r) = \varepsilon_i \psi_i(r) \tag{8-2}$$

等号左边的四项分别代表单电子动能、"外部势"（电子或离子耦合势）、电子-电子相互作用势以及"交换-关联"势。密度泛函理论将多体问题转化为单体问题，成为解决此类问题的一个有效方法。方程中的单电子密度 $\rho(r)$ 是最关键的变量，可由单电子波函数 ψ_i 的耦合替代：

$$\rho(r) = \sum_{i=1}^{N} \left| \psi_i(r) \right|^2 \tag{8-3}$$

式（8-3）的替换原则上是准确的，但实际上由此无法得到式（8-2）的准确表达式，因为它包含多电子交换关联作用，很难准确求解。为了解决这个问题，将电子交换关联作用包含到一个形式未知的交换关联泛函 $V_{xc}[\rho(r)]$ 中，$V_{xc}[\rho(r)]$ 是电子密度的函数。采用局域密度近似（LDA）方法[2]或广义梯度近似（GGA）方法[3]能较为准确地求解交换关联泛函。局域密度近似方法基于局域均匀电子气模型，电子密度在局域是不变的，对于整个体系空间而言，电子密度 $\rho(r)$ 随着空间位置 r 的变化在不断变化。广义梯度近似方法修正了局域密度近似，使交换关联能既是电子密度的泛函又是电子密度梯度的泛函。

在过去几十年，密度泛函理论取得了巨大成功。首先密度泛函理论本身一直在发展，例如，泛函理论的发展已经使得密度泛函理论能够处理越来越复杂的系统，而平面波加赝势的算法已经非常成熟，使得精确处理上百个原子的系统成为可能，而局域轨道和线性标度算法的建立和不断发展，使得精确计算更大的系统成为可能。

8.2 第一性原理模拟方法在 FCC 高熵合金中的应用

8.2.1 FCC 高熵合金的常用计算模型

对于单相高熵合金，其结构通常是随机固溶体结构，即有一定的晶体结构，如 FCC、BCC 和 HCP 等，但化学成分或磁序是随机分布的，即格点上随机地分布着合金原子或随机的磁无序排列。目前常用的固溶体计算模型有基于有效介质和团簇扩展的方法，以及随机分布的超胞（SC）方法等。

严格来说，尽管采用周期性边界条件描述真实的固溶体结构是不可能的，但是，对于单相固溶体，目前可利用的方法通常有简单的超胞（SC）方法、虚拟晶格近似（VCA）、相干势近似（CPA）、特殊准随机结构（SQS）方法等。超胞方法是基于单胞结构，进行 $n \times n \times n$ 扩胞，考虑到高熵合金的无序固溶体特点，进行合金原子的随机分布。由于 VCA 仅对电子势进行过于简化的处理，其通常仅适用于由化学近似元素组成的合金。CPA 能够处理任何成分下的化学和磁性紊乱，但其平均场特性限制了其应用。SQS 可以在给定单元大小的约束下模拟局部配对和多位点相关函数，以选择最稳定的结构。

8.2.2　高熵合金的相稳定性

高熵合金形成焓（ΔH_f）在能量学上是至关重要的，先前关于高熵合金形成规则的研究（例如文献［4］）使用半经验 Miedema 模型[5]来估计液体混合焓。

ΔH_f 的计算方法是在绝对零度下结构完全弛豫后，从化合物的总能量中减去组成元素的组成加权总能量。在任意化学式 $A_m B_n C_o D_p$ 的四元化合物的实例中（此处 m、n、o、p 表示每种元素的摩尔比），ΔH_f 由下式确定：

$$\Delta H_{f(A_m B_n C_o D_p)} = E_{A_m B_n C_o D_p} - \frac{1}{m+n+o+p}(mE_A + nE_B + oE_C + pE_D) \quad (8-4)$$

式中，$E_{A_m B_n C_o D_p}$、E_A、E_B、E_C 和 E_D 分别为化合物 $A_m B_n C_o D_p$、A、B、C 和 D 元素的总能量，这些能量是由 VASP 计算而无需操纵的值。类似的方程也可用于计算五元合金的 ΔH_f。大多数报道的单相等摩尔高熵合金的计算焓和晶格参数位于表 8-1 中。计算和实验之间的晶格参数一致性拟合很好。对于 CoCrFeNi 和 CoCrFeMnNi 高熵合金，同时提供了 FCC 和 HCP 两种结构的能量，因为它们对于层错能的计算很重要，对于其他合金，仅通过计算实验观察到稳定结构的能量。FCC 和 HCP 结构之间的能量比较还提供了对所生成的 SQS 的准确性基准测试。在绝对零度下，元素 Co、Cr、Fe 和 Ni 的基态结构分别是 HCP、BCC、BCC 和 FCC 结构。对于 CoCrFeNi 和 CoCrFeMnNi 高熵合金，FCC 相是在室温以上观察到的稳定结构。本研究表明，形成焓对 SQS 单元大小敏感，FCC 和 HCP 结构之间的能量差异非常小（见表 8-1 和图 8-1）。对于小单元（16、20 和 24 原子 SQS），计算预测的 HCP 相是稳定的。对于大单元（64 个或更多原子），计算预测 FCC 相是稳定的，与实验观察一致。然而，值得注意的是，能量预计会随着 SQS 的原子位置和磁设置而波动，波动程度取决于合金成分。对于那些大单元尺寸（约 64 个原子）的 SQS，图 8-1 所示的每个 SQS 中所有可能的磁性结构的详尽检查是一项艰巨的任务，因此只检查了几个代表性的磁状态并且使用了最低的能量。

表 8-1　使用 SQS 计算的形成焓（$\Delta H_f / kJ \cdot mol^{-1}$）和晶格参数（nm）

合金	原子数	相	ΔH_f FCC	晶格常数 a（FCC/BCC）$a, c, c/a$（HCP）
CoCrFeNi	16	FCC	+7.562	0.3546
		HCP	+6.308	0.2507, 0.4061, 0.162
	24	FCC	+7.103	0.3543
		HCP	+6.501	0.2515, 0.4036, 0.161
	64	FCC	+6.897	0.3548, 0.3575[6]
		HCP	+0.7145	0.2506, 0.4056, 0.162

合金	原子数	相	ΔH_f	晶格常数
			FCC	a (FCC/BCC) a, c, c/a (HCP)
CoCrFeMnNi	20	FCC	+8.434	0.3536
		HCP	+7.855	0.2500, 0.4043, 0.162
	125	FCC	+7.065	0.3559, 0.3597[6]
	160	HCP	+7.323	0.2503, 0.4014, 0.16
	250	FCC	+7.581	0.3529
		HCP	+7.703	0.25, 0.4027, 0.161
CoCrMnNi	64	FCC	+7.593	0.3544
CoFeMnNi	64		+3.903	0.3512
MoNbTaW	64		-7.313	0.3237, 0.32134[7]
MoNbTaVW	125	BCC	-4.272	0.3188, 0.31832[7]
	250		-3.852	0.3200
HfNbTaTiZr	125		+8.353	0.3403, 0.3404[8]
	250		+7.946	0.3411
CoOsReRu	64		+3.846	0.27, 0.4282, 0.159
ErGdHoTbY	160		+0.130	0.3625, 0.5641, 0.156
	250	HCP	+0.090	0.3624, 0.5641, 0.156
DyGdLuTbY	160		+0.003	0.3618, 0.5631, 0.156, 0.364, 0.573, 0.157[9]
DyGdLuTbTm	160		+0.079	0.3601, 0.5602, 0.156, 0.359, 0.565, 0.157[9]

8.2.3 高熵合金的弹性常数

在立方晶格中，有三个独立的弹性常数 c_{11}、c_{12} 和 c_{44}，它们与体积弹性模量 $B = (c_{11} + 2c_{12})/3$ 和四方形剪切模量 $c' = (c_{11} - c_{12})/2$ 相关。弹性各向异性以 Zener 比率 $A_Z = c_{44}/c'$ 给出。根据标准参考方法计算两个剪切弹性参数 c' 和 c_{44}。也就是说，使用了以下的体积保存斜坡和单斜变形：

$$\begin{pmatrix} 1+\delta_0 & 0 & 0 \\ 0 & 1-\delta_0 & 0 \\ 0 & 0 & \dfrac{1}{1-\delta_0^2} \end{pmatrix} \quad 和 \quad \begin{pmatrix} 1 & \delta_m & 0 \\ \delta_m & 1 & 0 \\ 0 & 0 & \dfrac{1}{1-\delta_m^2} \end{pmatrix} \tag{8-5}$$

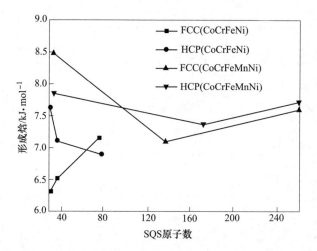

图 8-1　SQS 原子数对零度下 CoCrFeNi 和 CoCrFeMnNi 晶格稳定性的影响[10]
（计算是在随机选择的晶格类型上完成的）

导致能量变化 $\Delta E(\delta_0) = 2Vc'\delta_0^2 + O(\delta_0^4)$ 和 $\Delta E(\delta_m) = 2Vc_{44}\delta_m^2 + O(\delta_m^4)$。两种能量都计算了六种变形（$\delta = 0.00, 0.01, \cdots, 0.05$）。各向同性多晶体系由体积模量 B 和剪切模量 G 描述。对于立方晶格，多晶体的体积模量与单晶体的体积模量相同。对于剪切模量，这里使用了给定的 Voigt 和 Reuss 界限的算术 Hill 平均值 $G = (G_R + G_V)/2$[11]：

$$G_R = \frac{5(c_{11} - c_{12})c_{44}}{4c_{44} + 3(c_{11} - c_{12})} \quad \text{和} \quad G_V = \frac{c_{11} - c_{12} + 3c_{44}}{5} \tag{8-6}$$

这两个界限可以用来计算 $A_{VR} = (G_V - G_R)/(G_V + G_R)$ 的比率，它被用作弹性各向异性的另一个度量。弹性各向同性材料具有 $A_{VR} = 0$ 和 $A_Z = 1$。杨氏模量 E 和泊松比 ν 通过下式与 B 和 G 连接：

$$E = \frac{9BG}{3B + G} \quad \text{和} \quad \nu = \frac{3B - 2G}{2(3B + G)} \tag{8-7}$$

在表 8-2 中，列出了目前的理论平衡晶格参数 a、单晶弹性常数 c_{ij}、多晶弹性模量（体积模量 B、剪切模量 G、杨氏模量 E）、B/G、泊松比 ν、Zener 比率（$A_Z = c_{44}/c'$）和 FCC 结构 CrMnFeCoNi 高熵合金的 Cauchy 压力（$CP = c_{12} - c_{44}$）。为了估计体积膨胀的影响，在表中还显示了使用室温实验晶格常数 $a_{300K}^{expt.} = 0.3594\text{nm}$[12] 计算的弹性参数。两组理论结果对应两个不同的体积区间（上标 a：$9.1 \times 10^{-3} \sim 14.4 \times 10^{-3}\text{nm}^3/\text{atom}$，b：$10.4 \times 10^{-3} \sim 11.7 \times 10^{-3}\text{nm}^3/\text{atom}$）。为了比较，引用了几个之前理论[6,13~15]和可用的实验数据[16~18]。

表 8-2　平衡晶格参数 a，单晶弹性常数 c_{11}、c_{12}、c_{44} 和 $c'=(c_{11}-c_{12})/2$，Zener 比率 $(A_z=c_{44}/c')$，Cauchy 压力 $(CP=c_{12}-c_{44})$，FCC 结构 CrMnFeCoNi 高熵合金的弹性模量 B、G 和 E，泊松比 ν 和 B/G，上标 a 和 b 代表两个不同体积优化间隔的结果（a：$9.1\times10^{-3}\sim14.4\times10^{-3}\,\mathrm{nm^3/atom}$，b：$10.4\times10^{-3}\sim11.7\times10^{-3}\,\mathrm{nm^3/atom}$）[19]

项目	a/nm	磁性状态	c_{11}/GPa	c_{12}/GPa	c_{44}/GPa	c'/GPa	A_z	CP/GPa	B/GPa	G/GPa	E/GPa	ν	B/G
ETMO^a(0K,此工作)	0.3524	PM	250	156	180	47	3.8	−24	188	106	267	0.263	1.78
ETMO^b(0K,此工作)	0.3526	PM	238	145	179	46	3.8	−33	176	105	262	0.252	1.69
ETMO^a($a_{300K}^{expt.}$,此工作)	0.3594[12]	PM	170	100	143	35	4.1	−43	123	82	201	0.228	1.51
ETMO^b($a_{300K}^{expt.}$,此工作)	0.3594[12]	PM	194	124	143	35	4.1	−19	147	82	207	0.265	1.8
ETMO(0K)[13,15]	0.3528	PM	245	149	192	48	40	−43	181*	111*	276	0.246*	1.63
ETMO(0K)[6]	0.358	PM	226	160	136	33	4.1	24	184	79	207	0.313	2.33
VASP-SQS(0K)[6]	0.354	FM	200	97	146	52	2.8	−49	131	97	233	0.204	2.52
VASP-SQS(0K,能量)[13]	0.3536	FM	229	126	146	52*	—	−20	160	95	241	0.250	1.68
VASP-SQS(0K,应力)[13]	0.3545	FM	243	134	141	55*	2.6	−7	168	96	241	0.261	1.75
ETMO($a_{300K}^{expt.}$)[14]	0.36[20]	PM	187*	117*	138	35	3.9	−21	140	80	201	0.26*	1.75
Expt.(300K)[16]	—	PM	196	118	129	39	3.3	−11	144	80	202	0.265	1.80
Expt.(300K)[18]	—		172	108	92	32*	2.8	16	129*	61*	157*	0.297*	2.13
Expt.(300K)[17]	—	PM	—	—	—	—	—	—	143	80	202	0.265	1.79
Expt.(55K)[17]	—	PM	—	—	—	—	—	—	145	86	215	0.253	1.69

注：标有 ∗ 的值来自标准技术和 Hill 平均法。

由采用两个不同体积间隔的静态 DFT 计算确定的 FCC 结构 CrMnFeCoNi 高熵合金的平衡晶格参数分别为 0.3524nm 和 0.3526nm，两者非常接近，并且与之前报道的结果 0.3528nm 基本一致[15]。由于弹性常数对体积非常敏感，因此在目前的两个立方剪切模量 c_{44} 和 c' 之间存在一些小的差异。基于两个体积区间的体积模量分别为 188GPa 与 176GPa，存在 12GPa 的差异，这两个值都不同于 Tian 等人[15] 报道的值，这可能是由于在拟合状态方程时采用了不同的体积网格。体积模量的差异导致了 c_{11} 和 c_{12} 的差异。实际上，当采用 CrMnFeCoNi 高熵合金的室温实验体积时[12]，体积间隔为 $10.4\times10^{-3}\sim11.7\times10^{-3}\,\mathrm{nm^3/atom}$ 的体积模量为 147GPa，这非常接近 144GPa 的实验数据[16]。基态弹性参数 EMTO^a（0K）与 Tian 等人[15] 获得的略有不同，这可能归因于在两次测试中采用了不同的数值参数。

BCC 和 FCC 结构 Al$_x$CrMnFeCoNi 高熵合金的单晶弹性常数 $c_{ij}(x)$ 如图 8-2 所示。通过计算结果预测 BCC 和 FCC 结构 Al$_x$CrMnFeCoNi 高熵合金的所有单晶 $c_{ij}(x)$ 值都具有正值，并满足所有 x 的动态稳定性要求（即：$c_{44}>0$、$c'>0$ 和 $B>0$）。理论预测随着 FCC 和 BCC 相中 Al 含量的增加，$c_{11}(x)$、$c_{12}(x)$ 和 $c_{44}(x)$ 的

减少。$c_{ij}(x)$ 的降低意味着 Al 合金化降低了两个立方晶格的弹性稳定性。两个晶格在整个组成区间内具有相似的 $c_{12}(x)$。另一方面，FCC 相在 $x < 0.76$ 和 $x < 1.53$ 时，$c_{11}(x)$ 和 $c_{12}(x)$ 分别大于 BCC 相。对于 FCC 和 BCC 晶格，$c_{11}(x)$ 和 $c_{12}(x)$ 获得的不同组成依赖性导致 $c' = (c_{11} - c_{12})/2$ 的特殊趋势。在低于 $x \approx 0.78$ 时，FCC 相的 c' 大于 BCC 的，意味着 FCC 相比 BCC 相更加力学稳定，并且 BCC 相在高 Al 浓度下是力学稳定的，即随着 Al 含量的增加，存在从 FCC 到 BCC 的结构相变。

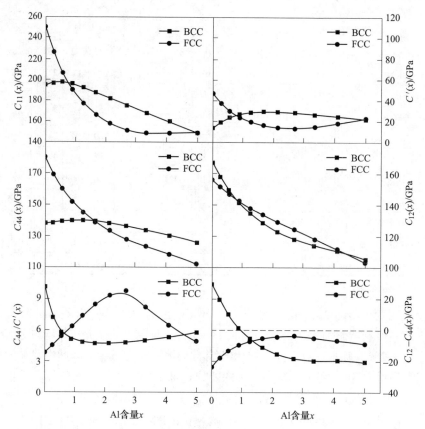

图 8-2   BCC 和 FCC 结构 Al_xCrMnFeCoNi （$0 \leqslant x \leqslant 5$） 高熵合金的理论单晶弹性常数[19]

（黑色虚线表示基于 Cauchy 压力的延性-脆性极限[21]）

图 8-2 绘制了 Zener 比率 （A_Z） 和 Al_xCrMnFeCoNi 合金的 Cauchy 压力 （CP）。目前的 HEA 具有异常大的弹性各向异性，并且随着 Al 含量的增加显示出复杂的浓度依赖性。与传统的 Fe 基合金[23]的弹性各向异性相比，可以看出，该研究的高熵合金具有比 Fe 基合金更明显的各向异性晶格。对于无 Al 合金，BCC A_Z 大约是 FCC 的两倍，随着 x 迅速减小，在 $x \approx 2.14$ 处接近最小值，在较

大的 Al 浓度下斜率以较小的幅度增加。FCC 相 A_z 的成分依赖性则不同：在低 Al 合金中它随 x 增加，在 $x \approx 2.69$ 处达到最大值（约 9.7）。

在图 8-3 中，给出了 BCC 和 FCC 结构 $Al_x CrMnFeCoNi$（$0 \leqslant x \leqslant 5$）高熵合金的理论多晶弹性性质（体积模量 B、剪切模量 G、杨氏模量 E、B/G、泊松比 ν 和弹性德拜温度 Q），理论预测在整个组成范围内 BCC 和 FCC 阶段的 $B(x)$ 斜率为负。另一方面，$E(x)$ 和 $G(x)$ 表现出复杂的成分依赖性，类似于图 8-2 中所示的单晶弹性常数的情况。对于所有成分，B/G 均高于经验延展性极限，表明所有成分都有一定的延展性。

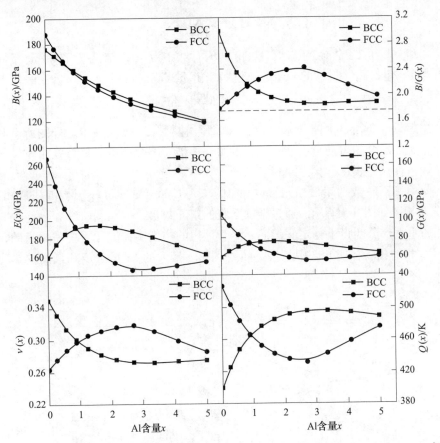

图 8-3 BCC 和 FCC 结构的 $Al_x CrMnFeCoNi$（$0 \leqslant x \leqslant 5$）高熵合金的理论多晶弹性参数[19]

（黑色虚线表示 Pugh 的韧脆极限[22]）

8.2.4 高熵合金的形成热力学分析

从物理观点来看，经验参数（例如原子尺寸差异、VEC 和电负性等的差异）

应该至少部分地反映在系统的自由能中。相稳定性的本质涉及各阶段之间的能量竞争，因此研究和分析系统中各相的吉布斯自由能是至关重要的。对于无序的固溶体相（φ），混合性质是指通过排除机械混合部分可以获得的热力学量，例如，混合 ΔG_{mix} 的吉布斯能量可以通过排除方程式（8-8）中的 $^{ref}G_m^\varphi$ 项来确定。因此，可以得出：

$$\Delta G_{mix}^\varphi = {}^{id}G_m^\varphi + {}^{ex}G_m^\varphi + {}^{mag}G_m^\varphi = \Delta H_{mix}^\varphi - T\Delta S_{mix}^\varphi \tag{8-8}$$

式中，ΔH_{mix}^φ 和 ΔS_{mix}^φ 分别为混合焓和混合熵，它们由下式确定：

$$\Delta H_{mix}^\varphi = H_m^\varphi - \sum_i x_i H_i^\varphi \tag{8-9}$$

$$\Delta S_{mix}^\varphi = S_m^\varphi - \sum_i x_i S_i^\varphi \tag{8-10}$$

式中，$H_m^\varphi(S_m^\varphi)$ 为合金的总焓（熵）；$H_i^\varphi(S_i^\varphi)$ 为具有结构 φ 的每个部件的焓（熵）。包括磁性贡献的合金的总过剩熵由下式确定：

$$^{ex}S_m^\varphi = S_m^\varphi + R\sum_i x_i \ln x_i \tag{8-11}$$

总超量吉布斯自由能（术语 $^{ex}G_m^\varphi + {}^{mag}G_m^\varphi$）包括除理想配置熵之外的所有其他贡献，例如混合的振动自由能、混合的磁自由能、混合的电子熵以及由于结构熵的破坏，存在短程化学排序/聚类。

使用 TCNI7 数据库，二元 Co-Cr 和伪二元 CoFe-Cr、CoFeNi-Cr 和 CoFeMnNi-Cr 合金相图如图 8-4 所示。通过增加系统的组元数量，σ 相场收缩并最终在五元系统的垂直部分变得不稳定。然而，尽管理想的构型熵在五元系中是最高的，但是 FCC 相的相场在四元区中是最宽的（例如，最大的 Cr 溶解度和最高的热稳定性）。

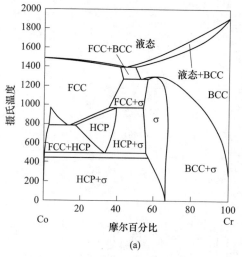

(a)

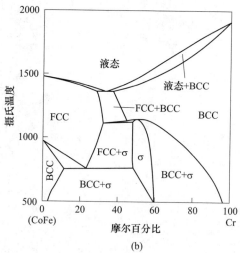

(b)

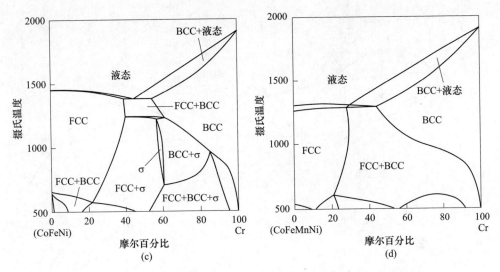

图 8-4 Co-Cr 二元和伪二元 (a)、CoFe-Cr (b)、CoFeNi-Cr (c) 和
使用 TCNI7 数据库 (d) 计算的 CoFeMnNiCr 相图[13]

相位稳定性涉及使用相同参考状态的系统中所有相之间的自由能竞争。对于图
8-4所示的四个系统，σ、BCC 和 HCP 阶段与 FCC 固溶体阶段发生平衡，因此所
有这四个阶段的热力学性质包括吉布斯自由能、焓和熵。在具有不同 Cr 含量的
一系列温度下检查相组成，为清楚起见，图 8-4 中仅显示了在 $T = 1000℃$ 下二元
Co-Cr 和伪二元 (CoFeMnNi)-Cr 合金系统的结果。对于二元系统，两相区域的连
接线位于吉布斯能量-组分平面内，而共切线方法可用于确定相平衡（即平衡相及
其组成）。例如，图 8-5 (a) 中所示的公共切线清楚地分别定义了 FCC +σ 和 σ+BCC

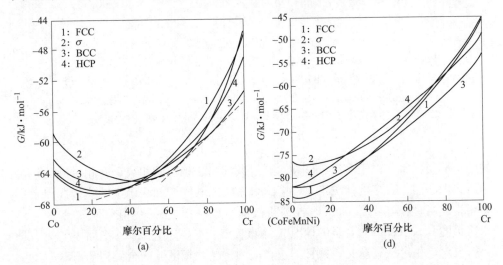

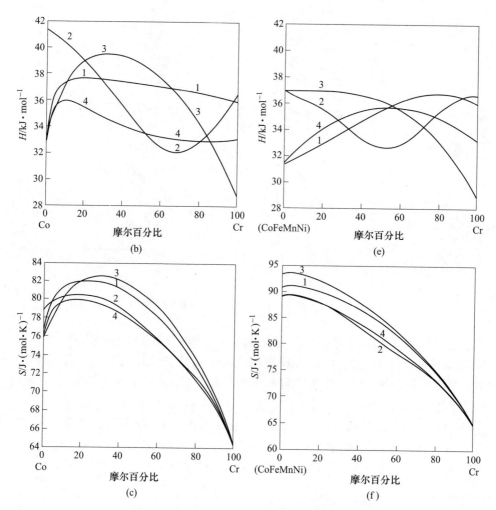

图 8-5　二元 Co-Cr（a）~（c）和拟二元（CoFeMnNi）（d）~（f）的

FCC、σ、BCC 和 HCP 相（图中标记为 1~4 的计算热力学性质）-Cr 系统：

吉布斯自由能（a）、（d），焓（b）、（e）和熵（c）、（f）作为 T = 1000℃时 Cr 含量的函数

（参考状态是 P = 1atm 和 T = 25. 15℃时纯元素的稳定结构，（a）中的虚线表示连接线

（或公共切线），其限定了两相区域，其中组分的化学势在两个相中相等，

在（d）中，连线位于 2d 平面之外[13]）

的两个两相区域。对于多组分体系，通过共切面法确定两相或更多相区域的平衡
相组成。然而，大多数情况下，由多组分系统的共同切面法确定的连接线以及平
衡相组成可能位于二维（2d）吉布斯能量组成平面之外（如图 8-5（d）~（f）
中所示的 CoCr$_x$FeMnNi 合金的情况）。因此，对于这些情景，2d 平面内的热力学
分析仅对单相区域有意义，并且不适合应用于共存相区域的全局相平衡确定。

尽管如此，对 2d 平面内热力学性质的成分依赖性的分析，仍然提供了关于它们的大小以及多组分系统的整个组成范围内各个阶段之间趋势的丰富信息。图 8-4 显示，与二元系统相比，每个单独相的组分数量的影响各不相同，并且 FCC 和 BCC 相比，其次系统中的 σ 和 HCP 相更稳定，稳定效应实际上来自焓和熵的贡献。向 CoCr 合金中添加 Fe、Mn 和 Ni 会降低除 HCP 相之外的所有相的总焓（即使其更负）。就熵而言，BCC 相具有最高的熵，其次是 $CoCr_xFeMnNi$ 合金中的 FCC 相，但是对于原子分数含有高达 40% Cr 的合金，FCC 相具有较低的能量。结果表明，相位稳定性分析需要考虑焓和熵。这些系统中 FCC 相的吉布斯能量、焓和熵的混合行为如图 8-6 所示，随着系统中组分数量的增加，ΔG_{mix} 在整个组成范围内单调下降（如图 8-6（a）所示）。这是由于 ΔH_{mix} 的降低和 ΔS_{mix} 的增加。图 8-6（b）显示 ΔH_{mix} 减小并且最终对于 $CoCr_xFeMnNi$ 合金变为负（具有原子分数小于 40% 的 Cr）。实现更负的 ΔH_{mix} 意味着在元素之间形成更强的键。当 Cr 的原子分数为 20% 时，与二元合金相比，ΔH_{mix} 的下降约为 6.5kJ/mol，而 ΔS_{mix} 的增加约为 7J/(K·mol)，相当于在 1000℃ 下 9kJ/mol。

从图 8-6（c）可以看出，对于所研究的四个系统，它们通过显示正过量熵偏离理想混合。特别地，二元 FCC 结构 CoCr 合金的混合熵 ΔS_{mix} 已经超过三元系统的最大理想配置熵。对于 FCC 结构 CoCr、CoCrFe、CoCrFeNi 和 CoCrFeMnNi 合金，预测的正过量熵分别为 +3.9J/(K·mol)、+2.9J/(K·mol)、+2.5J/(K·mol) 和 +1.3J/(K·mol)。此外，对于 2-、3-、4- 和 5- 组分体系，最大 ΔS_{mix} 分别在 Cr 的原子分数为 44.2%、35.3%、35.9% 和 22.8% 处发生。除了四元 $CoCr_xFeNi$ 系统之外，这些成分与其最大理想结构熵情况的偏差不大，其为 x = 35.9% − 25% = 10.9%（原子分数）。最大熵的组成偏差和大的正过量熵的存在，表明除了配置熵之外还存在其他熵贡献。

8.2.5　高熵合金的磁性和电子结构

在由 3d 过渡金属元素组成的无序合金中，众所周知磁性在确定它们的性质中起重要作用。首先，磁熵对吉布斯自由能产生重大贡献，从而影响热力学相稳定性相关现象，如有序无序[24] 和结构相变，例如由堆垛层错控制的 FCC-HCP 跃迁能量[25,26]。此外，磁性会对其他性能产生很大影响，包括力学性能[27,28]，电子[29] 和热传输[30,31]，以及热膨胀，如 FeNi 合金中的因瓦尔效应[32]。它也有功能应用的前景，例如巨大的自旋轨道扭矩[33]。然而，与广泛研究的力学性能不同，磁性能的研究和磁性对高熵合金的其他衍生性质的影响仍然很少，值得深入研究。

图 8-7 展现了绝对零度下 DFT 计算的 FCC 结构 CoFeMnNi、FCC 结构 CoFeMnNiCr 和 BCC 结构 CoFeMnNiAl 合金的总态密度（DOS）和部分 DOS（PDOS）。图 8-7（a）显示 CoFeMnNi 和 CoFeMnNiCr 合金的上下自旋状态的总电

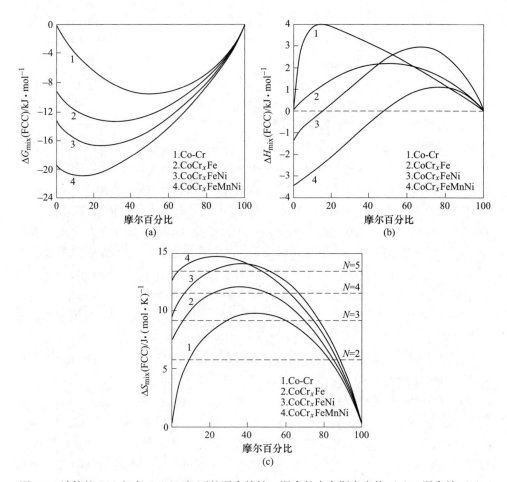

图 8-6　计算的 FCC 相在 $T=1000℃$ 下的混合特性：混合的吉布斯自由能（a）、混合焓（b）、

CoCr$_x$、CoCr$_x$Fe、CoCr$_x$FeNi（c）和 CoCr$_x$FeMnNi 混合的熵作为 Cr 含量的函数

（参考状态是 FCC，$T=1000℃$；（c）中的虚线表示混合的最大配置熵，N 表示组件的总数[13]）

子密度比 CoFeMnNiAl 合金更对称。过渡金属的部分 DOS 在其物理性质中起着至关重要的作用。因此，Co、Fe、Mn、Ni、Al 和 Cr 的 d 轨道的 PDOS 分别如图 8-7（b）~（f）所示。加入 Al 后最显著的变化是 Mn 多数自旋峰从费米能级上方转移到低于费米能级，如图 8-7（d）所示，这是由于从反铁磁有序到铁磁有序的转换。而且在费米能级之上的部分 Fe 的多数自旋态也转移到费米能级以下，进一步增强了其磁化强度。与 CoFeMnNi 和 CoFeMnNiCr 合金相比，非磁性 Al 的加入能够降低合金 d 带的峰宽。如图 8-7（b）所示，由于 Cr 的添加导致 Co 高于费米能级的少数峰移动到低于费米能级。添加 Al 或 Cr，对 Ni 的 PDOS 的影响很小，Al 和 Cr 原子的 PDOS 旋转分布非常对称，表明它们对合金磁化的直接贡献

可以忽略不计，尽管它们的添加改变了 Mn 和其他元素的相邻环境。

在零温度下 FCC 结构 CoFeMnNi、FCC 结构 CoFeMnNiCr 和 BCC 结构 CoFeMnNiAl合金中单个原子的预测局部磁矩如图 8-8 所示。对于所有合金，Fe 表现出比 Co 更高的磁矩，而 Ni 表现出接近零的磁矩。Co、Fe 和 Ni 在 CoFeMnNi 合金中表现出铁磁性，而 Mn 表现出反铁磁性。向 CoFeMnNi 合金中添加 Cr 总体上降低了磁矩的大小，并且在原子的磁矩引起更大的散射，表明由于 Cr 的添加，磁矩对相邻原子的敏感性。另一方面，向 CoFeMnNi 合金中添加 Al 减少了 Mn 的下旋数，因此使合金表现出铁磁性。对于 CoFeMnNi、CoFeMnNiCr 和 CoFeMnNiAl

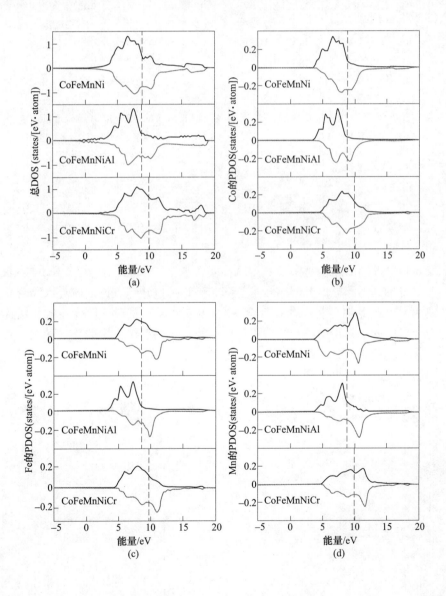

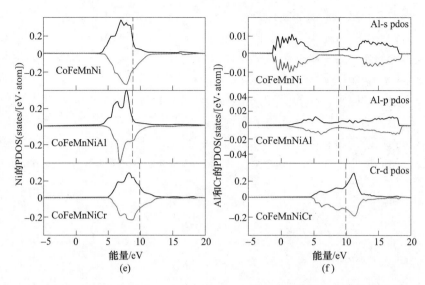

图 8-7 绝对零度下 DFT 计算的 FCC CoFeMnNi, FCC CoFeMnNiCr 和 BCC CoFeMnNiAl 的
(a) 自旋极化总 DOS；(b) Co d 轨道部分 DOS；(c) Fe d 轨道部分 DOS；(d) Mn d 轨道
部分 DOS；(e) Ni d 轨道部分 DOS；(f) Al s 轨道、p 轨道和 Cr d 轨道部 DOS
(垂直虚线表示费米能级[34])

合金，计算的平均磁矩分别为 0.89mB/原子、0.39mB/原子和 1.23mB/原子（mB＝玻尔磁子），而相应的实验值分别为 0.19mB/原子、0.014mB/原子和 1.35mB/原子。

发现合金的预测磁矩与实验测量值不同，主要原因是：第一，DFT 计算在绝对零度下进行，不考虑温度影响，这意味着磁矩可以达到理论上的最大条件；第二，使用无序 SQS 模型对等摩尔合金进行 DFT 计算，而真正的合金成分可能偏离理想合金成分，真正的原子结构更复杂；第三，铸态样品中的化学和结构不均匀性引入了实验观察到的磁性行为的额外复杂性。

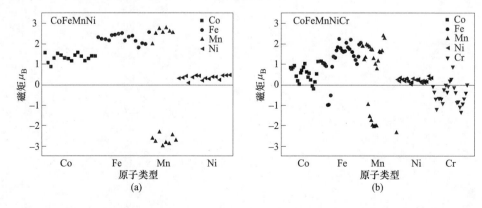

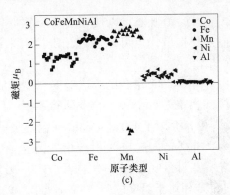

图 8-8　FCC 结构 CoFeMnNi（a）、FCC 结构 CoFeMnNiCr（b）和 BCC 结构
CoFeMnNiAl 高熵合金（c）在绝对零度下的 DFT 计算中预测的单个原子的磁矩[34]

8.2.6　高熵合金层错能的计算

层错能（SFEs）的确定在合金设计中非常重要，因为它表明了合金中主要的塑性变形机制。高 SFE 材料倾向于通过位错滑移机制变形而几乎不分裂成部分位错，而低 SFE 更容易分裂成部分位错对，层错宽度随着 SFE 的减小而增加。固溶合金化是设计低 SFE 合金的一种实验性途径，通常在可实现广泛固溶性的 Cu 或 Mg 基合金中是成功的，但是这些材料没有展现足够的强度以适应所有潜在的应用。然而，高熵合金提供了一种独特的机制来调整 SFE，因为它们在 FCC 晶格上形成固溶体，这种材料通常具有较高的强度和更宽的组成范围。从新合金中提取 SFE 趋势的能力是至关重要的，因为这些提供了评估实验成功的手段，并且还提供了与独立预测模拟的比较。

通过 X 射线衍射（XRD）测量实现了通过实验评估 SFE 的一种方法，然而，只有在测量之前已知合金的弹性性质时才能采用这种方法。如果不是这种情况，第一性原理方法，如 EMTO+CPA，可以发挥重要作用，评估合金的弹性常数作为其组分和浓度的函数，并使 SFE 的提取成为可能。从 XRD（和 EMTO+CPA），通过公式（8-12）计算了 FCC 材料的 SFE：

$$\gamma = \frac{6.6}{\pi\sqrt{3}} \cdot G_{(111)} \underbrace{\left(\frac{2c_{44}}{c_{11}-c_{12}}\right)^{-0.37}}_{\text{理论}} \cdot \underbrace{\frac{\alpha_0 \varepsilon^2}{\alpha}}_{\text{实验}} \tag{8-12}$$

在该表达式中，理论计算提供了由弹性常数 $G_{(111)}$ 确定的（111）中的剪切模量的值，以及由 FCC 的独立弹性常数（即 c_{11}、c_{12} 和 c_{44}）确定的 Zener 弹性各向异性的值，实验提供了关于晶格参数 α_0、均方微应变 ε^2 和堆垛层错概率 α 的信息。微应变可以通过 Lorentzian 函数拟合 XRD 峰来提取，这些拟合峰的宽度通过 Williamson 和 Hall[35] 的过程产生微应变，并且可以通过 Klug 和 Alexander[36] 的程序转换为均方微应变；堆垛层错概率可以使用 PM2K 软件包[37]提取；弹性常数可以通过拟合两种状态方程提取，也可以通过二次拟合来保留单位晶胞的正交应变。

　　Huang 等人[14]采用 ETMO-CPA 结合的方法对 FeCrCoNiMn 高熵合金的层错能进行了研究，同时考虑了磁熵，即晶格应变在不同温度下对层错能的贡献，如图 8-9 所示。在图 8-9（a）中，介绍了 FeCrCoNiMn 高熵合金的 SFE 的温度依赖性。室温下计算出的 SFE 为 21mJ/m²，这与 X 射线衍射测量值（18.3~27.3mJ/m²）非常吻合[6]。获得的结果表明温度对 SFE 有显著影响，尤其是在相对较低的温度下。随着温度升高，SFE 相对于温度的斜率略有减小，表现出在高温下趋于饱和的趋势。SFE 的总体趋势，以及低温下令人惊讶的低 SFE（例如接近 0K 时为 3.4mJ/m²）表明，FeCrCoNiMn 高熵合金随温度的降低，孪晶变形的可能性增大，这与实验观察一致[38]。为了深入了解 SFE 趋势背后的微观机理，在图 8-9（b）中，介绍并讨论了三个主要贡献：总 SFE 的化学部分 γ_{chem}、磁性部分 γ_{mag} 和应变部分 γ_{strain}。

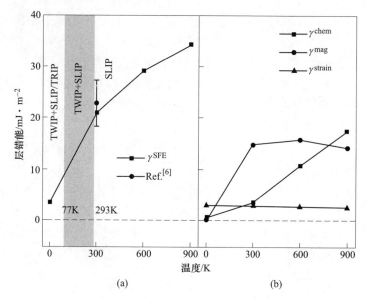

图 8-9　FeCrCoNiMn 高熵合金的理论堆垛层错能随温度的变化
（a）总层错能（$\gamma_{SFE} = \gamma_{chem} + \gamma_{mag} + \gamma_{strain}$）；（b）各部分的贡献，
化学部分 γ_{chem}、磁性部分 γ_{mag}、应变部分 γ_{strain}[14]

　　对 SFE 的化学贡献，代表在其他情况下理想的 FCC 晶体中的堆垛层错而引起的自由能变化。计算公式为 $\gamma_{chem} = (E^{isf} - E^0)/A$，其中 E^{isf} 和 E^0 分别是断层晶格和理想晶格中的自由能，而 A 是堆垛层错面积。从图 8-9（b）中可以看出，γ_{chem}

随温度的升高几乎呈线性增加。由于堆积断层附近的原子堆积遵循六方密堆积（HCP）模式，因此化学项通常由 HCP 和 FCC 晶格之间的自由能差来近似[39,40]。

磁性部分定义为 $\gamma_{mag} = -T(S^{isf} - S^0)/A$，其中 S^{isf} 和 S^0 分别表示断层晶格和理想晶格中的磁熵。使用平均场表达式 $S = \sum^i k_B c_i \ln(1 + \mu_i)$ 估算磁熵，其中 c_i 和 μ_i 分别是原子 i 的浓度和局部磁矩（k_B 是玻耳兹曼常数）。这种表达对应于完全无序的顺磁状态[41]，如图 8-9（b）所示，γ_{mag} 在低温下迅速增加，而在高温下略有下降。

最近，Zaddach 等人将 XRD 和 EMTO-CPA 方法结合使用，探讨了等原子合金中的 SFE 与五组元高熵合金的组分数的关系[6]，如图 8-10 所示。从图中可以发现，每种等原子合金是 FCC 晶格上的单相无序固溶体。图 8-10 中的数据显示了 SFE 随组元数量减少的明显趋势。

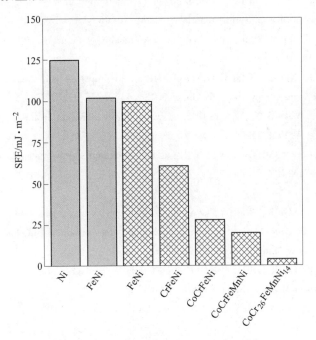

图 8-10　不同组元高熵合金的层错能[6]

虽然 SFE 能够随组元数量的增加而减少，但是可实现的最低值仍然超过传统的低 SFE 铜合金，之前曾报道[42~44]这些铜合金的 SFE 在 8 ~ 14mJ/m² 范围内。Zaddach 等人为了进一步探索合金调整 SFE 的能力，放宽了等原子比的约束并探索了五组元非等原子比的高熵合金。通过添加典型的高 SFE 的 Ni 来替代 Cr，发现具有较高 Cr 含量的合金进一步降低了 SFE，同时保留了单相固溶体 FCC 结构，

并且发现 $Cr_{26}Co_{20}Fe_{20}Mn_{20}Ni_{14}$ 这种非等原子比高熵合金，其 SFE 值略小于4mJ/m²，低于目前报道的铜合金的值。

参 考 文 献

[1] Nityananda R, Hohenberg P, Kohn W. Inhomogeneous electron gas [J]. Resonance, 2017, 22 (8)：809~811.

[2] Ceperley D M, Alder B J. Ground state of the electron gas by a stochastic method [J]. Physical Review Letters, 1980, 45 (7)：566~569.

[3] John P, Perdew K B, Matthias E. Generalized gradient approximation made simple [J]. Phpysical Review Letters, 1996, 77：18.

[4] Zhang Y, Zhou Y J, Lin J P, et al. Solid-solution phase formation rules for multi-component alloys [J]. Advanced Engineering Materials, 2008, 10 (6)：534~538.

[5] Miedema A R, et al. Model predictions for the enthalpy of formation of transition metal alloys [J]. Calphad, 1977.

[6] Zaddach A J, Niu C, Koch C C, et al. Mechanical properties and stacking fault energies of NiFeCrCoMn high-entropy alloy [J]. Jom, 2013, 65 (12)：1780~1789.

[7] Senkov O N, Wilks G B, Miracle D B, et al. Refractory high-entropy alloys [J]. Intermetallics, 2010, 18 (9)：1758~1765.

[8] Senkov O N, Scott J M, Senkova S V, et al. Microstructure and room temperature properties of a high-entropy TaNbHfZrTi alloy [J]. Journal of Alloys and Compounds, 2011, 509 (20)：6043~6048.

[9] Takeuchi A, Amiya K, Wada T, et al. High-entropy alloys with a hexagonal close-packed structure designed by equi-atomic alloy strategy and binary phase diagrams [J]. Jom the Journal of the Minerals Metals & Materials Society, 2014, 66 (10)：1984~1992.

[10] Van d W A, Ceder G. The effect of lattice vibrations on substitutional alloy thermodynamics [J]. Reviews of Modern Physics, 2001, 74：11.

[11] Alers G, Neighbours J. Crystal stability and elastic constants [J]. Journal of Applied Physics, 1957, 28：1514.

[12] He J Y, Liu W H, Wang H, et al. Effects of Al addition on structural evolution and tensile properties of the FeCoNiCrMn high-entropy alloy system [J]. Acta Materialia, 2014, 62：105~113.

[13] Gao M C, Liaw P K, Yeh J W, et al. High-Entropy Alloys Fundamentals and Applications [M]. Springer, 2016：1~516.

[14] Huang S, Li W, Lu S, et al. Temperature dependent stacking fault energy of FeCrCoNiMn high-entropy alloy [J]. Scripta Materialia, 2015, 108：44~47.

[15] Tian F, Shen J, Vitos L, et al. Calculating elastic constants in high-entropy alloys using the co-

herent potential approximation: current issues and errors [J]. Computational Materials Science, 2016, 111: 350~358.

[16] Tanaka K, Teramoto T, Ito R. Monocrystalline elastic constants of FCC-CrMnFeCoNi high-entropy alloy [J]. Mrs Advances, 2017: 1~6.

[17] Haglund A, Koehler M, Catoor D, et al. Polycrystalline elastic moduli of a high-entropy alloy at cryogenic temperatures [J]. Intermetallics, 2015, 58: 62~64.

[18] Wu Y, Liu W H, Wang X L, et al. In-situ neutron diffraction study of deformation behavior of a multi-component high-entropy alloy [J]. Applied Physics Letters, 2014, 104 (5): 1~5.

[19] Zhang H, Sun X, Lu S, et al. Elastic properties of AlCrMnFeCoNi (0 ≤ x ≤ 5) high-entropy alloys from ab initio theory [J]. Acta Materialia, 2018, 155: 12~22.

[20] Gadaud P, et al. Temperature dependencies of the elastic moduli and thermal expansion coefficient of an equiatomic, single-phase CoCrFeMnNi high-entropy alloy [J]. Journal of Alloys & Compounds An Interdisciplinary Journal of Materials Science & Solid State Chemistry & Physics, 2015.

[21] Pettifor D G. Theoretical predictions of structure and related properties of intermetallics [J]. Materials Science and Technology, 1992.

[22] Pugh S F. Relations between the elastic moduli and the plastic properties of polycrystalline pure metals [J]. Philosophical Magazine, 1954, 45 (367): 823~843.

[23] Zhang H, Punkkinen M P J, Johansson B, et al. Single-crystal elastic constants of ferromagnetic bcc Fe-based random alloys from first-principles theory [J]. Physical Review B Condensed Matter, 2010, 81 (18): 184105. 1~184105. 14.

[24] Walle A v d, Ceder G. The effect of lattice vibrations on substitutional alloy thermodynamics [J]. Reviews of Modern Physics, 2001, 74: 11.

[25] Ma D, Grabowski B, Körmann F, et al. Ab initio thermodynamics of the CoCrFeMnNi high-entropy alloy: Importance of entropy contributions beyond the configurational one [J]. Acta Materialia, 2015, 100: 90~97.

[26] Zhao S, Stocks G M, Zhang Y. Stacking fault energies of face-centered cubic concentrated solid solution alloys [J]. Acta Materialia, 2017, 134: 334~345.

[27] Niu C, LaRosa C R, Miao J, et al. Magnetically-driven phase transformation strengthening in high-entropy alloys [J]. Nature Communications, 2018, 9 (1): 1363.

[28] Dong Z, Schonecker S, Li W, et al. Thermal spin fluctuations in CoCrFeMnNi high-entropy alloy [J]. Scientific Reports, 2018, 8 (1): 12211.

[29] Mu S, Samolyuk G D, Wimmer S, et al. Uncovering electron scattering mechanisms in NiFeCoCrMn derived concentrated solid solution and high-entropy alloys [J]. npj Computational Materials, 2019, 5 (1).

[30] Jin K, Mu S, An K, et al. Thermophysical properties of Ni-containing single-phase concentrated solid solution alloys [J]. Materials & Design, 2017, 117: 185~192.

[31] Samolyuk G D, Mu S, May A F, et al. Temperature dependent electronic transport in concentrated solid solutions of the 3d-transition metals Ni, Fe, Co and Cr from first principles [J].

Physical Review B, 2018, 98 (16).

[32] Van Schilgaarde M, Abrikosov I A, Johansson B. Origin of the Invar effect in iron-nickel alloys [J]. Nature, 2008, 400 (6739): 46~49.

[33] Chen T Y, Chuang T C, Huang S Y, et al. Spin-orbit torque from a magnetic heterostructure of high-entropy alloy [J]. Physical Review Applied, 2017, 8 (4).

[34] Zuo T, Gao M C, Ouyang L, et al. Tailoring magnetic behavior of CoFeMnNiX (X = Al, Cr, Ga, and Sn) high-entropy alloys by metal doping [J]. Acta Materialia, 2017, 130: 10~18.

[35] Williamson G K, Hall W H. X-ray line broadening from filed aluminium and wolfram [J]. Acta Metallurgica, 1953, 1 (1): 22~31.

[36] Alexander, Elbert L. X-ray diffraction procedures for polycrystalline and amorphous materials [M]. John Wiley & Sons, Inc, 1974.

[37] Scardi P. PM2K: A flexible program implementing whole powder pattern modelling [J]. Zeitschrift Für Kristallographie Supplements, 2006, 23 (23): 249~254.

[38] Gludovatz B, Hohenwarter A, Catoor D, et al. A fracture-resistant high-entropy alloy for cryogenic applications [J]. Science, 2014, 345 (6201): 1153~1158.

[39] Vitos L, Korzhavyi P A, Johansson B. Evidence of large magnetostructural effects in austenitic stainless steels [J]. Physical Review Letters, 2006, 96 (11): 117210.1~117210.4.

[40] Vitos L, et al. Alloying effects on the stacking fault energy in austenitic stainless steels from first-principles theory [J]. Acta Materialia, 2006.

[41] Grimvall G. Spin disorder in paramagnetic fcc iron [J]. Physical Review B Condensed Matter, 1989, 39 (16): 12300.

[42] Denanot M F, Villain J P. The stacking fault energy in Cu-Al-Zn alloys [J]. Physica Status Solidi, 2006, 8 (2): K125~K127.

[43] Schramm R E, Reed R P. Stacking fault energies of seven commercial austenitic stainless steels [J]. Metallurgical Transactions A, 1975, 6 (7): 1345~1351.

[44] Gong Y L, Wen C E, Li Y C, et al. Simultaneously enhanced strength and ductility of Cu-xGe alloys through manipulating the stacking fault energy (SFE) [J]. Materials Science & Engineering A Structural Materials Properties Microstructure & Processing, 2013, 569 (May 1): 144~149.

9　面心立方结构高熵合金的腐蚀

9.1　金属腐蚀概述

9.1.1　合金腐蚀的基本概念

材料科学是现代工业社会及经济发展的重要基础学科。从高端制造、军用设备、航空航天到家用汽车、日化百货，人们的生产生活和材料密切相关。而腐蚀学科就是研究材料在与周围的环境交互作用时的破坏、失效行为及机理的一门学科。在大多数情况下，工程材料的失效行为按照其失效过程背后的物理、化学变化本质的不同，主要分为腐蚀、断裂、磨损三类。这三种失效形式是工程结构材料最常见、破坏性最严重的三种失效破坏形式。一些工业调查中材料失效原因及比例见表 9-1。

表 9-1　一些工业调查中材料失效原因及比例[1]

失效原因	腐蚀	断裂	磨损	其他
比例/%	42	44	3	11

在表 9-1 中（腐蚀加速的断裂和磨损也属于腐蚀致失效原因）可以看到：工程应用中，合金机械制品及结构材料最终走向失效的过程中，合金腐蚀本身对材料的破坏及间接导致的断裂失效占据了绝大部分，因此研究材料腐蚀行为机理并制定行之有效的防护对策具有十分重要的意义。

金属材料在人类文明的发展中占有很重要的地位，金属腐蚀也是人们接触最多、最为常见的腐蚀类型。如古墓中出土的铜器表面的铜绿主要是铜腐蚀产物 $CuSO_4 \cdot 3Cu(OH)_2$，铁锈主要是表面腐蚀产物 $FeO(OH)$ 等。随着科学技术的发展，非金属材料和复合材料使用占比加大。腐蚀科学研究对象也逐渐增多，腐蚀的定义拓展为："材料的腐蚀是材料受环境介质的化学、电化学或物理作用破坏的现象"。但是，当前金属合金的腐蚀研究仍然是腐蚀科学的主要内容。

9.1.2　腐蚀的危害及腐蚀防护的重要性

9.1.2.1　直接经济损失

腐蚀造成的直接经济损失包括：资本费用，更换设备及建筑费用；维修费用，腐蚀控制费用；设计费用，腐蚀容差等；产品损失，技术支持，备用零件等各种由于腐蚀的存在而导致总费用增量。由部分国家的统计数字可知，每年因腐蚀造成的直接经济损失约占国民生产总值的 1%~6%。而全球每年因腐蚀造成的经济损失达 7000 亿美元，约为各种自然灾害（台风、地震、火灾）等损失总和的 6 倍。

9.1.2.2 间接经济损失

腐蚀造成的间接经济损失难以估计，一般包括：工厂停产的时间成本、设备维护成本和电厂停电等重要公共资源带来的损失；腐蚀带来的产品成本上升、效率下降等；高精度要求产品的腐蚀报废等。

9.1.2.3 人员伤亡和环境污染

腐蚀造成的工业生产中"跑、冒、滴、漏"等，使得有害气体、液体、核放射物质等外溢，不仅污染周遭环境，同时也会威胁人类生命健康安全。油田采油平台等高危场所腐蚀疲劳破坏导致的人员伤亡、农药工厂剧毒物泄露引发的大量感染、客机增压舱端框应力腐蚀断裂导致的飞机失事、大型公共场所支撑结构腐蚀坍塌引发的人员聚集伤亡等例子不胜枚举。例如，美国挑战者号航天飞机由于助推器橡胶密封圈受热老化（非金属材料腐蚀失效），导致升空 74s 后突然爆炸，导致 7 名宇航员伤亡以及价值 12 亿美元经济损失。

9.1.2.4 阻碍科学技术和国防事业的发展

腐蚀问题作为科技进步的潜在威胁会阻碍科学及工业的发展进程。现代半导体技术要求精度极高，生产设备的微量腐蚀会污染产品、降低性能；美国阿波罗号飞船储 N_2O_4 的钛合金高压容器的应力腐蚀开裂曾一度致使登月计划延期；航天器大气回收时舱外高温抗氧化涂层和耐热材料的研发仍是扼制该领域发展的瓶颈问题。

腐蚀问题对武器装备、国防军工等也有着重要影响。武器装备由于环境变化产生的不适应破坏，甚至引发经济损失和军事失利。航海舰队鱼雷快艇螺旋桨在海水中的空泡腐蚀、发动机叶片在高潮高热环境下的腐蚀破坏、鱼雷引信失效、铝制船舱的腐蚀搁浅等例子比比皆是。我国拥有 300 多万平方公里的领海，复杂的海上环境对舰艇、巡航机等整体抗海水。湿热空气的侵蚀能力拥有极高的要求，因而腐蚀防护问题至关重要。

9.1.2.5 资源浪费

统计表明，每年设备及结构材料因为腐蚀而失效报废的合金占金属年产量的

30%，且很大一部分金属制品无法回收。每年全世界有上亿吨金属资源因腐蚀而蒸发损耗掉。地球金属资源是有限的，尤其是某些稀有金属，金属的腐蚀流失也给相关产业带来损失。设备生产研发及维护过程的资源浪费、能源损耗难以估量。遵从人类共同体和地球村的理念，这样的损失是全人类共担的，因此腐蚀问题值得倍加关注。

材料的腐蚀破坏具有危害性高、隐蔽性强、失效突然等特点。如图 9-1 所示的大型采矿机械、钢铁结构材料、锈蚀报废的轮船等为例，可以看到腐蚀造成的破坏是十分触目惊心的。腐蚀在自然界是自发反应，合金元素趋向于脱离金属内部转而以盐或氧化物的形式存在。无论是光鲜亮丽的钢铁艺术品或是精美的现代工业产品，在日积月累的腐蚀下终会变成一堆废铁，这使得对合金制品腐蚀防护的人工干预十分必要。

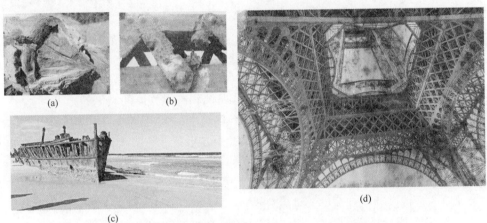

图 9-1　腐蚀失效的采矿机械（a），局部腐蚀的金属结构材料（b），
海水侵蚀的轮船（c）和锈蚀的法国埃菲尔铁塔（d）

9.1.3　腐蚀防护与控制方法

随着人类文明的发展，从金属制品被大量使用开始，人类与腐蚀行为的斗争从来没有停止过。在当今倡导的可持续发展理念下，深入了解腐蚀基本原理，减缓或杜绝腐蚀的发生十分必要，不仅带来巨大社会效益，同时促进新技术、新工艺的产生。通过长期以来人们对腐蚀行为规律的总结和研究，探索出一系列行之有效的腐蚀防护及控制方法[1]：

（1）合理化设计结构，在图纸设计、工艺优化等上游的细节处理，实现产品及设备的腐蚀控制。

（2）谨慎选材和利用计算机模拟，同时发展新型耐蚀材料。根据设备及产品的精确服役条件提前模拟服役过程可能遇到的腐蚀类型，正确优化材料选取。

当然，在某些严苛条件下，当前材料无法满足使用要求时，需进行新材料的开发。

（3）采取合理的表面技术。腐蚀破坏是环境与材料相互作用的结果。合理的表面处理能够隔绝环境介质的侵蚀，强化材料。如表面涂镀层和表面改性能技术，具体方法可参见第6章。

（4）改善环境和合理使用缓蚀剂。通过多种处理方法，降低腐蚀介质的腐蚀危害。比如，工业生产中的脱气、除氧、除盐等。合适的条件下，向环境中添加缓蚀剂等。这类措施一般用于环境介质量小、可控条件下。

（5）电化学保护。对于电化学腐蚀，阴极保护和阳极保护都可发挥作用。

以上防护方法在实际应用中应视具体情况而定，也可采取多种方法一起应用，兼顾经济性、合理性及有效性综合考量。

9.1.4　腐蚀类型的分类

腐蚀类型的划分有多种标准[1]。

（1）依据腐蚀环境分类，可以分为：

1）干燥气体腐蚀。比如常温干燥气体腐蚀和高温气体的氧化等。

2）电解液中的腐蚀。比如常见的自然环境中的大气腐蚀、土壤腐蚀、海水腐蚀、微生物腐蚀等，工业介质中的酸碱盐、工业废水，高温高压水中的腐蚀。

3）非电解液中的腐蚀。如材料在各种有机物液体介质（苯、甲醇、乙醇、三氯甲烷）中的腐蚀等。

（2）依据腐蚀机理分类，可以分为：

1）化学腐蚀。指的是材料与环境中某些物质发生纯化学反应而引起的腐蚀损伤。其显著特点是反应过程无外部电流产生。

2）电化学腐蚀。金属与电解质接触时，由于原电池作用而引发的腐蚀现象称为电化学腐蚀。主要特点是：反应严格区分阴极阳极（有时候不明显），阴极阳极两个半反应之间有电流产生。腐蚀过程中阳极材料会被腐蚀破坏，而阴极只是某些反应的媒介，本身不参与反应。常见的绝大多数的腐蚀都是电化学腐蚀。它是最常见、危害最大的腐蚀类型。

（3）依据腐蚀形态分类，可以分为：

1）全面腐蚀。即腐蚀均匀分布在金属表面。这类腐蚀危险性小，可预测，在设计零件时需要留出腐蚀余量。

2）局部腐蚀。金属局部如腐蚀坑、焊接区、斑点、金属与导电体接触区、微观晶间等发生严重的腐蚀，腐蚀深度一般大于宽度。这类常见的腐蚀分别归于点蚀、缝隙腐蚀、丝状腐蚀、电偶腐蚀、晶间腐蚀等并且均属于电化学腐蚀。局部腐蚀具备危险性、突然性、不可预测性，是需要特别注意的腐蚀类型。

在实际生活中，腐蚀类型的区分可能并不严格依属于某一个划分，多种腐蚀类型有可能同时出现。熟知各种腐蚀类型的典型特征以及对应的控制方法，才能有效减少腐蚀带来的破坏。

9.2　面心立方结构高熵合金的腐蚀研究

当前高熵合金领域中，对金属合金的耐蚀性研究主要基于多种无机介质中（酸、碱、盐）的腐蚀行为。合金腐蚀性能作为一种附加性能，依附于材料高强韧等优异的力学性能，如果一种合金不具备工业化和实际应用价值，那么对这种合金的腐蚀性研究必要性当然大大降低。高熵合金中 BCC（体心立方结构）构型的一系列合金有着高硬度、高耐磨性等优点，但是 FCC（面心立方）体系的高熵合金具备更好的塑性和可加工性。近年来，通过对 FCC 基体进行相变、热处理、冷加工等手段改变合金相结构及微观组织来获得更高的力学性能已经成为主流。因此，对这类合金的耐蚀性能研究也十分必要。对于碳钢以及镁铝合金等单一主元合金体系的腐蚀方面的研究前人已经做得很充分，并且取得了巨大的研究成果和工业应用价值。而高熵合金的出现只有短短的十几年，对其在腐蚀领域的研究探索还比较有限。但由于高熵合金独特的设计理念以及成分可大量添加和调控的特点，在腐蚀领域具备很大的研究潜力。同时，也是高熵合金的工业化的必然要求。

由于面心立方高熵合金的综合性能优异，基于面心立方高熵合金的腐蚀行为的研究和机理探索具有理论和实际的双重意义。可以预见，在面心立方高熵合金良好的工业应用潜力下，其腐蚀行为研究会为其最终工业化应用和长期服役提供理论支持。

9.3　面心立方高熵合金组成元素及微观结构对其腐蚀行为的影响

高熵合金的腐蚀研究对象大多是基于 CoCrFeNi 体系进行元素添加或成分改进的合金体系，比如添加 Al、Mn、Mo、Ti 等。大多数过渡金属为主的高熵合金体系具有 FCC 和 BCC 结构。对于材料的腐蚀来说，一般合金微结构排布越规律、异质结构成分越接近，耐蚀性能越好。

在合金的腐蚀研究中，一般取在质量分数为 3.5% 氯化钠溶液中的腐蚀参数作为评估材料耐蚀性能好坏的指标。在已报到的大量高熵合金体系中，面心立方结构（FCC）或面心立方结构占主体的合金体系整体耐蚀性较强，具备更低的腐蚀电流密度，对应更低的腐蚀速率。

如图 9-2 所示，图中列出了多种成分高熵合金在质量分数为 3.5% 浓度氯化钠溶液中的腐蚀电流密度和腐蚀电位[2]。图 9-2 虚线框中的 CoCrFeNi、CoCrFeMnNi[3]、$Al_{0.1}$CoCrFeNi[4]、CoCrCu$_{0.5}$FeNi[5] 等常见的 FCC 高熵合金具备极低的腐蚀速率。作为对比，框中圆点为耐蚀性的 304L 不锈钢的腐蚀电流密度数据[6]。可以看到除了铜偏析严重的 CoCrCuFeNi 体系腐蚀电流密度略高于 304L，其他 FCC 体系耐蚀性都远优于 304L 不锈钢。框中 AlCoCrFeNiTi$_x$（$x = 0.5/1.0/1.5/2.0$，BCC）虽然不具有 FCC 结构，但是由于 Ti 元素的强钝化及膜稳定性，也具备低的腐蚀速率[7]。而 AlCrCuFeMnNi[8]、AlCoCrFeMnNi 等 BCC 结构的合金体系耐蚀性较差。

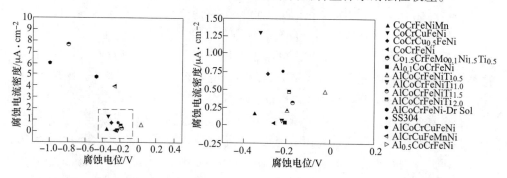

图 9-2　多种高熵合金在质量分数为 3.5% 氯化钠溶液中的腐蚀电流密度及腐蚀电位[2]

在 Al$_x$CoCrFeNi 高熵合金体系的研究中[9]，选取了三种铝含量分别为 0.3%、0.5%、0.7%（原子百分比）的合金，铝含量为 0.3% 的合金具有单相 FCC 结构，而其他两种成分的合金均具有富 Cr 和 Fe 的 FCC 相和富 Al 和 Ni 的 BCC 相混合的双相结构。三种合金中，单相 Al$_{0.3}$CoCrFeNi 合金具有更低的腐蚀速率和更低的钝化电流密度，而 Al$_{0.5}$CoCrFeNi 和 Al$_{0.7}$CoCrFeNi 合金的钝化区间宽度明显缩短，Al$_{0.3}$CoCrFeNi 和 Al$_{0.7}$CoCrFeNi 的对比更为明显。这表明 BCC 相的出现显然不利于合金在盐溶液中的耐蚀性，而三种合金表面的腐蚀后形貌的观察表明，单相 FCC 的 Al$_{0.3}$CoCrFeNi 合金表面几乎不发生破坏，而点蚀优先发生在 BCC 相上。明显的是，对 Al$_x$CoCrFeNi 体系合金相对来说，形成的 FCC 结构无论是耐蚀性能还是抗点蚀能力都优于 BCC 结构合金体系。

图 9-3 为 Al$_x$CoCrFeNi 体系合金在硫酸溶液中的电化学腐蚀数据[10]。图 9-3（a）的极化曲线可见，和盐溶液中的情况类似，无铝的 CoCrFeNi 单相 FCC 结构具备最低维钝电流密度。随着铝元素含量的增加，合金相结构变复杂，BCC 相大量出现。此时耐蚀性能和钝化膜质量都逐渐降低。由于在硫酸溶液中不含卤化物而不产生点蚀。在硫酸溶液中的腐蚀行为属于全面腐蚀类型。图 9-3（b）中阻抗弧的变化规律和极化曲线是一致的：高的 Al 含量对应高的腐蚀速率。值得注意的是，即使是腐蚀性能最差的 Al$_{1.0}$CoCrFeNi 合金，仍然具备接近于 304 不锈钢的钝化能力，而其钝化电流密度较低表明钝化膜质量较好。

一种或多种元素的添加会导致材料微观相结构的改变进而影响腐蚀性能。单个元素对合金体系耐蚀性能的影响不仅仅基于其元素本征性质带来的改变，其中

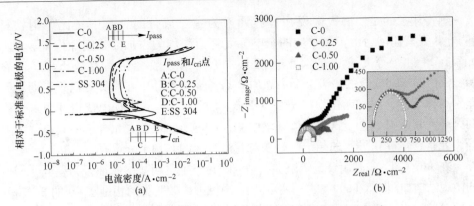

图 9-3 四种不同铝含量的 $Al_xCoCrFeNi$ 高熵合金室温下在

0.5mol/L H_2SO_4 溶液中的极化曲线（a）和电化学阻抗谱（b）

（其中 C-X 代表 Al 元素的原子百分比含量[10]）

合金相结构的影响是至关重要的。在 AlCoCuFeNi 合金中添加 Cr 和 Ti、$Al_{0.5}CoCrFeNiCu$ 合金中添加 B 而产生的腐蚀行为的差异已被报道[11]：硼化物的析出会进一步诱发材料的选择性腐蚀。

如图 9-4（a）~（d）所示，硼元素的添加导致了硼化物相分数的增加，从而导致了富 Cr、Fe 和 Co 的"丝状沉淀物"大量出现（图 9-4（a）~（d）中的白色区域）。这种成分上具有明显差异的异质结构的出现导致合金腐蚀过程中形成大量局部微电偶，从而诱发选择性腐蚀。如图 9-4（e）~（h）中所示，富集强钝化元素（Cr 和 Co）的相显示出高抗点蚀能力，而基体和枝晶间区域优先受到腐蚀。随着 B 元素的大量添加，这种相分离更加明显，白色阴极区体积分数增加，优先腐蚀行为加剧。

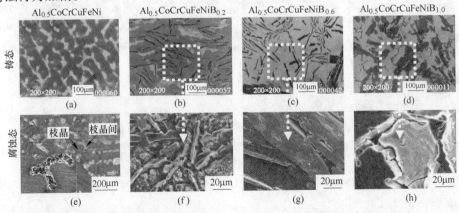

图 9-4 三种不同 B 添加量的 $Al_{0.5}CoCrFeNiCu$ 在 1mol/L H_2SO_4 中

腐蚀前后形貌对比和部分微结构特征对比[11]

　　值得注意的是，一般来说在过渡元素为主要成分的合金中（比如钢铁材料），B 元素添加后由于熵效应的影响，元素力图均匀占据晶格间隙位置。但 B 元素在 Fe、Cr 等元素中的溶解度极低，B 元素一般会在晶界处析出。而在 $Al_{0.5}CoCrFeNiCu$ 成分的高熵合金中添加 B 后，硼化物并未在晶界处出现，而是无差别析出沉淀，同时硼化物甚至是富 Fe、Cr 的，这一异常现象值得注意，也表明合金元素在高熵合金这个基体环境中的性质可能和在单主元合金中具有很大差异，元素含量变化导致的相结构改变对腐蚀行为的影响十分重要。

　　在 AlCoCuFeNi 高熵合金中添加 Cr 和 Ti 会产生很明显的腐蚀行为差异，相应的微观结构如图 9-5（a）~（d）所示[12]。图像中比较明亮的相是富 Cu 的 FCC 相，而相对较暗的是富含 Al 和 Ni 的 BCC 相，明暗对比很明显。添加 Cr 导致枝晶的形成，而 BCC 形成层状结构；Ti 导致富含 Al、Co、Ni 和 Ti 的 BCC 相（A2/B2）；添加 Cr 和 Ti 均能导致 Cu 偏析。腐蚀后形貌如图 9-5（e）~（h）所示，FCC 相迅速溶解而富 Al 和 Ni 的 BCC 相可以保留下来。

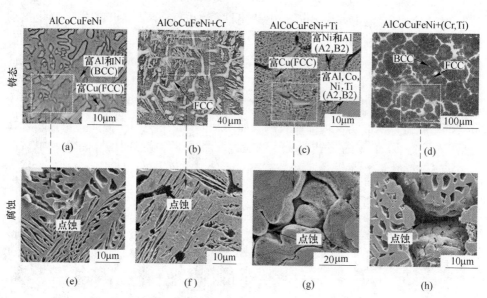

图 9-5　AlCoCuFeNi-Cr/Ti 合金的铸态（a）~（d）和腐蚀（e）~（h）显微组织
（枝晶间观察到含 Cu 的金属相的溶解，如果合金中同时含有 Cu 和 Ti，
FCC 相溶解后会留下圆形的枝晶特征(g)和(h)[12]）

　　含 Cr 的 AlCoCuFeNi 合金在 $0.5mol/L\ H_2SO_4$ 溶液中腐蚀研究中显示出非常低的腐蚀电流密度，数值在 $5~8\mu A/cm^2$ 之间。而与之对应的是含 Ti 和 Ti-Cr 的合金显示出更高的腐蚀活性。一般认为，Cr 和 Ti 可以提高耐蚀性。但在高熵合金中 Cr 和 Ti 的同时添加却导致了耐蚀性的下降。这可能是由于合金的多

相异质结构导致了微阳极和微阴极区域的形成，从而加速腐蚀。从图 9-5（d）中可以看到，作为易腐蚀相的富 Cu 的 FCC 相体积分数远小于富 Al、Ni 的 BCC 相，构成"大阴极、小阳极"的加速腐蚀体系。图 9-5（e）~（h）中富 Cu 的 FCC 相极易受到腐蚀，可能是由于合金的较高电化特性或者是局部钝化能力不足所导致的。

在高熵合金的腐蚀研究中，元素含量变化产生的耐蚀性差异及腐蚀机理研究占据重要部分，很多研究都表明：在多元素混合的高熵合金环境中，单一元素的性质可能和传统认知相违背。有时候，耐蚀元素的添加甚至会降低材料腐蚀性能，而一些情况下，易腐蚀元素的加入却能改变合金整体耐蚀性，不管是因元素添加还是其他原因导致的合金微观相结构的改变，都是单一合金体系腐蚀性能改变的直接原因。就理论预测而言，可以认为单相、无成分偏析和异质结构的高熵合金材料具备最好的耐蚀性。而究竟 FCC/BCC/HCP 哪种结构在抗腐蚀方面更具优势，现在还无法给出绝对的答案。

9.4　面心立方高熵合金的腐蚀特性行为

在高熵合金众多体系中，面心立方高熵合金体系众多，研究的也比较充分。相对于成分接近的钢铁材料，面心立方高熵合金具备更强的耐腐蚀能力。高熵合金的腐蚀行为展现出了一些区别于传统金属材料的共性特征。主要表现为：大多数含钝化元素的高熵合金体系都具备极为优异的钝化能力。当合金钝化元素众多时，成膜过程中会表现出明显的多级钝化行为，生成的氧化膜一般是多元素氧化物的混合物，具备强保护性和抗卤素离子攻击的特性。在材料自然状态下的腐蚀过程中，单一的腐蚀电流密度或腐蚀电位指标不能全面的评估和预测材料服役过程中的腐蚀损耗，必须考虑材料钝化能力、膜再生能力和钝化膜质量等因素。只有低的电流密度和强的钝化膜生成能力兼具的材料才能在腐蚀介质中保持长时间的稳定性。

9.4.1　优异的钝化能力和抗点蚀性能

腐蚀研究中，材料的腐蚀电位是阴极和阳极电流平衡的标志。当材料所处电位高于腐蚀电位时，材料会逐渐发生阳极溶解并破坏。自然状态下腐蚀过程缓慢而难以观测，极化曲线通过增加电极表面的过电位，从而降低氧化反应的活化能使其更易进行。正向电压的作用实际上相当于加速腐蚀，使得腐蚀"可观测"材料在含有卤素离子的盐溶液中的极化曲线上，从腐蚀电位起到点蚀电位终止的阳极过程，一般认为经历了材料活化—钝化—钝化膜破坏修复动态平衡—膜破裂四个过程。自然状态下的材料从腐蚀开始到表面破坏也是类似的过程，其中一个指标 ΔE（定义为材料点蚀电位与腐蚀电位的差值）被用来描述材料的综合钝化及抗点蚀能力。ΔE 表示材料从初始腐蚀到最后钝化膜破坏这个过程的电位跨度，可以理解为：材料腐蚀破坏前可维持的时间越长，ΔE 越大，综合耐蚀性越好。

如图 9-6 所示[2]，以 304L 不锈钢的 0.5V 为分界，大部分含 Cr、Ni 等钝化元素的单相高熵合金钝化能力和抗点蚀性能都优于 304L 不锈钢。其中两种含 Ti、Mo 的合金体系达到 1.2V 以上，具备极其优异的抗点蚀能力。这主要是基于 Ti 元素极宽的钝化区间。而 $Al_{0.1}CoCrFeNi$、$AlCoCrFeNi$、$CoCrFeNi$ 等高熵合金也都大于 0.8V。在不含 Ti 的高熵合金体系中，$Al_{0.1}CoCrFeNi$ 高熵合金具备最强的点蚀抗性，这是非常罕见的，该合金中的钝化元素 Al、Cr、Fe、Ni 在不同条件下均具备良好的钝化能力。

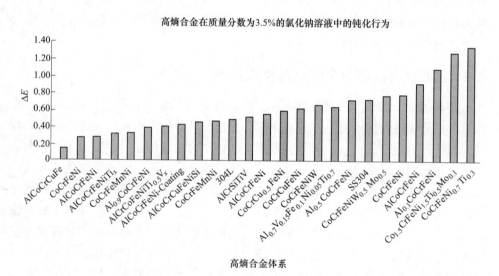

图 9-6　多种高熵合金系统的点蚀抗性（ΔE）[2]

$Al_{0.1}CoCrFeNi$ 高熵合金在质量分数为 3.5%氯化钠溶液中的点蚀电位几乎是 304L 不锈钢指标的两倍[4]，钝化膜被击穿之前具备良好的再生能力。两种材料中有效钝化成分均为强钝化元素 Cr、Ni 等，但是却有着迥然不同的耐蚀性能，成分相近的不同类型合金具备如此巨大的耐蚀性差异，关于高熵合金高耐蚀性本质的深入探索意义重大。

9.4.2　高熵合金的多级钝化行为及多元素混合的氧化物膜

由于高熵合金的独特设计理念，多种可钝化元素可作为合金主元同时存在。不同于单主元合金中部分钝化元素的微量添加，如钢铁材料中抗点蚀的 Mo、耐蚀的 Cr 添加等，每个元素的作用都不能被忽视。之前的研究表明：在 Fe-Cr 合金中，金属的稳态钝化膜成分主要是80%的Cr氧化物和20%的Fe氧化物，而且合金基体中Fe、Cr比例在一定成分范围内变化时，钝化膜中元素氧化物比例可以保持恒定[13]。根据长时间的实践和摸索，耐蚀性元素增强合金的"塔曼定律"可以很好地解释单主元合金的耐蚀性能的突变。比如在钢铁材料中，耐蚀元素Cr的添加量占据元素总量的$n/8$时，合金耐蚀性会发生突变性增强。关于此处的理论解释，有Fe-Cr合金电子理论的研究表明[14]：当Fe、Cr合金固溶时，表现出比纯Fe更高的热力学稳定性，部分Fe—Cr键取代了不太稳定的Fe—Fe键。随着Cr固溶量的增多，合金稳定性的变化不大且无规律，耐蚀性能的阶梯式突变与合金自身的稳定性无关。但是Cr元素通过降低Fe元素的活性从而提高合金整体的耐蚀性能，但同时Cr元素也会牺牲一部分钝化能力，塔曼定律阶梯型增强处正好是Cr元素处于高能态的位置。上述理论具有一定的普遍性，单主元合金中耐蚀元素能态的变化宏观上反映为合金耐蚀性能好坏，这类电子理论研究有望揭示材料耐蚀性的深层规律。

以$Al_{0.1}$CoCrFeNi高熵合金为例，总体而言，该高熵合金在硫酸介质中表现出极其优异的钝化能力和耐蚀性。值得注意的是，在不同的硫酸溶液中，其钝化行为及阳极极化部分具有很大差异[15]。

仔细考察图9-7可以发现，对于浓度为0.5mol/L和1.0mol/L的样品，相应的阳极极化曲线在-0.7V和-0.2V附近存在两个明显的涉及活化钝化转变的电流峰；而在其他浓度较低的溶液（0.1mol/L、0.2mol/L和0.3mol/L）中，极化曲线显示在-0.7V至-0.3V的较低极化电位下发生了相当明显的自钝化。

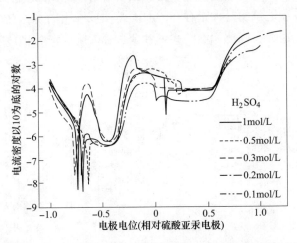

图9-7 不同浓度的H_2SO_4中的$Al_{0.1}$CoCrFeNi样品的电位动力学极化测试结果[15]

图9-7显示当极化电位增加到-0.4V左右时，所有浓度溶液中的样品电流都会急剧增加，这是由于在该电位下初次钝化生成的钝化膜不足以抑制极化电位升

高引起的阳极溶解过程。所有浓度的极化曲线在-0.25V 附近均出现了明显的活化钝化转变峰，表明对所有样品而言，在这个电位下新的可以稳定存在的具备保护性的钝化膜重新生成了。随后的钝化阶段对于所有样品都持续到 0.6V，然后电流急剧增加，这通常是由于钝化元素的过钝化溶解[16]。

值得一提的是，在钝化阶段，在紧接着第二次钝化初始活化——钝化转换峰后，电流密度经历了一个急剧下降和上升的沟槽，此后呈现出相对平坦的稳定钝化区，电流密度很低。在所有样本中都可以观察到这种悬崖状的下降模式，这可能是由于钝化膜结构成分趋于稳定之前的调整。

为了探究该高熵合金复杂的阳极钝化过程，对在 1mol/L H_2SO_4 中不同电位下生成的稳态钝化膜成分进行 XPS 表征：

在图 9-8（a）中选定的三个钝化电位处对样品进行钝化。图 9-8（b）为根据 XPS 光谱中光电子峰的强度/面积来计算的三个样品上钝化膜的元素组成及含量，每种样品中三种金属元素的相对含量差异很大，其中 Cr 元素是其中含量最高的一种，含量分别为 22.6%、15.5% 和 20.7%，三个样品的氧含量均超过 60%，表明大量金属氧化物的存在。少量的 Co 元素仅出现在极化电位为+0.40V 的样品中，并且与 Ni 元素含量相近，Ni 元素在所有选定的电位中均存在，且其恒定含量低于 8%。

图 9-8（b）中显示的小方块表示来自金属氧化物中的氧含量，在相对稳定的钝化电位：-0.46V（黑色斑点 1）和+0.40V（黑色斑点 3）中，来自金属氧化物的氧元素的含量占主导地位，其占比接近于 100% 和 81%。而在-0.05V 电位下的钝化膜占主导地位的是大量存在的 OH⁻ 基团或吸附的水，这说明该钝化膜稳定性相对较差。这类多钝化元素的高熵合金系统的阶段性钝化行为在多种高熵合

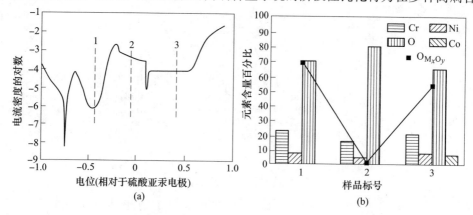

图 9-8　$Al_{0.1}CoCrFeNi$ 高熵合金在 1mol/L H_2SO_4 中的动电位极化曲线（a）和
在不同极化电位下形成的钝化膜的组成和元素含量（b）（原子分数,%）[15]
((a) 中 1、2、3 分别为对材料 1800s 预钝化的采样电位（-0.46V，-0.05V 和+0.40V)）

金体系中都被广泛观测到。

　　包含多种耐蚀性元素的 $Ni_{38}Cr_{21}Fe_{20}Ru_{13}Mo_6W_2$ 高熵合金在 pH = 1、4、12 下的 $NaSO_4+H_2SO_4$ 混合溶液中的极化曲线如图 9-9 所示[17]，且对其在硫酸溶液中生成的钝化膜元素分布进行了表征。如图 9-9（b）所示，在 pH = 1 的溶液中，

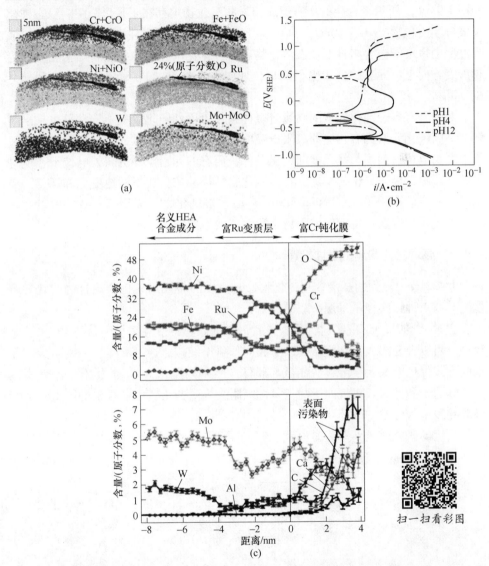

图 9-9　$Ni_{38}Cr_{21}Fe_{20}Ru_{13}Mo_6W_2$ 钝化膜的 APT 表征（a），定性显示元素分布及体积，样品在 pH 值为 4 的 $H_2SO_4+Na_2SO_4$ 溶液中的 $0.617V_{SHE}$ 钝化 10000s，HEA 在三种 pH 值下的 $H_2SO_4+Na_2SO_4$ 溶液中的极化曲线[17]（b）和沿钝化膜深度方向的氧化物/金属的定量浓度分布（c）（原子分数，%）

合金表现出自钝化行为，而 pH=4 时，材料出现类似于 $Al_{0.1}CoCrFeNi$ 合金的多阶段钝化行为，在不同的电位下特定元素的氧化可能导致钝化膜具有不同的成分和结构。图中不同酸碱度下材料的腐蚀电位差异主要是由占主导的阴极反应不同而导致的。在 pH=4 的溶液中材料稳定钝化区的膜成分及元素分布如图 9-9（a）和图 9-9（c）所示，合金的所有组成元素的氧化物均存在于钝化膜中。稳态钝化膜成分主要包含 Cr_2O_3、MoO_3、WO_3、RuO_2 和 Fe_2O_3 等多种氧化物的混合物，成膜过程中也可能包含多种亚稳态氧化物和多种非化学计量的尖晶石结构相。在沿膜深度方向上，元素的分布也很明显，外层主要是 Cr、Fe 氧化物，而中间部分 Ru 富集。

对于含有多种钝化元素的高熵合金体系，阶段性钝化过程十分常见也易于理解。不同钝化元素都有相应的极限成膜电流密度和致钝电位，在合金阳极极化过程中，当电位达到了某些元素的钝化条件，而有的元素需要更高的电位下才能进入钝态。随着极化电位的增加，合金钝化膜结构和成分在不断地变化和调整。借助组成元素的布拜图（potential vs. pH）和元素氧化物形成能等参数，可以在一定程度上预测合金在特定电位下钝化膜可能的组成成分。

9.4.3　高熵合金的高抗点蚀机理

9.4.2 节中提到的高熵合金钝化膜普遍呈现的多元素氧化物混合物的状态可能是其高点蚀抵抗性的来源。

卤素元素中，Cl^- 离子对钝化膜具备最强的破坏性。穿透模型认为 Cl^- 离子半径小，可以轻易渗入钝化膜从而改变膜内部电子结构，通过和金属元素生成氯化物的方式促进金属元素溶解从而破坏膜体；吸附模型认为 Cl^- 离子对过渡元素具备良好的亲和性，其对氧原子的竞争性吸附会导致钝化膜中氧含量的降低，从而最终导致了钝化膜的破坏。

最近的研究通过高倍透射电镜观察到了 Cl^- 离子侵蚀钝化膜的具体过程[18]。图 9-10 是其模拟的原理图。如图 9-10 中下层的箭头标记所示，Cl^- 离子会优先吸

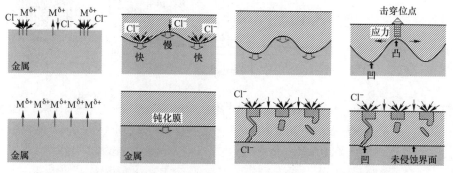

图 9-10　定向凝固的 $FeCr_{15}Ni_{15}$ 单晶样品中氯离子破坏钝化膜的原理图[18]

附在裸露的金属表面的缺陷部位，然后借助钝化膜中的扩散通道（本例中是钝化膜中非晶和氧化物的界面）从而扩散到基体与膜的界面处，导致铁元素溶解。界面处 Cl⁻ 离子浓度的不同会导致界面运动速率不一致，从而产生具有不规则起伏基体-膜界面。如图 9-10 中上层所示，起伏的界面引起了局部拉应力集中，从而导致图向膜方向的突起处界面不断向外生长从而最终引起膜的机械破裂。

和经典的揭示 Cl⁻ 离子破坏钝化膜的穿透理论、吸附理论、钝化膜局部破裂等模型略有不同，实际情况中 Cl⁻ 离子的攻击行为更像是三种模型的综合。膜与电解质溶液的接触表面 Cl⁻ 离子的吸附是必然发生的，钝化膜中存在的非晶-氧化物界面也证实 Cl⁻ 离子是通过扩散作用穿透膜体，Cl⁻ 离子在膜-基体界面处造成的界面起伏后续很可能导致钝化膜的机械破裂。值得注意的是，Cl⁻ 离子攻击钝化膜的过程中，Cl⁻ 离子在膜中的扩散过程可能具有十分重要的地位。如果抑制 Cl⁻ 离子在膜中的扩散，比如降低其在膜中扩散系数，是否能够有效延缓 Cl⁻ 离子对钝化膜的破坏？而高熵合金钝化膜的高抗点蚀能力是否与多元素氧化物的混合有关？遗憾的是，对高熵合金多元素混合氧化物的膜结构的微观组成、电子性质、扩散参数等方面的研究还十分鲜见。利用电子理论对钝化膜结构及半导体性质的深入探究可能是高熵合金耐蚀性研究的潜力领域。

评价材料抗点蚀能力的一个重要指标就是点蚀电位（E_{pit}），高于此电位时，氯离子攻击造成的钝化膜破坏变得不可修复。点缺陷模型（PDM）[19] 以及大量的实验都表明：对于钢铁材料来说，点蚀电位（E_{pit}）与氯离子浓度的对数呈线性关系[20]。图 9-11 展示了 $Al_{0.1}CoCrFeNi$ 高熵合金的 E_{pit} 值与氯离子浓度对数值的关系，其中实线为拟合线[15]。为了便于比较，图中还添加了文献报道的 316L 不锈钢的有关结果[21]。如果忽略两个高浓度点，可以看出 $Al_{0.1}CoCrFeNi$ 高熵合金的 E_{pit} 值随氯离子浓度的对数值的增加呈现线性降低的趋势。对比而言，316L 不锈钢的斜率比 $Al_{0.1}CoCrFeNi$ 高熵合金的斜率稍高，这表明高熵合金对引起点蚀侵蚀的氯离子浓度的敏感性相对较小。同时需要指出，在相同的 NaCl 浓度下，$Al_{0.1}CoCrFeNi$ 高熵合金的点蚀电位比 316L 不锈钢平均高出 0.4V，这表明其对氯离子攻击的优异的耐受性。点缺陷模型认为氯离子通过吸附或穿透作用进入钝化膜，而半导体钝化膜中大量存在的氧空位很容易吸附氯离子，从而促进反应形成更多的氧离子空位，空位进一步集聚造成膜结构空洞，这就是点蚀的诱导过程。

由上例可知，一般情况下对钢铁材料适用的 Cl⁻ 离子破坏钝化膜的点缺陷模型、扩散并导致膜-基体界面弯曲模型对高熵合金致氯攻击都是适用的。但某些情况下，高熵合金耐致氯攻击的机理更为复杂，同时可以猜测高熵合金高抗点蚀能力实际上来源于其多元素混合氧化物膜对 Cl⁻ 离子扩散作用的抑制。关于此处的实验证据比较欠缺，需要进一步的实验研究验证。

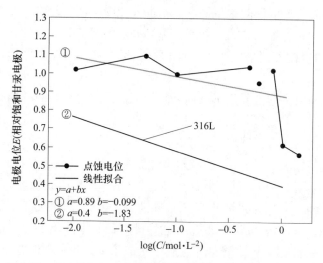

图 9-11　$Al_{0.1}CoCrFeNi$ 高熵合金和 316L 不锈钢的点蚀电位与
氯离子浓度对数之间的线性关系[15]

9.5　高耐蚀高熵合金体系的开发

　　设计具备高耐蚀性能合金是腐蚀科学工作者的不懈追求，受限于单主元材料中耐蚀元素的微量添加的限制，高耐蚀合金的研发进展缓慢，钢铁材料中高耐点蚀材料 316L 不锈钢点蚀电位尚且低于很多种高熵合金的测试值。由于高熵合金的元素可大量添加，强耐蚀高熵合金的成分设计自由度更高，基于热力学及冶金成相的成分设计未来将会是高熵合金腐蚀研究的一大热点。

　　在自然环境中，合金在盐溶液的腐蚀是腐蚀防护的主要对象。而致氯攻击又是盐溶液中最常见、危害最大的腐蚀类型。微观上来说，氧元素和氯元素对金属元素的亲和能力直接决定了该元素的钝化能力和对氯离子破坏的抵抗性大小。如图 9-12 (a) 为某些常见金属元素的氧化物生成能及相应元素内聚能成表[23]。其中元素内聚能可以反映金属键的强弱，用来表示金属溶解的难易程度；而氧化物生成能是作为元素钝化能力的量度。如图 9-12 (a) 所示，虚线圈部分中元素 "钝化促进剂"，点划线圈中元素为 "溶解抑制剂"，相应元素在合金系统中的添加会抑制其溶解或提高钝化性能。借助热力学数据，我们可以根据材料的耐蚀性需要和具体服役环境来添加大量合适的强化元素来提高材料整体耐蚀性能。图9-12 (b) 为常见元素的电位-pH 值图，图中元素依据所处的电位与溶液性质的不同而导致元素热力学最稳定的氧化状态也有所不同。稳定的钝化膜必须在恶劣环境下具有广泛的稳定性。图 9-12 (b) 表明了基于 NiCrFe 合金相的最佳热力学稳定相、水相（即腐蚀）和各种氧化物，包括 Cr_2O_3、$FeCr_2O_4$、NiO、Fe_2O_3 和 $NiFe_2O_4$ 等。

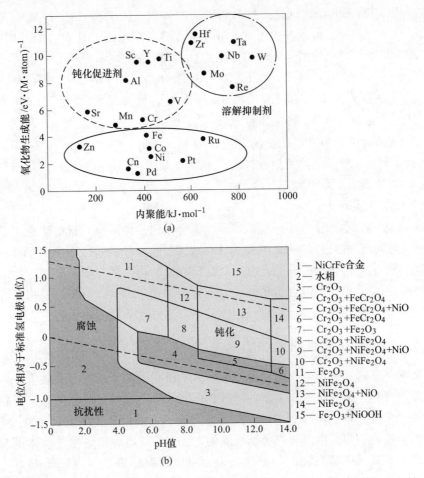

图 9-12　部分金属溶解难度指标（内聚能）及相对的钝化潜力（氧化物生成能）（a）和
模拟软件预测的多种合金元素的电位-pH 值（Pourbaix）图 （b）[22]

对良好的耐蚀合金体系来说，自发钝化是首要的，这要求材料具备低的初始钝化电位和快速放氢反应速率。高熵合金中观察到的特征（多组分尖晶石或高熵氧化物的形成作为单一均质相）可能会进一步增强钝化能力，特别当它们在含 Cl⁻ 离子等苛刻条件下，膜的生成速率大于化学溶解速率时。稳态的钝化膜通常是薄半导体氧化物、羟基氧化物或氢氧化物。这些钝化膜的成长可能受阳离子或阴离子喷射或离子的运输控制，也和其中点缺陷的迁移有关。同时这些离子传输过程将受到电场和材料/环境界面的影响。钝化膜应当具有低的电子电导率，以及较少的反应位点，这会抑制引起腐蚀的电子转移反应。这种具备强钝化能力及保护性的膜通常含有关键的易致钝元素，并易于富集到形成所需的钝化膜中。添加的化学元素对 Cr-Ni-Fe 基体抗点蚀性能的影响可通过抗点蚀性粗略评估等效数（PREN）来判断，这是通过对腐蚀的参数如点蚀电位（E_{pit}）或 CPT 等的经验拟合而得到的。最近，大量的 PREN 方程被开发出来。其中一个常用的 PREN 方程考虑了最常见的耐蚀元素的影响并且表现出良好的评估效果可靠性[24]：

$$PREN = 1\%Cr + 1.6\%W + 3.3\%Mo + 1.6\%N（质量分数）\qquad (9-1)$$

上式可以看到，Cr、Mo、W 都是极其优秀的抗点蚀添加元素。前面提到的 $Ni_{38}Cr_{21}Fe_{20}Ru_{13}Mo_6W_2$ 高熵合金就是基于此并考虑相图设计的一种高耐蚀合金[25]。据报道，在极端严苛的腐蚀环境下，均匀化后的 $Ni_{38}Cr_{21}Fe_{20}Ru_{13}Mo_6W_2$ 高熵合金也表现出优异的耐蚀性能。在盐酸浓度高达 6mol/L 时，材料仍具有长达 0.6V 的钝化区间和接近 $1V_{SCE}$ 的点蚀电位，而普通钢铁材料在不到 1mol/L 的盐酸中就会溶解。

通过热力学计算、相图模拟等手段综合利用多种耐蚀元素的优点，设计开发高耐蚀性合金的可行性越来越大。材料结构、成分和表面性质决定了其在任何给定环境下的耐腐蚀性，高熵合金在腐蚀研究中的自由度有助于腐蚀理论的深入和完善。但是，由于高熵合金耐蚀研究的影响因素广而杂，给相关模拟计算带来很大的不利，这可能是今后限制强耐蚀高熵合金设计开发的因素之一。

9.6　高熵合金腐蚀研究展望

总体来说，高熵合金的出现为腐蚀科学研究提供了新的研究对象、新的研究维度及变化，同时也带来了新的挑战和全新的耐蚀材料设计思路。由于高熵合金体系众多且复杂，而且上述对于高熵合金腐蚀方面的各类研究还处在初级阶段，研究方法也主要是借由研究传统材料的方法，伴随着大量耐蚀合金体系的开发和研究，扩充了高熵腐蚀的数据库，但相对应的腐蚀理论研究还几近于无，统一的、系统性的关于高熵合金一般腐蚀的机理、预测等十分有限。对于部分高熵合金强耐蚀性原理等方面缺乏科学解释。目前，高熵合金及其腐蚀机理的研究和完善仍是空白领域。退一步讲，高熵合金理论研究和工业化应用之间还有很强的壁垒，仍需大量的科研工作者深入研究，为高熵合金理论研究和工业化进程开拓道路。

高熵合金应用潜力十分巨大，对于腐蚀研究领域来说，很多研究方向值得科研工作者的注意，比如电子理论和微观物理研究在合金结构方面的表征等。合金微观的性质决定宏观性能，以往的腐蚀研究大多是笼统泛化的，未能建立材料微观性质和宏观性能的影响，今后研究要把腐蚀研究深入原子内部，从元素能级、能带等角度分析其腐蚀过程中的物理化学行为。材料腐蚀研究本质上应该服务于实际应用，所以关于材料各种强化手段带来的腐蚀行为变化也应该在未来的研究中给予重视。各种冷变形、热处理等力学范畴的材料强化应该与腐蚀研究结合起来，力求达到力学性能和耐蚀性的良好平衡。高熵合金在特殊领域的耐蚀性能应该深入研究，比如潜在的高温合金体系在高温环境下的耐蚀性能、潜在的医疗合金用品在体液、汗液等更接近服役环境下腐蚀性能的研究等。

总之，由于高熵合金体系数量众多，高熵合金腐蚀行为研究应当广泛的和实际应用相结合，应用导向的腐蚀研究可以大大降低研究难度和科研工作者的工作量。同时，建立材料微观结构-宏观性能、成分设计-目标性等更为明确地联系也十分重要。

参 考 文 献

[1] 曾荣昌. 材料的腐蚀与防护［M］. 北京：化学工业出版社，2006.

[2] Aditya A, Vahid H, Harpreet G, et al. Corrosion, erosion and wear behavior of complex concentrated alloys：a review［J］. Metals-Open Acess Metallurgy Journal, 2018, 8（8）：603.

[3] Ayyagari A, Barthelemy C, Gwalani B, et al. Reciprocating sliding wear behavior of high-entropy alloys in dry and marine environments［J］. Materials chemistry and Physics, 2017：S0254058417305400.

[4] Kumar N, Fusco M, Komarasamy M, et al. Understanding effect of 3.5wt.% NaCl on the corrosion of $Al_{0.1}$CoCrFeNi high-entropy alloy［J］. Journal of Nuclear Materials, 2017：154~163.

[5] Hsu Y J, Chiang W C, Wu J K, et al. Corrosion behavior of $FeCoNiCrCu_x$ high-entropy alloys in 3.5% sodium chloride solution［J］. Materials Chemistry and Physics, 2005, 92（1）：112~117.

[6] Chen Y Y, Duval T, Hung U D, et al. Microstructure and electrochemical properties of high-entropy alloys—a comparison with type-304 stainless steel［J］. Corrosion Science, 2005, 47（9）：2257~2279.

[7] Wu C L, Zhang S, Zhang C H, et al. Phase evolution and cavitation erosion-corrosion behavior of $FeCoCrAlNiTi_x$ high-entropy alloy coatings on 304 stainless steel by laser surface alloying［J］. Journal of Alloys & Compounds, 2017, 698：761~770.

[8] Soare V, Mitrica D, Constantin I, et al. The mechanical and corrosion behaviors of as-cast and re-melted AlCrCuFeMnNi multi-component high-entropy alloy［J］. Matellurgical & Materials Transactions A, 2015, 46（4）：1468~1473.

[9] Shi Y, Yang B, Xie X, et al. Corrosion of Al_xCoCrFeNi high-entropy alloys：Al-content and potential scan-rate dependent pitting behavior［J］. Corrosion Science, 2017, 119（May）：33~45.

[10] Kao Y F, Lee T D, Chen S K, et al. Electrochemical passive properties of Al_xCoCrFeNi（x = 0, 0.25, 0.50, 1.00）alloys in sulfuric acids［J］. Corros. Sci. 2010, 52（3）：1026~1034.

[11] Lee C P, Chen Y Y, Hsu C Y, et al. The effect of boron on the corrosion resistance of the high-entropy alloys $Al_{0.5}$CoCrCuFeNiB$_x$［J］. Journal of the Electrochemical Society, 2007, 154（8）：C424~C430.

[12] Xiao D H, Zhou P F, Wu W Q, et al. Microstructure, mechanical and corrosion behaviors of AlCoCuFeNi-（Cr, Ti）high-entropy alloys［J］. Materials & Design, 2017, 116：438~447.

[13] Petra, Keller, et al. XPS investigations of electrochemically formed passive layers on Fe/Cr-alloys in 0. 5mol/L H_2SO_4 [J]. Corrosion Science, 2004.

[14] 王垚, 李春福, 林元华. Cr 对 Fe-Cr 合金耐蚀性能影响的电子理论研究 [J]. 金属学报, 2017 (5): 622~630.

[15] 王凯. $Al_{0.1}$CoCrFeNi 高熵合金的电化学腐蚀行为 [D], 太原: 太原理工大学, 2020.

[16] Lloydis A C, Nol J J, Shoesmith D W, et al. The open-circuit ennoblement of alloy C-22 and other Ni-Cr-Mo alloys [J]. JOM: The Journal of The Minerals, Metals & Materials Society, 2005, 57 (1): 31~35.

[17] Quiambao K F, McDonnell S J, Schreiber D K, et al. Passivation of a corrosion resistant high-entropy alloy in non-oxidizing sulfate solutions [J]. Acta Materialia, 2019, 164: 362~376.

[18] Zhang B, Wang J, Wu B, et al. Unmasking chloride attack on the passive film of metals [J]. Nature Communications, 2018, 9.

[19] Fattah-Alhosseini A, Soltani F, Shirsalimi F, et al. The semiconducting properties of passive films formed on AISI 316L and AISI 321 stainless steels: A test of the point defect model (PDM) [J]. Corrosion Science, 2011, 53 (10): 3186~3192.

[20] Laycock N J, Newman R C. Localised dissolution kinetics, salt films and pitting potentials [J]. Corrosion Science, 1997, 39 (10~11): 1771~1790.

[21] 辛森森, 李谋成, 沈嘉年. 海水温度和浓缩度对 316L 不锈钢点蚀性能的影响 [J]. 金属学报, 2014 (3): 373~378.

[22] 曹楚南. 电化学阻抗谱导论 [M]. 北京: 科学出版社, 2002.

[23] Taylor C D, Lu P, Saal J, et al. Integrated computational materials engineering of corrosion resistant alloys [J]. Npj Materials Degradation, 2018, 2 (1).

[24] Okamoto H. Effect of tungsten and molybdenum on the performance of super duplex stainless steels [C] // Proceedings of the Proceedings of the Conference on Applications of Stainless Steel 92. Jernkontoret, 1992: 9~11.

[25] Li T, Swanson O J, Frankel G S, et al. Localized corrosion behavior of a single-phase non-equimolar high-entropy alloy [J]. 2019, 306: 71~84.

10 面心立方结构高熵合金的功能性能

高熵合金中每种元素的摩尔含量在 5%~35% 之间，通常形成单相过饱和固溶体。这些多主元高熵合金具有四大效应，分别为高熵效应、晶格畸变、缓慢扩散效应和"鸡尾酒"效应。其中，多主元固溶体由于各主元的含量相近，没有明显的溶剂和溶质之分，因此结构上的晶格畸变导致固溶强化效应异常强烈，会显著提高合金的强度和硬度。缓慢扩散效应析出的有序相、纳米晶及其非晶会进一步强化合金的力学性能。性能上的"鸡尾酒"效应，近年的研究发现，高熵合金除了具有高强度、高硬度、高低温性能、耐磨等一系列优良的力学性能外还具有一些传统合金无法比拟的其他性能，如抗辐照性能、软磁性能、超导性能、催化性能、储氢性能、阻尼性能。本章对面心立方高熵合金的功能性能进行简述。

10.1 抗辐照性能

追求稳定、经济和清洁的能源是未来能源发展的方向[1~4]。核能，作为目前全球仅次于煤炭发电和水能发电的第三大能源，以高效、环保、可持续而受到广泛关注。未来核反应堆面临的主要挑战[5~7]是设计在高温高压（650℃，25MPa）的环境下，能够承受极长时间辐射损害的金属材料。最近的研究表明，氧化物弥散强化钢（ODS 钢）很有希望成为下一代核燃料包壳结构材料的理想材料[8]。然而工业应用具有均匀微结构的 ODS 钢的大规模制备极其困难，限制了在核电站中的应用。为了开发具有安全、可持续和高效性能的新型核反应堆，寻求在高温、高应力和强辐射损害的极端环境中具有优异性能的结构材料已成为必要和紧迫的任务[5]。

在辐照条件下，高能粒子撞击金属材料会形成大量空位间隙对，这些间隙对聚集在一起形成复杂的缺陷结构，例如堆垛层错四面体、位错环、沉淀和空洞[9]。辐照缺陷的种类、密度、尺寸以及性质通常与辐照温度、时间、剂量以及材料本身的性质有关。目前针对高熵合金抗辐照性能有许多的研究，主要的抗辐照高熵合金体系以 FCC FeCoCrNi 基高熵合金[9~14]为主，其中以 FeCoCrNiAl[10,12] 与 FeCoCrNiMn[9,11] 居多。在辐照条件下 FCC 高熵合金表现出优良的微观结构稳定性，Nagase 等人[13]通过磁控溅射在 NaCl 晶体上镀出不同厚度的 FCC CrCoCuFeNi 高熵合金薄膜，无论是常温辐照，还是 773K 的高温辐照，辐照剂量超过 45dpa

时，主相仍然是 FCC 结构。图 10-1 为厚度为 100nm CrCoCuFeNi 高熵合金薄膜在500℃时不同辐照剂量下的 TEM 图，高温下明场像（BF）较为模糊是由于受到热流的影响。与热处理相比，在辐照环境下，没有发生晶粒粗化，说明 FCC 型CrCoCuFeNi 高熵合金具有优异的抗辐照性能。

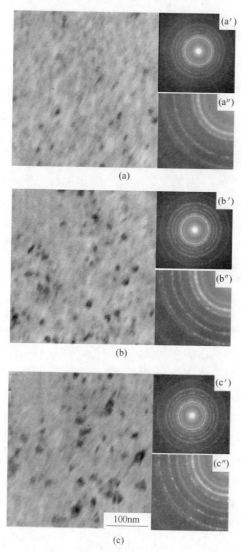

图 10-1　CrCoCuFeNi 高熵合金薄膜在 500℃时不同辐照剂量下 TEM 图[13]

（a）0s，辐照前；（b）180s，6.8dpa；（c）1200s，45.6dpa

北京科技大学张勇教授课题组[12]对 Al$_x$CoCrFeNi 高熵合金的抗辐照性能研究，发现在 Au 离子辐照剂量超过 50dpa 时，高熵合金具有较高的结构稳定性。

在相同的辐照剂量下，与其他常用抗辐照材料相比（M316 不锈钢），
$Al_x CoCrFeNi$ 高熵合金具有较低的体积肿胀率，如图 10-2 所示。Barr 等人[9] 采用
传统的电弧熔炼制备出 CoCrFeNiMn 块状高熵合金，随后通过均匀化、轧制以及
退火热处理。其后使用 3MeV Ni^{2+} 重离子在 500℃ 辐照剂量达到 38dpa 时，
CoCrFeNiMn 高熵合金中没有明显的溶质偏析。Lu 等人[15] 将最小的位错环和辐照
诱导偏析归因于 CoCrFeNiMn 高熵合金高的晶格畸变，提出高的晶格畸变增强了
空位/间隙复合，抑制了点缺陷的形成。

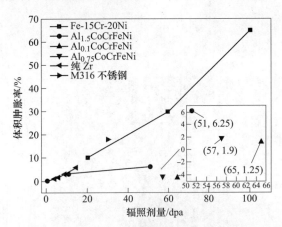

图 10-2　$Al_x CoCrFeNi$ 高熵合金与其他材料辐照后体积肿胀的对比图[12]

在高熵合金辐照中，面心立方合金被广泛研究，其辐照缺陷主要是位错
环[14,16,17]，还有少部分缺陷是层错四面体与空洞[11,18]。He 等人[16] 研究了
CrFeCoNi 基高熵合金的电子辐照，发现 CrFeCoNi、CrFeCoNiMn、CrFeCoNiPd 等
原子比合金在 400℃ 经历了 1dpa 的辐照后，诱导的主要缺陷是存在元素偏析的位
错环。Chen 等人[17] 也做了相似的研究，$CrFeCoNiTi_{0.2}$ 高熵合金经历 He 离子辐照
后，TEM 表征发现 FCC 结构缺陷主要为断裂位错环。同样的成分，不同的辐照
条件，辐照诱导缺陷也有较大的差别。Yang 等人[11] 研究了典型面心立方结构高
熵合金成分 CrMnFeCoNi 的抗辐照性能，研究发现 FCC 结构 CrMnFeCoNi 合金经
历 He 离子辐照后损伤结构主要为 He 气泡和层错四面体。在一些极端情况下，
辐照会诱导相变。Jiang 等人[19] 通过磁控溅射在（001）Si 衬底上沉积了厚度为
1μm 的 NiFeCoCrCu 薄膜，经过 3MeV 不同时间长度的 Ni 离子辐照后，原有的单
相 FCC 结构部分发生纳米级相变，转化成 BCC 结构，形成为 FCC 相和 BCC 相组
成的分级双相纳米晶结构。随着 Ni 离子辐照量的增加，层状结构中的 FCC 相
和 BCC 相的厚度也相应发生变化，从而实现硬质 BCC 相和韧性 FCC 相的定制混
合。图 10-3 为 NiFeCoCrCu 薄膜经历 0.7dpa 辐照后的 TEM 图，图中明显显示了
纳米结构的 FCC 和 BCC 双相结构。

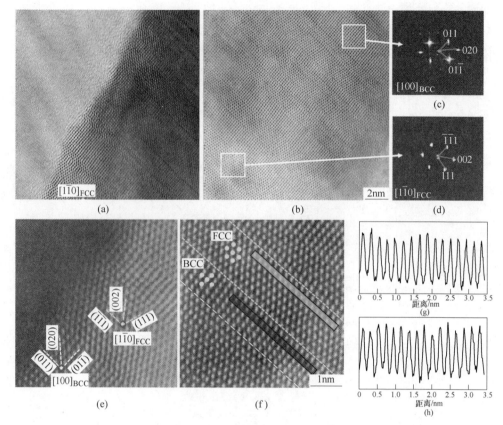

图 10-3　NiFeCoCrCu 薄膜经历 0.7dpa 辐照后的 TEM 图[19]

　　在极端环境下，高熵合金相结构和热力学性能的稳定性使其成为抗辐照的潜在材料。结合实验和模拟工作表明，与传统合金[13,20,21]相比，高熵合金显示出明显的低体积膨胀率和缺陷密度，这可能归因于高熵合金在辐照条件下的有效自愈机制。自愈机制如图 10-4 所示。众所周知，粒子辐照会引起原子位移，导致原子间质和空洞等辐照缺陷，并伴有热量的局域化。一般来说，常规合金的间隙原子以长程一维模式沿 Burgers 矢量方向快速迁移，而在高熵合金中是以间隙团簇的形式在短程三维（3D）上运动[21]。间隙团簇的短程三维运动显著增加了空位-间隙复合的概率，进一步降低了材料中的缺陷密度和空洞膨胀，如图 10-4 中 I 所示，由高熵合金的化学无序和成分复杂性引起的新型短程三维迁移路径可以促进辐射损伤的消失，并进一步提高辐射耐受性。另一种自愈机制是由于高熵合金中不同原子大小的元素混合而产生的高原子应力。模拟结果表明，原子级应力使固溶体失稳，有利于合金的非晶化。粒子辐照产生的热量的局域化使合金局部熔化和再结晶，改善了合金的有序度，显著降低了合金的缺陷密度，如图 10-4

中Ⅱ[22,23]所示。此外，还可以从复杂电子关联的角度讨论说明合金的能量传递机理[24]。电子平均自由程随合金组成元素数目的增加而减小，意味着热原子吸收系统的能量消耗效率降低。这种作用能延长热量的局域化时间，有力地促进损伤状态的恢复。简而言之，最新进展证明了高熵合金因其独特的损伤自愈机制获得高抗辐射性。

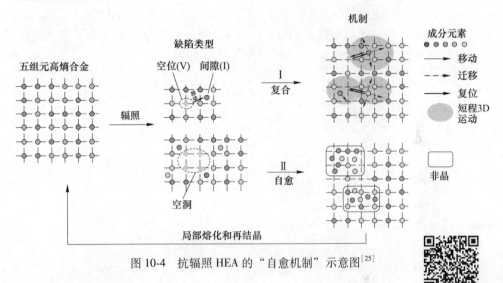

图 10-4　抗辐照 HEA 的"自愈机制"示意图[25]

扫一扫看彩图

10.2　软磁性能

软磁材料具有低的矫顽力（$H_c \leqslant 1000\text{A/m}$）和高的磁导率，可以用最小的外磁场实现最大的磁化强度，易于磁化也易于退磁，可以广泛地应用于发电、输电、电机、磁屏蔽和电磁铁等。目前所研究的软磁材料都有其自身的缺点，如硅钢片的生产工艺复杂，且耗时较长[26,27]；铁硅合金的脆性大，加工性能差[28,29]；铁镍合金对应力较为敏感，电阻率较低[30,31]。最近研究发现，含有大量的 Fe、Co、Ni 等铁磁性元素的 FCC 高熵合金由于其成型工艺灵活、变形性好、耐腐蚀性好、软磁性能良好而成为最有前途的软磁材料之一[32,33]。

Liu 等人[34]制备了 $FeCoNiMn_{0.25}Al_{0.25}$ 高熵合金，从结构、磁性和力学性能等方面进行了研究。该合金为 FCC 结构的固溶体，热稳定性较好。对比了合金在铸态、冷轧和退火后的磁化曲线，研究发现合金无论处于哪种状态，都很容易磁化到磁饱和状态，矫顽力低于 1000A/m，为软磁材料。饱和磁化强度和矫顽力的大小不受冷轧和退火的影响，同时发现合金具有较高的居里温度和电阻率，具有优异的软磁性能。图 10-5 显示了高熵合金和传统材料之间的软磁性能比较，软磁性能包括电阻率（Ω）、磁化强度（M_s）和矫顽力（H_c）。可以看出，高熵合金的磁化强度（M_s）和矫顽力（H_c）值主要分布在软、半硬区域，可以认为部

分高熵合金是软磁材料。软磁高熵合金一般是在 Fe、Co 和 Ni 的基础上发展起来
的。以这些激发磁性行为的铁磁性元素为主体，再配合一些辅助元素如 Si、Al、
Ni 和 B，可以优化合金的腐蚀性、力学性能和电阻率。从设计角度看，高熵合金
比传统磁性材料有几个优点：（1）增加主元数可以降低合金体系的结构有序度，
从而提高合金的变形能力。（2）由于成分变化较大，其辅助性能如耐腐蚀性、
热稳定性和力学性能更易于调整。（3）高混合熵有助于简单固溶体相的稳定性，
避免了由于相边界引起的磁畴壁钉扎。（4）大的晶格畸变增加了电子运动的阻
力，导致高电阻率和低涡流损耗。

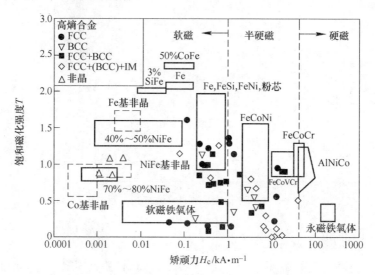

图 10-5 高熵合金的饱和磁化强度（T）和矫顽力（H_c）
与一些主要传统软磁和半硬磁性材料的比较[35]

从图 10-5 可以看出，高熵合金的矫顽力还是相对较高。最近的研究表明，
定向凝固通过控制形貌和晶体结构对降低矫顽力起到了积极作用[36]。定向凝固
法制备的 $FeCoNiAl_{0.2}Si_{0.2}$ 合金矫顽力值降至 315A/m，远低于铸态 1400A/m 的合
金，为进一步了解合金元素和组织对合金磁性能的影响，研究了合金元素和组织
对磁性能的影响，从头算和密度泛函理论（DFT）已经被提出[32,37,38]。模拟结果
证明高熵合金中的化学短程有序性显著改变了原子的局部环境，进一步降低了磁
性原子的平均磁矩[39]。简而言之，在较宽的温度范围内优良的力学性能和耐腐
蚀性保证了高熵合金在极端环境下的良好使用。此外，高熵合金优异的延展性为
制备薄板提供了可能性，可有效降低磁性器件的涡流损耗[40]。可选择的磁性性
能和力学性能为软磁堆的未来发展提供了强有力的动力。
　　之前的研究表明[41,42]，Fe-Co-Ni-Si-B 高熵合金具有良好的延展性，能够根
据制备工艺形成非晶态或面心立方高熵合金，从而改变合金的软磁性能。然而，

研究人员在研究高熵合金的结构对其磁性行为的影响时，通常将注意力集中在改变成分上，从而限制了对其内在磁性机制的理解[32,43,44]。到目前为止，还没有制备出具有非晶态、体心立方或面心立方相结构的高熵合金。最近，Wei 等人[45]将晶体结构良好的力学性能与非晶态结构的优良物理性能结合起来[46]，通过简单的热处理工艺，将 $Fe_{30}Co_{29}Ni_{29}Zr_7B_4Cu_1$（原子分数，%）非晶合金相变为体心立方相晶体，再转变为面心立方相晶体，最后成功制备具有非晶态、体心立方和面心立方结构的 $Fe_{30}Co_{29}Ni_{29}Zr_7B_4Cu_1$ 高熵合金。图 10-6 是 $Fe_{30}Co_{29}Ni_{29}Zr_7B_4Cu_1$ 高熵合金在不同结构状态下的磁滞回线。从图中可以看出，高熵合金带的矫顽力（$H_c = 27 \sim 80A/m$）明显小于 FeCoNiMnAl 合金的矫顽力（$H_c = 629A/m$）[32]，显示出更好的软磁性能。

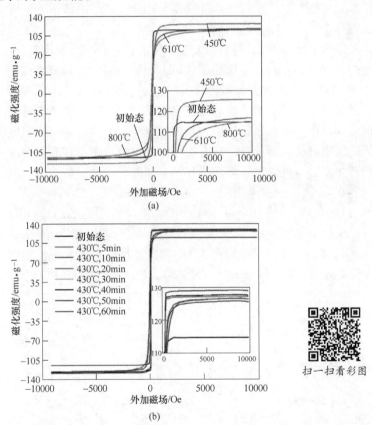

图 10-6 $Fe_{30}Co_{29}Ni_{29}Zr_7B_4Cu_1$ 高熵合金在不同结构状态下的磁滞回线[45]

10.3 热电性能

热电材料也叫温差材料，是一类利用温度差能将热效应和电效应相互转换的新型功能材料。根据服役温度，可以将传统的热电材料分成三类：（1）低温型热电材料，服役温度在 300℃ 以下的碲化铋及其合金。（2）中温型热电材料，服役温度在 500~700℃ 的碲化铅及其合金。（3）高温型热电材料，服役温度在大于 700℃ 的锗硅及其合金。中低温型热电材料，不可避免地含有毒性元素或是昂贵的稀土元素。高温型热电材料中，P 型热电材料性能稳定性不高，不能稳定地服役；N 型热电材料的 half-Heusler 合金的热点优值不理想。因此，寻找稳定的热电材料成为研究的热点。

材料的热点效应可用热点优值 zT 评估，优值 zT 可表示为：

$$zT = \frac{\sigma S^2 T}{\kappa} \qquad (10-1)$$

式中，S 为 Seebeck 系数；σ 为电导率；κ 为热导率；T 为绝对温度。为了方便理解，σS^2 被称为"功率因数"（PF）。理想的热电材料应具有高 Seebeck 系数、高导电率和低热导率[35]。高熵合金由于高的混合熵，增加了合金原子排列的无序和复杂性，无序的固溶体增加了晶格畸变，增加了声子在原子尺度范围内散射，降低了合金的热导率。高熵合金往往形成单一固溶体结构，具有高度对称的晶体结构[47]，使费米能级形成的能带带隙 E_g 较低，电子容易跃迁进入导带，增加价电子浓度，增加电导率，从而获得高的贝塞克系数。同时，高熵合金还具有高的稳定性。这些都使得高熵合金有望成为新型热电材料，尤其是高温热电材料。

正如研究所指出的，通过掺杂现有的中熵热电材料来设计高熵热电材料是一种可行且经济的方法，可以显著降低热导率。同时，混合熵的增加有利于提高简单固溶体结构的稳定性，显著优化了 Seebeck 系数[35]。Shafeie 等人[48]研究了 $Al_x CoCrFeNi$（$0<x<3$）高熵合金在 100~900℃ 温度范围内的热电性能。随着 Al 的原子百分比从 0 增加到 3%。塞贝克系数从 $1\mu V/K$ 增加到 $23\mu V/K$，其热导率由 $15W/(m \cdot K)$ 降到 $12~13W/(m \cdot K)$。然而，晶格对热导率的贡献大，电导率从 $0.85mS/m$ 降低至 $0.36mS/m$。如图 10-7，当 Al 的含量不为 0 时，优值 zT 基

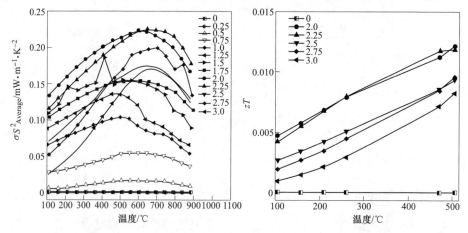

图 10-7　$Al_x CoCrFeNi$ HEA 的 σS^2 和 zT 与温度的关系[48]

本上随温度呈线性增加的。对于 FCC 结构的高熵合金，改变合金元素比例，调节合金的价电子浓度，可以进一步改善合金的热点性能。

10.4 催化性能

催化剂材料又称触媒，能改变原有的化学反应方法，提供一种活化能较低的新反应途径，从而加快反应速率，而材料本身在化学反应前后保持质量、组成和化学性质不变的物质。高熵合金在催化方面的应用是一个未被探索的领域，由于高熵合金独特的原子结构[25,35]，通过配比任意元素组合，智能筛选出如高催化活性、选择性、稳定性的催化剂材料[49,50]。到目前为止，已对高熵合金的催化性能进行了一些实验研究，比如：氧的还原和分解[51~53]、CO 的氧化[53]、氢气分解[53,54]、氨的氧化和分解[55,56]、乙醇的氧化[57,58]、染料的降解[59]，以及二氧化碳还原反应（CO_2RR）[60]。

Nellaiappan 等人[61]采用铸态低温磨粉法[62]制备出具有面心立方结构的 AuAgPtPdCu 单相高熵合金纳米颗粒。为了研究其活化性能，采用高熵合金作为工作电极，Pt 丝作为对电极，CO_2 饱和的硫酸钾作为电解液。用气相色谱法分析电化学研究过程中产生的气体产物。研究发现，纳米晶等原子 AuAgPtPdCu 高熵合金对 CO_2 的高效电化学还原具有前所未有的催化活性。密度泛函理论（DFT）的研究表明，与纯铜金属相比，高熵合金是一种优越的催化剂。

开发在酸性电解液中具有良好稳定性的 Pt 替代电化学析氢反应（HER）的非贵金属催化剂，对于大规模、低成本的水制氢具有重要意义。Ma 等人[54]采用机械合金化和放电等离子烧结（SPS）工艺合成一种在酸性环境下具有自支撑结构的 CoCrFeNiAl 高熵合金（HEA）电催化剂。研究发现，经过 HF 处理和 4000 次循环伏安法（HF-HEA$_{a2}$）的原位电化学活化后，该合金表现出良好的活性，过电位为 73mV，电流密度可达 $10mA/cm^2$，Tafel 斜率为 39.7mV/dec。Al/Cr 与 Co/Fe/Ni 在原子水平上的合金效应、高温晶化以及 SPS 固结，使 CoCrFeNiAl 合金在 $0.5mol/L$ H_2SO_4 溶液中具有较高的稳定性。HF-HEA$_{a2}$ 的优异性能是由多孔结构、裸露的纳米相和丰富的金属氢氧化物/氧化物所决定的。

氨（NH_3）有储氢液体燃料的潜在用途而受到越来越多的关注。NH_3 可在室温下在约 0.8MPa 的温和压力下容易液化，产生 $4.25kW·h/L$ 的能量密度。钌（Ru）被认为是催化氨分解的最活跃金属，但由于这种贵金属的稀缺性和高成本，其大规模应用受到限制。Xie 等人[56]采用碳热冲击法[55]，通过在含氧碳载体上对金属前驱体进行闪蒸加热和冷却来合成 CoMoFeNiCu 高熵合金纳米颗粒，温度升高到 2000~2300K，升温速率约为 105K/s，冲击持续时间短至 55ms。在这种条件下，高温诱导前驱体快速热分解，形成多金属溶液的小液滴。随后的快速冷却使这些液滴结晶成均匀的合金纳米粒子，而不受聚集/团聚、元素偏析或相分离的影响。研究发现，这些高熵合金纳米颗粒显示出显著增强的氨分解催化活性和稳定性，与 Ru 催化剂相比，改进因子达到 20 以上。高熵合金纳米颗粒的催化活性可以通过改变 Co/Mo 的比例来稳定地调节，从而优化表面性质，从而在不同的反应条件下最大限度地提高反应活性。说明高熵合金作为催化剂材料在化学转化和能量转换反应具有巨大潜力。

偶氮染料是一种合成染料，由于其快速的动力学特性，在纺织、印刷、皮革、食品、化妆品等行业有着广泛的应用[59]。这些染料的主要结构是氮-氮双键，相当稳定，不易降解。因此，偶氮染料的广泛应用不可避免地伴随着环境问题。多年来，人们一直采用传统方法降解偶氮染料废水，比如物理吸收[63]、生物降解[64]、光催化降解[65]和零价金属降解[66]。尽管如此，它们在一定程度上都有其自身的局限性，不能完全解决这一长期存在的问题。最近，Lv 等人[59]以高纯度（>99.5%）且粒径小于 45μm 的 Al、Ti、Cr、Mn、Fe、Co、Ni、Zn 等元素粉末为原料，采用机械合金化方法合成了等原子量的 AlCoCrTiZn、AlCoCrFeNi 和 CoCrFeMnNi 高熵合金。研究发现，这些合金粉末在降解偶氮染料方面表现出了与最好的金属玻璃相媲美的高效性。高熵合金粉末降解偶氮染料的优异性能主要是由于其严重的晶格畸变、化学成分效应、残余应力和高比表面积。新开发的高熵合金在废水净化等催化材料方面具有很大的应用潜力，拓宽了高熵合金的应用范围。

10.5　其他性能

超导材料是临界转变温度（T_t）可处于超导态，材料电阻和体内磁感应强度都为零，这样电流能够毫不衰减的传输下去。我们现在使用的普通电线，由于电阻的存在，在输电时总会损失部分电能，若用超导体输送电，使无损输电成为可能，减少能量损失。超导材料正是由于其优异性能被广泛应用于电机、磁悬浮运输、电力电缆和微波发射器等。正如 Hott 等人[67]指出的，超导性是物质的一种真正的热力学状态。高熵合金超导性能集中在难熔高熵合金体系，合金晶体结构主要为 BCC 晶格。例如，Kozelj 等人[68]报道了 HfNbTaTiZr 系合金的超导电性。Chen 等人[35]研究了铸态和均匀化条件下各种高熵合金（NbTaTiZr、GeNbTaTiZr、HfNbTaTiZr 和 HfGeNbTaTiVZr）的超导电性。Vrtnik 等人[69]研究了 Ta-Nb-Hf-Zr-Ti 高熵合金系统中的超导电性。尽管晶体结构不同，但所有合金样品都表现出超导电性，表明 Ta-Nb-Hf-Zr-Ti 合金系统的超导电性对结构不敏感，但是最小化混合焓和最大化混合熵对超导性是至关重要的。Cava 等人[70~72]研究了（NbTa）$_{1-x}$（HfZrTi）$_x$，Al$_x$（NbTa）$_{0.67}$（HfZrTi）$_{0.33}$，（NbScZr）$_{1-x}$（PdRh）$_x$ 和（NbScTaZr）$_{1-x}$（PdRh）$_x$ 的超导行为与成分依赖性。图 10-8 总结了高熵合金临界转变温度与价电子数的关系。

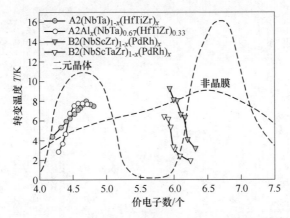

图 10-8　高熵合金临界转变温度与价电子数的关系[35]

　　储氢性能是储氢材料一类能可逆地吸收和释放氢气的材料。最早发现的是金属 Pd，1 体积钯能溶解几百体积的氢气，但钯很贵，缺少实用价值。随着工业的发展和人们物质生活水平的提高，能源的需求也与日俱增。由于近几十年来使用的能源主要来自化石燃料（如煤、石油和天然气等），而其使用不可避免地污染环境，再加上其储量有限，所以寻找可再生的绿色能源迫在眉睫。氢能作为一种储量丰富、来源广泛、能量密度高的绿色能源及能源载体，正引起人们的广泛关注。氢能利用需要解决氢的制取、储运和应用这 3 个问题，而氢能的储运则是氢能应用的关键。储氢材料是能够以最小的损伤吸收和储存大量氢气，并根据需要释放氢气的材料。它们在适当的温度和压力下进行氢化反应。当合金吸收氢时，它们的晶格膨胀，引起膨胀，并可能使晶体结构粉碎。储氢合金的理想性能如下：（1）在适当温度和压力下可获得的高储存容量；（2）可逆性，或释放氢气的能力（同样无需极端输入）；（3）结构上具有弹性。到目前为止，有关高熵合金储氢性能的报道[73~77]还很有限，包括：BCC 结构，如 HfNbTiVZr 和 MoNbTiVZr；C14 Laves 结构，如 CrFeNiTiVZr、CoFeMnTi$_x$VZr（$0.5 \leqslant x \leqslant 2.5$）、CoFeMnTiV$_y$Zr（$0.4 \leqslant x \leqslant 3.0$）和 CoFeMnTiVZr$_x$（$0.4 \leqslant x \leqslant 3.0$）；还有一些结构的高熵合金，如 La-Fe-Mn-Ni-V 体系。在所研究的这些合金中，HfNbTiVZr[74]表现出出色的吸氢能力（约 2.7%，质量分数），大于其任何组成元素的单独吸收量。纯 V 显示储氢重量储存容量质量分数大于 4%[78]，因此，加 V 固溶体合金被广泛研究用于储氢，例如，Luo 等人[79]研究的含钒 FeVCoCrTiZr 高熵合金，在室温下无需活化，即可快速吸氢，约 150s 可达到最大吸氢能力的 90%，最大吸氢容量质量分数达到 2.1%。图 10-9 显示了室温下各种含 V 固溶体合金，HEA 和选定的 Ti 基 BCC 固溶体的可逆储氢容量及最大吸氢量。HfNbTiVZr 比 MoNbTiVZr 具有更大的氢容量。

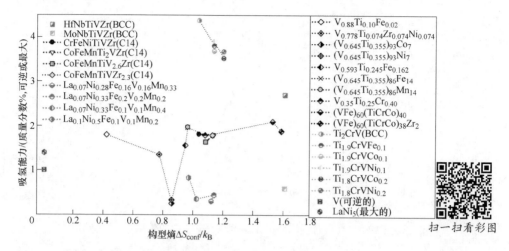

图 10-9　显示了室温下各种含 V 固溶体合金、HEA 和选定的 Ti 基
BCC 固溶体的可逆储氢容量及最大吸氢量[78,80]

　　阻尼材料是将固体机械振动能转变为热能而耗散的材料，主要用于振动和噪声控制。噪声和机械振动不仅对设备造成损害，而且对公众健康造成重大危害。因此需要高阻尼合金，以消除噪声和机械振动。然而，当暴露于机械振动和相关应力时，这些常规合金中的晶体缺陷和界面都会重新排列和聚集。因此，整个松弛过程是不可逆的，阻尼能力逐渐退化[81,82]。此外，当使用温度升高时，这些不可逆弛豫过程会加速。这意味着传统降噪合金的结构稳定性和高温阻尼能力往往不足以长期使用[81,83]。Sakaguchi 等人[81,83]设计了两种特殊的难熔体心立方结构高熵合金，通过电弧熔炼的方法合成了 $(Ta_{0.5}Nb_{0.5}HfZrTi)_{98}O_2$ 和 $(Ta_{0.5}Nb_{0.5}HfZrTi)_{98}N_2$ 两种高熵合金。通过 Snoek 弛豫和有序间隙配合物介导的应变硬化，这些高熵合金的阻尼能力高达 0.030，阻尼峰值高达 800k，并具有高达 1400MPa 的高拉伸屈服强度和 20% 的大延性。良好的高温阻尼特性，以及优异的力学性能，使这些高熵合金在必须降低噪声和振动的应用中具有吸引力。

参 考 文 献

[1] El-Atwani O, Esquivel E, Aydogan E, et al. Unprecedented irradiation resistance of nanocrystalline tungsten with equiaxed nanocrystalline grains to dislocation loop accumulation [J]. Acta Materialia, 2019, 165：118~28.

[2] El-Atwani O, Li N, Li M, et al. Outstanding radiation resistance of tungsten-based high-entropy

　　alloys [J]. Science Advance, 2019, 5: 2002.

[3] Hu X, Parish C M, Wang K, et al. Transmutation-induced precipitation in tungsten irradiated with a mixed energy neutron spectrum [J]. Acta Materialia, 2019, 165: 51~61.

[4] Wu Y C, Hou Q Q, Luo L M, et al. Preparation of ultrafine-grained/nanostructured tungsten materials: An overview [J]. Journal of Alloys and Compounds, 2019, 779: 926~941.

[5] 陈阳, 彭静, 李甲, 等. 高熵合金辐照硬化与力学性能研究 [J]. 固体力学学报, 2020: 1~21.

[6] Mokry S, Baig F, Gospodinov Y, et al. Thermal-design options for pressure-channel SCWRS with cogeneration of hydrogen [J]. Journal of Engineering for Gas Turbines and Power-transactions of The Asme-J ENG GAS TURB POWER-T ASME, 2009, 131.

[7] Nakazono Y, Iwai T, Abe H. General corrosion properties of modified PNC1520 austenitic stainless steel in supercritical water as a fuel cladding candidate material for supercritical water reactor [J]. Journal of Physics: Conference Series, 2010, 215: 012094.

[8] McClintock D A, Sokolov M A, Hoelzer D T, et al. Mechanical properties of irradiated ODS-EUROFER and nanocluster strengthened 14YWT [J]. Journal of Nuclear Materials, 2009, 392 (2): 353~359.

[9] Barr C, Nathaniel J, Unocic K, et al. Exploring radiation induced segregation mechanisms at grain boundaries in equiatomic CoCrFeNiMn high-entropy alloy under heavy ion irradiation [J]. Scripta Materialia, 2018, 156: 80~84.

[10] Yang T, Xia S, Liu S, et al. Precipitation behavior of Al_xCoCrFeNi high-entropy alloys under ion irradiation [J]. Scientific Reports, 2016, 6 (1): 32146.

[11] Yang L, Ge H, Zhang J, et al. High He-ion irradiation resistance of CrMnFeCoNi high-entropy alloy revealed by comparison study with Ni and 304SS [J]. Journal of Materials Science & Technology, 2019, 35 (3): 300~305.

[12] Xia S Q, Yang X, Yang T F, et al. Irradiation resistance in Al_xCoCrFeNi high-entropy alloys [J]. JOM, 2015, 67 (10): 2340~2344.

[13] Nagase T, Rack P D, Noh J H, et al. In-situ TEM observation of structural changes in nanocrystalline CoCrCuFeNi multicomponent high-entropy alloy (HEA) under fast electron irradiation by high voltage electron microscopy (HVEM) [J]. Intermetallics, 2015, 59: 32~42.

[14] Lu C, Yang T, Jin K, et al. Enhanced void swelling in NiCoFeCrPd high-entropy alloy by indentation-induced dislocations [J]. Materials Research Letters, 2018, 6 (10): 584~591.

[15] Lu C, Yang T, Jin K, et al. Radiation-induced segregation on defect clusters in single-phase concentrated solid-solution alloys [J]. Acta Materialia, 2017, 127: 98~107.

[16] He M R, Wang S, Shi S, et al. Mechanisms of radiation-induced segregation in CrFeCoNi-based single-phase concentrated solid solution alloys [J]. Acta Materialia, 2017, 126: 182~193.

[17] Chen D, Tong Y, Wang J, et al. Microstructural response of He+ irradiated $FeCoNiCrTi_{0.2}$ high-entropy alloy [J]. Journal of Nuclear Materials, 2018, 510: 187~192.

[18] Lu C, Niu L, Chen N, et al. Enhancing radiation tolerance by controlling defect mobility and migration pathways in multicomponent single-phase alloys [J]. Nature communications, 2016,

7: 13564.

[19] Jiang L, Hu Y J, Sun K, et al. Irradiation-induced extremes create hierarchical face-/body-centered-cubic phases in nanostructured high-entropy alloys [J]. Advanced materials, 2020: e2002652.

[20] Jin K, Lu C, Wang L M, et al. Effects of compositional complexity on the ion-irradiation induced swelling and hardening in Ni-containing equiatomic alloys [J]. Scripta Materialia, 2016, 119: 65~70.

[21] Yang T, Guo W, Poplawsky J D, et al. Structural damage and phase stability of $Al_{0.3}$CoCrFeNi high-entropy alloy under high temperature ion irradiation [J]. Acta Materialia, 2020, 188: 1~15.

[22] Egami T, Guo W, Rack P D, et al. Irradiation resistance of multicomponent alloys [J]. Metallurgical and Materials Transactions A, 2014, 45 (1): 180~183.

[23] Egami T, Ojha M, Khorgolkhuu O, et al. Local Electronic effects and irradiation resistance in high-entropy alloys [J]. Jom, 2015, 67 (10): 2345~2349.

[24] Zhang B, Gao M C, Zhang Y, et al. Senary refractory high-entropy alloy Cr_xMoNbTaVW [J]. Calphad, 2015, 51 (10): 193~201.

[25] Yan X, Zhang Y. Functional properties and promising applications of high-entropy alloys [J]. Scripta Materialia, 2020, 187: 188~193.

[26] Gómez-Polo C, Pérez-Landazábal J I, Recarte V, et al. Effect of the ordering on the magnetic and magnetoimpedance properties of Fe-6.5% Si alloy [J]. Journal of Magnetism and Magnetic Materials, 2003, 254-255: 88~90.

[27] Wakabayashi D, Todaka T, Enokizono M. Three-dimensional magnetostriction and vector magnetic properties under alternating magnetic flux conditions in arbitrary direction [J]. Electrical Engineering in Japan, 2012, 179 (4): 1~9.

[28] Kohout T, Kosterov A, Jackson M, et al. Low-temperature magnetic properties of the Neuschwanstein EL6 meteorite [J]. Earth and Planetary Science Letters, 2007, 261 (1 ~ 2): 143~151.

[29] Liang Y F, Lin J P, Ye F, et al. Microstructure and mechanical properties of rapidly quenched Fe-6.5wt. % Si alloy [J]. Journal of Alloys and Compounds, 2010, 504: S476~S479.

[30] Nagata T, Fisher R M, Schwerer F C. Lunar rock magnetism [J]. The moon, 1972, 4 (1): 160~186.

[31] Li P, Wang A, Liu C T. A ductile high-entropy alloy with attractive magnetic properties [J]. Journal of Alloys and Compounds, 2017, 694: 55~60.

[32] Zuo T, Gao M C, Ouyang L, et al. Tailoring magnetic behavior of CoFeMnNiX (X = Al, Cr, Ga, and Sn) high-entropy alloys by metal doping [J]. Acta Materialia, 2017, 130: 10~18.

[33] George E P, Raabe D, Ritchie R O. High-entropy alloys [J]. Nature Reviews Materials, 2019, 4 (8): 515~534.

[34] Liu C T, Wang, et al. A ductile high entropy alloy with attractive magnetic properties [J]. Journal of Alloys and Compounds, 2017, 694: 55~60.

[35] Gao M C, Miracle D B, Maurice D, et al. High-entropy functional materials [J]. Journal of Materials Research, 2018, 33 (19): 3138~3155.

[36] Zuo T, Yang X, Liaw P K, et al. Influence of bridgman solidification on microstructures and magnetic behaviors of a non-equiatomic FeCoNiAlSi high-entropy alloy [J]. Intermetallics, 2015, 67: 171~176.

[37] Huang S, Vida Á, Molnár D, et al. Phase stability and magnetic behavior of FeCrCoNiGe high-entropy alloy [J]. Applied Physics Letters, 2015, 107 (25).

[38] Schneeweiss C, Eichler J, Brose M. Physikalische eigenschaften von laserstrahlung [J]. Springer Berlin Heidelberg, 2017: 1~24.

[39] Feng W, Qi Y, Wang S. Effects of short-range order on the magnetic and mechanical properties of FeCoNi(AlSi)$_x$ high-entropy alloys [J]. Metals, 2017, 7 (11).

[40] Zhang Y, Zhang M, Li D, et al. Compositional design of soft magnetic high-entropy alloys by minimizing magnetostriction coefficient in $(Fe_{0.3}Co_{0.5}Ni_{0.2})_{100-x}(Al_{1/3}Si_{2/3})_x$ system [J]. Metals, 2019, 9 (3).

[41] Wei R, Sun H, Chen C, et al. Formation of soft magnetic high-entropy amorphous alloys composites containing in situ solid solution phase [J]. Journal of Magnetism and Magnetic Materials, 2018, 449: 63~67.

[42] Wei R, Tao J, Sun H, et al. Soft magnetic $Fe_{26.7}Co_{26.7}Ni_{26.6}Si_9B_{11}$ high-entropy metallic glass with good bending ductility [J]. Materials Letters, 2017, 197: 87~89.

[43] Li Z, Xu H, Gu Y, et al. Correlation between the magnetic properties and phase constitution of FeCoNi (CuAl)$_{0.8}$Ga ($0 \leqslant x \leqslant 0.08$) high-entropy alloys [J]. Journal of Alloys and Compounds, 2018, 746: 285~291.

[44] Li P, Wang A, Liu C T. Composition dependence of structure, physical and mechanical properties of FeCoNi(MnAl)$_x$ high-entropy alloys [J]. Intermetallics, 2017, 87: 21~26.

[45] Wei R, Zhang H, Wang H, et al. Phase transitions and magnetic properties of $Fe_{30}Co_{29}Ni_{29}Zr_7B_4Cu_1$ high-entropy alloys [J]. Journal of Alloys and Compounds, 2019, 789: 762~767.

[46] Kube S A, Schroers J. Metastability in high entropy alloys [J]. Scripta Materialia, 2020, 186: 392~400.

[47] Pei Y, Shi X, LaLonde A, et al. Convergence of electronic bands for high performance bulk thermoelectrics [J]. Nature, 2011, 473 (7345): 66~69.

[48] Shafeie S, Guo S, Hu Q, et al. High-entropy alloys as high-temperature thermoelectric materials [J]. Journal of Applied Physics, 2015, 118 (18).

[49] Löffler T, Savan A, Garzón-Manjón A, et al. Toward a paradigm shift in electrocatalysis using complex solid solution nanoparticles [J]. ACS Energy Letters, 2019, 4 (5): 1206~1214.

[50] Ludwig A. Discovery of new materials using combinatorial synthesis and high-throughput characterization of thin-film materials libraries combined with computational methods [J]. npj Computational Materials, 2019, 5 (1).

[51] Glasscott M W, Pendergast A D, Goines S, et al. Electrosynthesis of high-entropy metallic glass nanoparticles for designer, multi-functional electrocatalysis [J]. Nature communications,

2019, 10 (1): 2650.

[52] Lacey S D, Dong Q, Huang Z, et al. Stable multimetallic nanoparticles for oxygen electrocatalysis [J]. Nano Lett, 2019, 19 (8): 5149~5158.

[53] Qiu H J, Fang G, Wen Y, et al. Nanoporous high-entropy alloys for highly stable and efficient catalysts [J]. Journal of Materials Chemistry A, 2019, 7 (11): 6499~6506.

[54] Ma P, Zhao M, Zhang L, et al. Self- supported high-entropy alloy electrocatalyst for highly efficient H_2 evolution in acid condition [J]. Journal of Materiomics, 2020, 6 (4): 736~742.

[55] Yao Y, Huang Z, Xie P, et al. Carbothermal shock synthesis of high-entropyalloy nanoparticles [J]. Science, 2018, 359 (6383): 1489~1494.

[56] Xie P, Yao Y, Huang Z, et al. Highly efficient decomposition of ammonia using high-entropy alloy catalysts [J]. Nature communications, 2019, 10 (1): 4011.

[57] Wang A L, Wan H C, Xu H, et al. Quinary PdNiCoCuFe alloy nanotube arrays as efficient electrocatalysts for methanol oxidation [J]. Electrochimica Acta, 2014, 127: 448~453.

[58] Devanathan R, Jiang W, Kruska K, et al. Hexagonal close-packed high-entropy alloy formation under extreme processing conditions [J]. Journal of Materials Research, 2019, 34 (5): 709~719.

[59] Lv Z Y, Liu X J, Jia B, et al. Development of a novel high-entropy alloy with eminent efficiency of degrading azo dye solutions [J]. Scientific reports, 2016, 6: 34213.

[60] Pedersen J K, Batchelor T A A, Bagger A, et al. High-entropy alloys as catalysts for the CO_2 and CO reduction reactions [J]. ACS Catalysis, 2020, 10 (3): 2169~2176.

[61] Nellaiappan S, Katiyar N K, Kumar R, et al. High-entropy alloys as catalysts for the CO_2 and CO reduction reactions: experimental realization [J]. ACS Catalysis, 2020, 10 (6): 3658~3663.

[62] Kumar N, Tiwary C S, Biswas K. Preparation of nanocrystalline high-entropy alloys via cryomilling of cast ingots [J]. Journal of Materials Science, 2018, 53 (19): 13411~13423.

[63] Amin N K. Removal of direct blue-106 dye from aqueous solution using new activated carbons developed from pomegranate peel: Adsorption equilibrium and kinetics [J]. Journal of Hazardous Materials, 2009, 165 (1): 52~62.

[64] Kalme S D, Parshetti G K, Jadhav S U, et al. Biodegradation of benzidine based dye direct blue-6 by pseudomonas desmolyticum NCIM 2112 [J]. Bioresource Technology, 2007, 98 (7): 1405~1410.

[65] Konstantinou I K, Albanis T A. TiO_2-assisted photocatalytic degradation of azo dyes in aqueous solution: kinetic and mechanistic investigations: A review [J]. Applied Catalysis B: Environmental, 2004, 49 (1): 1~14.

[66] Shu H Y, Chang M C, Yu H H, et al. Reduction of an azo dye acid black 24 solution using synthesized nanoscale zerovalent iron particles [J]. Journal of Colloid and Interface Science, 2007, 314 (1): 89~97.

[67] Hott R, Kleiner R, Wolf T, et al. Superconducting materials—a topical overview [J]. Springer Berlin Heidelberg, 2005: 1~69.

［68］ Kozelj P, Vrtnik S, Jelen A, et al. Discovery of a superconducting high-entropy alloy ［J］. Physical Review Letters, 2014, 113 (10): 107001.

［69］ Vrtnik S, Koželj P, Meden A, et al. Superconductivity in thermally annealed Ta-Nb-Hf-Zr-Ti high-entropy alloys ［J］. Journal of Alloys and Compounds, 2017, 695: 3530~3540.

［70］ Von Rohr F, Winiarski M J, Tao J, et al. Effect of electron count and chemical complexity in the Ta-Nb-Hf-Zr-Ti high-entropy alloy superconductor ［J］. Proc Natl Acad Sci USA, 2016, 113 (46): E7144~E7150.

［71］ Stolze K, Tao J, Von Rohr F O, et al. Sc-Zr-Nb-Rh-Pd and Sc-Zr-Nb-Ta-Rh-Pd high-entropy alloy superconductors on a CsCl-type lattice ［J］. Chemistry of Materials, 2018, 30 (3): 906~914.

［72］ Von Rohr F O, Cava R J. Isoelectronic substitutions and aluminium alloying in the Ta-Nb-Hf-Zr-Ti high-entropy alloy superconductor ［J］. Physical Review Materials, 2018, 2: 034801.

［73］ Kunce I, Polański M, Czujko T. Microstructures and hydrogen storage properties of La Ni Fe V Mn alloys ［J］. International Journal of Hydrogen Energy, 2017, 42 (44): 27154~27164.

［74］ Sahlberg M, Karlsson D, Zlotea C, et al. Superior hydrogen storage in high-entropy alloys ［J］. Scientific reports, 2016, 6: 36770.

［75］ Kunce I, Polanski M, Bystrzycki J. Microstructure and hydrogen storage properties of a TiZrNbMoV high-entropy alloy synthesized using laser engineered net shaping (LENS) ［J］. International Journal of Hydrogen Energy, 2014, 39 (18): 9904~9910.

［76］ Kunce I, Polanski M, Bystrzycki J. Structure and hydrogen storage properties of a high-entropy ZrTiVCrFeNi alloy synthesized using laser engineered net shaping (LENS) ［J］. International Journal of Hydrogen Energy, 2013, 38 (27): 12180~12189.

［77］ Kao Y F, Chen S K, Sheu J H, et al. Hydrogen storage properties of multi-principal-component CoFeMnTi$_x$V$_y$Zr$_z$ alloys ［J］. International Journal of Hydrogen Energy, 2010, 35 (17): 9046~9059.

［78］ Kumar S, Jain A, Ichikawa T, et al. Development of vanadium based hydrogen storage material: A review ［J］. Renewable and Sustainable Energy Reviews, 2017, 72: 791~800.

［79］ Yang S, Yang F, Wu C, et al. Hydrogen storage and cyclic properties of (VFe)$_{60}$ (TiCrCo)$_{40-x}$Zr$_x$ ($0 \leqslant x \leqslant 2$) alloys ［J］. Journal of Alloys and Compounds, 2016, 663: 460~465.

［80］ Kumar A, Banerjee S, Pillai C G S, et al. Hydrogen storage properties of Ti$_{2-x}$CrVM$_x$ (M = Fe, Co, Ni) alloys ［J］. International Journal of Hydrogen Energy, 2013, 38 (30): 13335~13342.

［81］ Sakaguchi T, Yin F. Holding temperature dependent variation of damping capacity in a MnCuNiFe damping alloy ［J］. Scripta Materialia, 2006, 54 (2): 241~246.

［82］ Ritchie I G, Pan Z L. High-damping metals and alloys ［J］. Metallurgical Transactions A, 1991, 22 (3): 607~616.

［83］ Laddha S, Van Aken D C, Lin H T. The effect of carbon on the loss of room-temperature damping capacity in copper-manganese alloys ［J］. Metallurgical and Materials Transactions A, 1997, 28 (1): 105~112.